Jinwei Fu
Changshun Hao
Bohao Li

Metro e Metro Ligeiro

Jinwei Fu
Changshun Hao
Bohao Li

Metro e Metro Ligeiro

Planeamento, conceção, construção e exploração de sistemas de metropolitano e de metropolitano ligeiro

ScienciaScripts

Cover image: www.ingimage.com

This book is a translation from the original published under ISBN 978-620-8-06343-6.

Publisher:
Sciencia Scripts
is a trademark of
Dodo Books Indian Ocean Ltd. and OmniScriptum S.R.L publishing group

120 High Road, East Finchley, London, N2 9ED, United Kingdom
Str. Armeneasca 28/1, office 1, Chisinau MD-2012, Republic of Moldova, Europe
Printed at: see last page
ISBN: 978-620-8-22127-0

Dedicado aos nossos pais
Obrigado aos nossos professores, amigos, colegas e alunos

Agradecimentos

Gostaríamos de exprimir a nossa gratidão às muitas pessoas que nos ajudaram a realizar este livro: a todos os que nos apoiaram, conversaram, leram, escreveram, fizeram comentários, permitiram que citássemos as suas observações e ajudaram na edição, revisão e conceção.

Este livro foi financiado pela National Natural Science Foundation of China (Grant No.52479100), pelo Major Science and Technology Project of Henan Province (No.231100220700), pelo Young Key Teachers' Cultivation Plan Project (Huashui Zheng [2024] No.131) e por projectos de investigação fundamentais de faculdades e universidades da província de Henan (No.24A410002).

Prefácio

À medida que a urbanização acelera e a necessidade de soluções de transporte sustentáveis se torna cada vez mais premente, os sistemas de metropolitano e de metropolitano ligeiro emergiram como elementos fundamentais das infra-estruturas urbanas modernas. Estes sistemas de trânsito não só melhoram a mobilidade urbana, como também desempenham um papel fundamental na redução do impacto ambiental e na promoção do crescimento económico. No entanto, a implementação bem sucedida de projectos de metropolitano e de metropolitano ligeiro exige uma compreensão abrangente dos fundamentos teóricos e dos desafios práticos envolvidos. Para responder a esta necessidade, apresentamos Metro e Metro Ligeiro, um livro de texto meticulosamente elaborado para proporcionar uma exploração exaustiva dos princípios, metodologias e práticas que definem a engenharia ferroviária urbana.

Este livro está estruturado para guiar os leitores através do complexo panorama dos sistemas de metropolitano e de metropolitano ligeiro, oferecendo uma análise detalhada de cada fase do ciclo de vida destes projectos. Ao longo de oito capítulos, aprofundamos os aspectos críticos do planeamento, conceção, construção, operação e manutenção, com o objetivo de dotar estudantes, engenheiros e profissionais dos conhecimentos e competências necessários para se destacarem nesta área.

O Capítulo 1 estabelece os conceitos fundamentais e as distinções entre os sistemas de metropolitano e de metropolitano ligeiro, traçando a sua evolução histórica com estudos de caso de cidades como Londres, Paris, Tóquio, Nova Iorque e Xangai. Este capítulo prepara o terreno para a compreensão da importância estratégica destes sistemas no planeamento urbano moderno.

No Capítulo 2, aprofundamos o planeamento da rede e os princípios de conceção, centrando-nos na estimativa do fluxo de passageiros, no alinhamento de rotas e na avaliação de várias configurações de rede. O capítulo também aborda o desenvolvimento estratégico de infra-estruturas, tais como estações de transferência e depósitos, juntamente com uma análise detalhada das considerações económicas e de investimento em redes de metropolitano e metropolitano ligeiro.

O Capítulo 3 aborda a conceção arquitetónica e estrutural das estações de metro e de metropolitano ligeiro. Oferece uma discussão aprofundada sobre os princípios de funcionalidade, segurança, reconhecimento, conforto e economia, abordando os desafios específicos de engenharia colocados pelos túneis de intervalo, cálculos de forças internas e conceção de armaduras.

As metodologias de construção que definem os projectos de metropolitano e metropolitano ligeiro são examinadas em pormenor no Capítulo 4. Este capítulo apresenta uma análise pormenorizada das técnicas de construção tradicionais e modernas, incluindo a escavação a céu aberto, a escavação subterrânea, a escavação em escudo e o método do tubo imerso. Aborda também as caraterísticas estruturais dos sistemas ferroviários ligeiros elevados e as mais recentes tecnologias de construção utilizadas no desenvolvimento de estações.

No Capítulo 5, o foco muda para a gestão da construção, onde enfatizamos a importância da segurança, da gestão de riscos e da proteção ambiental. Este capítulo descreve os quadros operacionais, os sistemas de gestão e os protocolos de formação essenciais para garantir a execução segura e eficiente de projectos complexos de metropolitano e metropolitano ligeiro.

O capítulo 6 aborda a operação e a manutenção dos sistemas de metropolitano e metropolitano ligeiro , discutindo os mecanismos de gestão, a resposta a emergências e o papel da inovação e da formação na manutenção da fiabilidade e eficiência do sistema.

A proteção contra catástrofes é o foco do Capítulo 7, onde abordamos os vários riscos colocados pelas catástrofes naturais e provocadas pelo homem. Este capítulo descreve os princípios da conceção para a prevenção de catástrofes, com discussões pormenorizadas sobre a proteção contra incêndios, a impermeabilização, a fortificação sísmica e a preparação para catástrofes de guerra. Fornece os conhecimentos técnicos necessários para conceber sistemas ferroviários urbanos resilientes capazes de resistir a cenários extremos.

Finalmente, o Capítulo 8 examina os benefícios económicos e sociais dos sistemas de metropolitano e metropolitano ligeiro. Este capítulo apresenta uma análise aprofundada dos diferentes modelos de investimento e financiamento, incluindo comparações internacionais, e discute a análise custo-benefício, a fixação de tarifas e os impactos sociais mais alargados destes sistemas, tais como a criação de emprego, a melhoria da qualidade de vida e o desenvolvimento urbano.

Ao criar o Metro e o Metro Ligeiro, recorremos extensivamente à nossa experiência colectiva e aos mais recentes avanços neste domínio. O nosso objetivo foi produzir um recurso que não só educa, mas também inspira a inovação na engenharia ferroviária urbana. Esperamos que este manual sirva como um recurso inestimável nos seus empreendimentos académicos e profissionais, fornecendo os conhecimentos e a experiência necessários para fazer avançar a prática da construção de metropolitanos e metropolitanos ligeiros.

Ao ler este material, esperamos que ele aprofunde a sua compreensão dos intrincados desafios envolvidos nos projectos ferroviários urbanos e o inspire a contribuir para o desenvolvimento de sistemas de transportes urbanos mais eficientes, sustentáveis e resilientes.

Conteúdo

Prefácio 3
Capítulo 1: 9
Introdução ao Metro e ao Metro Ligeiro 9
1.1 Definições e diferenças 9
1.2 Histórias de desenvolvimento 12
1.3 Aplicações a nível mundial 15
1.3.1 Londres 15
1.3.2 Paris 17
1.3.3 Tóquio 19
1.3.4 Nova Iorque 21
1.3.5 Xangai 24
Questões para debate 26
Capítulo 2: 29
Planeamento e conceção de metropolitanos e metropolitanos ligeiros 29
2.1 Princípios de planeamento da rede 29
2.2 Escala razoável da rede ferroviária 33
2.2.1 O significado de escala razoável 33
2.2.2 Métodos de cálculo da escala razoável 35
2.3. Métodos de Planeamento da Rede Rodoviária Urbana 41
2.3.1. Etapas de base 41
2.3.2. Conceito e Função da Rede Rodoviária Primária 44
2.3.3. Métodos de planeamento da rede rodoviária primária 44
2.3.4 Métodos de comparação da rede rodoviária primária 51
Questões para debate 52
Capítulo 3: 54
Projeto de estações de metro e metro ligeiro 54
3.1 Princípios de conceção 54
3.2 Estações de Metro 55
3.2.1 Seleção do tipo e componentes estruturais 55
3.2.2 Conceção estrutural 59
3.2.3 Exemplos 67
3.2.4 Cálculo da força interna e conceção da armadura 70
3.3. Estações de metro ligeiro 71
3.3.1 Conceção arquitetónica 71
3.3.2 Conceção estrutural 75
3.4. Túneis de intervalo 77
3.4.1 Formulários de secção 78
3.4.2 Estruturas de revestimento 81
Questões para debate 87

Capítulo 4: 89
Métodos de construção do metro e do metro ligeiro 89

4.1 Panorâmica dos métodos de construção 89
4.2 Túneis de Metro 93
4.2.1 Método de corte a céu aberto e aterro.. 93
4.2.2 Método de escavação subterrânea..110
4.2.3 Método da máquina de escavação de túneis com escudo..123
4.2.4 Método de escavação coberta..139
4.2.5 Método do tubo imerso..145

4.3 Carris ligeiros 151
4.3.1 Caraterísticas da engenharia de estruturas elevadas..151
4.3.2 Formas estruturais..152
4.3.3 Construção de projectos elevados..161

4.4 Estações..165
4.4.1 Tecnologia de construção das estações de metro..165
4.4.2 Métodos de Construção de Estações de Metro Ligeiro..168

Questões para debate 169

Capítulo 5: 172
Gestão da Construção do Metro e do Metro Ligeiro 172

5.1 Gestão da segurança..172
5.1.1 Produção..172
5.1.2 Equipamento mecânico..179
5.1.3 Fluxo de trabalho da operação..182
5.1.4 Educação e formação..187

5.2 Gestão dos riscos..188
5.2.1 Prevenção dupla..188
5.2.2 Principais riscos..196

5.3 Gestão Civilizada da Construção..204
5.3.1 Requisitos básicos e gestão no local..204
5.3.2 Medidas de proteção ambiental..205

Questões para debate 208

Capítulo 6: 210
Exploração e manutenção do metropolitano e do metropolitano ligeiro......210

6.1 Mecanismo de gestão da operação do transporte ferroviário urbano 210
6.2 Sistema de comunicação e controlo do comboio..213
6.2.1 Sistema de comunicação..213
6.2.2 Sistema de controlo..219

6.3 Sistema de bilhética..233
6.3.1 Princípios gerais e estrutura da gestão de bilhética..233
6.3.2 Divisão das fases de funcionamento..234
6.3.3 Princípios e estratégias de gestão de bilhética por fases..237

6.4 Gestão das instalações e dos equipamentos..243
6.4.1. Monitorização do funcionamento das instalações e equipamentos..............243
6.4.2 Manutenção das instalações e dos equipamentos..245
6.4.3 Gestão da renovação e da transformação..247

Questões para debate 250

Capítulo 7: 253

Proteção contra catástrofes do metropolitano e do metropolitano ligeiro ... 253

7.1 Visão geral dos desastres e da conceção da prevenção de desastres 253

7.1.1 Tipos de catástrofes 253

7.1.2. Princípios de conceção da prevenção de catástrofes 259

7.1.3 Requisitos técnicos do projeto de prevenção 260

7.2 Proteção contra incêndios 268

7.2.1 Caraterísticas e perigos dos incêndios 269

7.2.2 Contramedidas de proteção contra incêndios 273

7.2.3 Sistema de combate a incêndios 276

7.3 Medidas de impermeabilização 281

7.3.1 Prevenção de inundações e enchimento de águas acumuladas 281

7.3.2 Impermeabilização no interior do projeto 282

7.4 Proteção contra outras catástrofes 292

7.4.1 Catástrofe provocada por terramotos 292

7.4.2 Catástrofe de guerra 296

Questões para debate 299

Capítulo 8: 302

Benefícios económicos e sociais do metro e do metro ligeiro 302

8.1 Modalidades de investimento e de financiamento 302

8.1.1 Caraterísticas do sector e comparação dos modos internacionais 302

8.1.2 Fontes de financiamento e modelos de gestão 310

8.1.3 Modo PPP e outros modos 313

8.2 Análise dos benefícios económicos 320

8.2.1 Custos e receitas 320

8.2.2 Análise dos custos e dos lucros 327

8.2.3 Definição da tarifa 332

8.2.4 Melhorar os benefícios económicos das empresas operacionais 338

8.3 Análise dos benefícios sociais 344

8.3.1 Criar oportunidades de emprego 344

8.3.2 Melhorar a qualidade de vida 347

8.3.3 Promoção do desenvolvimento urbano 348

Questões para discussão 350

Referências 352

Capítulo 1:
Introdução ao Metro e ao Metro Ligeiro

1.1 Definições e diferenças

O termo "Metro" tem origem na palavra francesa "Métro", e é referido por diferentes nomes em vários países e regiões. Por exemplo, no Reino Unido, é normalmente chamado de "Underground", enquanto nos Estados Unidos, "Subway" é normalmente usado, embora em algumas cidades como Washington, D.C., "Metro" também seja amplamente utilizado. Atualmente, os sistemas de metropolitano tornaram-se uma componente essencial dos transportes urbanos modernos, com uma cobertura que se estende às linhas de superfície e às linhas elevadas para satisfazer várias necessidades geográficas e de planeamento urbano. Em termos gerais, um metro é definido como um sistema de transporte ferroviário urbano caracterizado por cargas pesadas por eixo com uma capacidade máxima de transporte de mais de 30 000 passageiros por hora numa direção. A maioria dos sistemas de metropolitano utiliza a bitola padrão internacional de 1435 mm, mas, por exemplo, a Rússia utiliza uma bitola larga de 1520 mm, enquanto Hong Kong utiliza uma bitola de 1432 mm. Os diferentes países selecionam as normas de bitola adequadas com base na sua história, terreno e necessidades de planeamento urbano, de modo a garantir um funcionamento e manutenção eficientes do sistema de metro.

Os sistemas de metro têm uma excelente capacidade de transporte, sendo capazes de movimentar milhares de passageiros num curto espaço de tempo. A distância entre estações é tipicamente curta, variando geralmente entre 0,5 e 1 quilómetro nas áreas urbanas e excedendo os 2 quilómetros nas áreas suburbanas. Quer operem em túneis subterrâneos, ao nível do solo ou em linhas elevadas, os metropolitanos mantêm uma elevada segurança operacional e velocidade, reduzindo significativamente o congestionamento do tráfego urbano e diminuindo também a poluição sonora e atmosférica. No entanto, a construção de metropolitanos é dispendiosa e, normalmente, requer um grande volume de passageiros para suportar o seu funcionamento. Por conseguinte, a construção de metropolitanos em todo o mundo limita-se principalmente às grandes cidades densamente povoadas.

Os veículos do metro existem em vários tipos, incluindo

normalmente os tipos A, B, C, D e L (B2). Os veículos do tipo A têm uma largura de 3000 mm, os tipos B e L (B2) têm 2800 mm, o tipo C tem 2600 mm e o tipo D tem 3300 mm de largura. A conceção dos comboios de metropolitano é diversificada, permitindo a seleção de automotoras com cabinas de condução ou configurações de reboque sem cabinas, em função das necessidades. Um conjunto típico de comboios de metro é normalmente composto por 4 a 8 carruagens, sendo os conjuntos de 6 carruagens os mais comuns, com comprimentos que variam de 70 a 190 metros e uma velocidade máxima de 80 quilómetros por hora. As normas e caraterísticas detalhadas podem ser consultadas na Tabela 1.1.

Quadro 1.1 Principais normas e caraterísticas dos sistemas de metro

Nome do projeto	Normas e caraterísticas				
Tipo de veículo	Tipo A	Tipo B	Tipo C	Tipo D	Tipo L (B2)
Caraterísticas dos carris das rodas	Guia de rodas e carris em aço				
Tipo de motor	Motor de indução CA			Motor síncrono de ímanes permanentes	Motor Linear
Número de eixos	Quatro eixos				
Carga do eixo/kN	⩽16	⩽14	⩽13	⩽16	⩽13
Comprimento do veículo de base/m	22.0	19.0	19.0	22.0	16.0
Largura do veículo de base/m	3.0	2.8	2.6	3.3	2.8
Capacidade de passageiros/pessoas	240-310	210-270	180-220	250-320	210-270
Velocidade máxima do comboio/(km/h)	80-120	80-100	80-100	120-160	100
Aceleração inicial/(m/s²)	1.1	1.0	1.1	1.0	1.2
Desaceleração da travagem normal/(m/s²)	1.2	1.2	1.3	1.2	1.2
Travagem de emergência Desaceleração/(m/s²)	1.3-1.5				
Tensão da rede/V	Tipicamente, 750V DC				
Modo de alimentação eléctrica	Normalmente, fonte de alimentação de terceiro trilho				
Raio mínimo da curva na linha principal/(m)	300	250	50	300	100
Capacidade máxima de escalada/‰	35	35	60	35	60
Capacidade de passageiros/ (dez mil pessoas por hora)	4.5-7.0	2.5-5.0	1.0-3.0	4.5-7.0	2.5-4.0
Velocidade	⩾35				

O metropolitano ligeiro refere-se originalmente a um "sistema de trânsito ferroviário ligeiro", caracterizado por cargas de via mais leves dos veículos e sistemas de sinalização relativamente simples. O sistema de metro ligeiro evoluiu a partir dos eléctricos, que proporcionavam serviços de transporte público convenientes para as cidades. Em alguns países, como a França e a Alemanha, os eléctricos são também classificados como sistemas de trânsito ferroviário ligeiro. A segurança e o conforto dos sistemas de metropolitano ligeiro foram melhorados pelos avanços na tecnologia de tração AC e de controlo informático.

Os sistemas de metropolitano ligeiro são semelhantes aos sistemas de metropolitano em termos de plataforma, estrutura da via, material circulante e sistemas de gestão operacional, e gozam também de direitos de passagem independentes. No entanto, devido à menor capacidade do metropolitano ligeiro, que se traduz num menor número de carruagens, percursos mais curtos, velocidades mais baixas e intervalos entre comboios ligeiramente mais longos, a sua gestão operacional é diferente. Globalmente, a principal diferença entre o metro ligeiro e o metropolitano reside na capacidade, que influencia diretamente a sua conceção e os seus requisitos operacionais.

O transporte ferroviário ligeiro é adequado para cidades com populações de 2 a 4 milhões de habitantes, apresentando opções de conceção flexíveis e diversificadas que podem ser configuradas acima do solo, em vias elevadas ou subterrâneas, normalmente sem estações subterrâneas. As rotas do metro ligeiro podem ser classificadas em três tipos: rotas dedicadas sem passagens de nível, rotas dedicadas com passagens de nível e rotas partilhadas com outros veículos motorizados. Normalmente, os sistemas de metropolitano ligeiro utilizam projectos de via dupla com raios de curva mais pequenos e veículos mais leves, o que significa que não requerem sistemas complexos, têm menos trabalho de via, custos de construção mais baixos e tempos de construção mais curtos. Estas caraterísticas permitem que os sistemas de metro ligeiro sejam implementados de forma rápida e económica, satisfazendo as exigências das cidades em rápido desenvolvimento.

O transporte ferroviário ligeiro é uma das principais soluções para aliviar a pressão do tráfego urbano, com vantagens que incluem elevada capacidade, baixo ruído e poluição, velocidades rápidas, elevada segurança e pontualidade. Em comparação com os metropolitanos, o metro ligeiro oferece maior flexibilidade e menor investimento de capital. Normalmente, os raios de curva do metro não são inferiores a 300 metros, ao passo que o metro ligeiro varia normalmente entre 100 e 200 metros, o que lhe confere uma capacidade de viragem mais flexível e uma melhor integração com outras estruturas. Por conseguinte, o transporte ferroviário ligeiro tem um desempenho excecional na satisfação das necessidades de transporte das cidades de média dimensão, tornando-se um meio eficaz de resolver os problemas de tráfego urbano.

1.2 Histórias de desenvolvimento

Os metropolitanos e os metropolitanos ligeiros, enquanto componentes integrantes dos modernos sistemas de transportes urbanos, passaram por fases de desenvolvimento significativas. A abertura do metropolitano de Londres em 1863 marcou o início da aplicação comercial da tecnologia ferroviária subterrânea. Uma realização representativa deste período, mostrada na Figura 1.1, foi a linha do metropolitano, com uma extensão de 6 quilómetros, que proporcionou uma nova abordagem aos transportes públicos em cidades densamente povoadas. Posteriormente, o desenvolvimento bem sucedido da locomotiva eléctrica em 1879 revolucionou ainda mais o sistema de metro, oferecendo um ambiente operacional mais limpo e silencioso, melhorando consideravelmente as condições dos passageiros no subsolo.

Figura 1.1 O primeiro metro do mundo: o metropolitano de Londres, Reino Unido, 1863 (6 quilómetros de comprimento)

Com a aceleração da industrialização, em 1910, várias grandes cidades do mundo, como Paris, Nova Iorque e Berlim, tinham construído os seus próprios sistemas de metro. Embora estes primeiros metropolitanos utilizassem frequentemente locomotivas a vapor ineficientes, marcaram uma época e transitaram gradualmente para comboios eléctricos, melhorando significativamente a eficiência e a sustentabilidade ambiental.

No entanto, em meados do século XX, com a adoção generalizada do automóvel e a expansão das cidades para os subúrbios, muitos sistemas de trânsito urbano sobre carris entraram num período de estagnação ou mesmo de declínio. Especialmente nos Estados Unidos, as linhas de elétrico diminuíram desde o seu pico no início do século XX até à sua quase extinção, como mostra a Figura 1.2. Em 1930, 1.500 cidades tinham sistemas de eléctricos, mas em 1960, restavam menos de 10 cidades. A construção de metropolitanos também foi geralmente negligenciada. Durante este período, a dependência dos transportes urbanos em relação aos automóveis tornou-se dominante, conduzindo a graves problemas de congestionamento do tráfego e de poluição ambiental.

Figura 1.2 Linhas de elétrico abandonadas e carris abandonados numa cidade americana de meados do século XX

Face à crise petrolífera do início da década de 1970, que provocou escassez de energia e um congestionamento do tráfego urbano e uma poluição ambiental cada vez mais graves, os governos e o público começaram a reavaliar a importância do transporte ferroviário. A mudança ocorrida durante este período é mostrada na Figura 1.3, em que a estação de metro de Tóquio, cheia de gente, na década de 1980, ilustra a pressão real desta tendência. Os governos começaram a concentrar-se e a investir fortemente na modernização e expansão dos sistemas de metropolitano e de metropolitano ligeiro. Estes investimentos incluíram não só a expansão da cobertura da rede, mas também actualizações tecnológicas, como a introdução de tecnologias de automatização e de processamento de dados em tempo real no sistema de metro de Tóquio, que melhoraram consideravelmente a eficiência operacional e a segurança do sistema. Além disso, a adoção generalizada de comboios eléctricos ajudou a reduzir a dependência do petróleo, aumentando assim a eficiência energética e reduzindo o impacto ambiental.

Figura 1.3 Uma estação de metro de Tóquio cheia de gente na década de 1980

No início do século XXI, com a aceleração da urbanização global, o desenvolvimento de sistemas de metropolitano e de metropolitano ligeiro entrou numa nova fase de rápido crescimento. Como mostra a Figura 1.4, o moderno comboio de metro e o centro de testes de operações totalmente automatizado demonstram os avanços tecnológicos deste período. As economias emergentes como a China e a Índia, em resposta aos desafios do crescimento demográfico e do congestionamento urbano, lançaram e expandiram dezenas de novos projectos de metropolitano após 2000, investindo milhares de milhões de dólares na construção de redes de metropolitano modernas. Os sistemas de metro modernos adoptaram mais soluções de alta tecnologia, como a tecnologia sem condutor e os sistemas inteligentes de gestão do tráfego, melhorando consideravelmente a eficiência operacional e a experiência de deslocação dos passageiros.

Figura 1.4 Comboio de metro moderno (à esquerda) e centro de testes de operações totalmente automatizado (à direita).

A história do desenvolvimento dos metropolitanos e dos metropolitanos ligeiros reflecte as exigências do desenvolvimento urbano e as tendências do progresso tecnológico. À medida que a urbanização prossegue no futuro, espera-se que os sistemas de metropolitano e de metropolitano ligeiro continuem a expandir a sua escala e funções, reforçando ainda mais o seu papel nas redes globais de transportes urbanos. Além disso, face aos desafios futuros, como as alterações climáticas e a expansão urbana contínua, a adaptabilidade e a inovação dos sistemas de transporte ferroviário serão fundamentais, incluindo a adoção mais generalizada de energia verde e a melhoria da sustentabilidade do sistema.

1.3 Aplicações a nível mundial

Esta secção apresenta principalmente os sistemas de metropolitano e de metropolitano ligeiro de algumas das cidades mais representativas do mundo, como Paris, Londres, Tóquio, Moscovo e Nova Iorque.

1.3.1 Londres

O metropolitano de Londres é o maior sistema de metro da Europa e o mais antigo do mundo, tendo a sua primeira linha sido inaugurada em 10 de janeiro de 1863. A linha de Paddington a Farringdon Street funcionou inicialmente com locomotivas a vapor. Apesar de, nos primeiros tempos, os passageiros desmaiarem frequentemente devido ao fumo espesso, a linha transportou 9,5 milhões de passageiros no seu primeiro ano. Com o passar do tempo, a linha mudou gradualmente para locomotivas eléctricas, melhorando significativamente o ambiente operacional, e ficou conhecida como "Tube" devido à forma redonda da secção transversal do túnel. Atualmente, o sistema de metropolitano de Londres tem 11 linhas que cobrem a área da Grande Londres e os condados vizinhos. Apesar de se chamar "Underground", apenas 45% das linhas são efetivamente subterrâneas (como mostra a Figura 1.5).

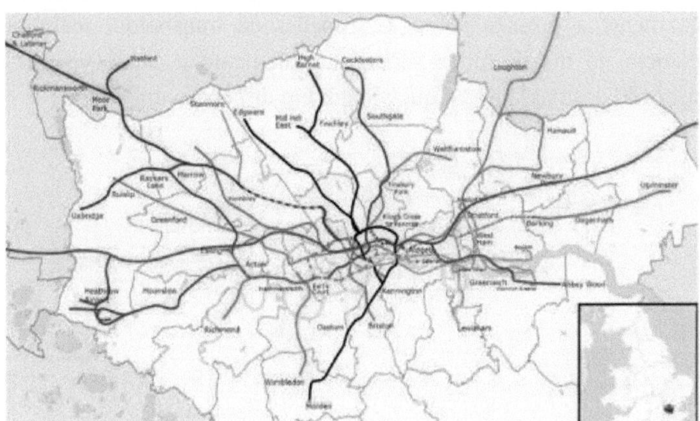

Figura 1.5 Mapa do metropolitano de Londres

O Docklands Light Railway é uma linha de transporte ferroviário totalmente automatizada que foi inaugurada em 1987 e cujo objetivo inicial era revitalizar a zona das Docklands, que se encontrava em declínio. Esta linha utilizou parcialmente a linha férrea de mercadorias existente, estendendo-se agora por 39 quilómetros com 45 estações e operando através de seis ramais (ver estações DLR na Figura 1.6). A linha de metro ligeiro tem um volume de passageiros relativamente baixo e funciona com comboios de duas carruagens.

Figura 1.6 Estação DLR

Uma das caraterísticas operacionais do metropolitano de Londres é a sua extensa partilha de vias, com cerca de 68 quilómetros de vias partilhadas cobrindo 6 linhas e aproximadamente 70 estações, o que representa cerca de 26% do número total de estações (como mostra a Figura 1.7). A partilha de vias inclui não só as linhas de metro com os caminhos-de-ferro suburbanos, mas também secções onde o metro partilha vias com os eléctricos. Esta abordagem organizacional alivia eficazmente a pressão sobre as estações de transbordo, melhora a eficiência do transbordo e satisfaz amplamente as necessidades de transbordo dos passageiros que viajam em direcções diferentes.

Figura 1.7 Partilha de vias

A partir de 2024, os sistemas de metropolitano e de metropolitano ligeiro de Londres continuarão a expandir-se e a ser melhorados. Por exemplo, a abertura da nova Linha Elizabeth melhorou ainda mais a conetividade e a capacidade de toda a rede (como mostra a Figura 1.8). Esta linha melhorou significativamente a eficiência de todo o sistema e a experiência dos passageiros através de novas tecnologias e instalações modernas.

Figura 1.8 Mapa do trajeto da linha Elizabeth (à esquerda) e das instalações interiores (à direita)

1.3.2 Paris

O sistema de transporte ferroviário urbano de Paris é uma rede altamente desenvolvida, incluindo metros e eléctricos, que serve a cidade de Paris e a região da Île-de-France. Este sistema é explorado conjuntamente pela Companhia de Transportes Públicos de Paris (RATP) e pela Companhia Nacional de Caminhos-de-Ferro Franceses (SNCF), constituindo uma linha de vida para Paris e os seus subúrbios.

A história do Metro de Paris começou em 1895, quando o governo da cidade de Paris concordou em construir a Linha 1 em preparação para a Feira Mundial de 1900 e para os segundos Jogos Olímpicos de verão. A construção começou em 1898, e a linha foi inaugurada em 19 de julho de 1900. A rede de metro expandiu-se rapidamente depois disso, atingindo mais de dez linhas operacionais em 1935. Em 1988, perante a pressão exercida sobre a linha RER A, a RATP propôs a construção de uma nova linha de metro automatizada, a linha 14, que entrou oficialmente em funcionamento a 15 de outubro de 1997. Atualmente, o metro de Paris inclui 16 linhas, 14 das quais são linhas principais e 2 são linhas secundárias, cobrindo amplamente o centro de Paris e as suas áreas suburbanas. A curta distância entre as estações, com uma média de apenas 548 metros, torna as viagens dos passageiros muito cómodas.

Embora a elevada densidade de estações aumente a conveniência, também impõe maiores exigências ao desempenho de arranque e paragem do comboio. Para fazer face a este desafio, a partir dos anos 50, algumas linhas, tais como as Linhas 1, 4, 6 e 11, mudaram para um sistema de comboios com pneus de borracha, melhorando consideravelmente a eficiência operacional e o conforto dos passageiros. A Tabela 1.2 apresenta uma visão geral das linhas do Metro de Paris.

Quadro 1.2 Panorâmica das linhas de metro de Paris

Linha	Estações terminais	Ano de abertura	Comprimento/km	Número de estações	Tipo de comboio
1	La Défense ↔ Château de Vincennes	1900	16.6 (0.6)	25	MP 05
2	Porte Dauphine ↔ Nation	1900	12.3 (2.2)	25	MF 01
3	Levallois ↔ Bécon ↔ Gallieni	1904	11.7	25	MF 67
3bis	Gambetta ↔ Porte des Lilas	1921	1.3	4	MF 67
4	Porte de Clignancourt ↔ Mairie de Montrouge	1908	12.1	27	MP 89CC
5	Bobigny ↔ Pablo Picasso ↔ Place d'Italie	1906	14.6	22	MF 01
6	Charles de Gaulle ↔ Étoile ↔ Nation	1907	13.7 (6.1)	28	MP 73
7	La Courneuve-8 de maio de 1945 ↔ Mairie d'Ivry	1910	22.5	38	MF 77

7bis	Louis Blanc ↔ Pré Saint-Gervais	1911	3.1	8	MF 88
8	Balard ↔ Pointe du Lac	1913	23.4 (4.1)	38	MF 77
9	Pont de Sèvres ↔ Mairie de Montreuil	1922	19.6	37	MF 01
10	Boulogne-Pont de Saint Cloud ↔ Gare Austerlitz	1913	11.7	23	MF 67
11	Châtelet ↔ Porte des Lilas	1935	6.3	13	MP 59/73
12	Front Populaire ↔ Mairie d'Issy	1910	15.3	29	MF 67
13	Saint-Denis Université ↔ Châtillon-Montrouge	1911	24.3 (2.4)	32	MF 77
14	Saint-Lazare ↔ Olympiades	1998	9.2	9	CAMP 05

Em Paris e na região da Île-de-France, o metro ligeiro refere-se geralmente ao sistema de eléctricos, que é um dos principais meios de transporte público da cidade e dos seus subúrbios. Embora a maior parte das linhas de elétrico tenham sido desmanteladas no início do século XX devido à concorrência dos automóveis, o sistema de elétrico conheceu um renascimento desde 1992, impulsionado por uma maior consciência ambiental e pelas crescentes necessidades de transporte urbano. A abertura da linha T1 marcou o início da moderna rede de eléctricos de Paris, que desde então tem continuado a expandir-se. Atualmente, do T1 ao T13, a rede de eléctricos de Paris desenvolveu-se num extenso sistema de transportes, especialmente com a linha T11, conhecida como Expresso do Norte, que liga várias áreas-chave no norte de Paris e melhora consideravelmente a conetividade dos transportes na região.

De acordo com as últimas actualizações antes de 2024, o Metro de Paris continua a expandir-se, incluindo o projeto Grand Paris Express em curso, que deverá acrescentar quatro novas linhas de metro e expandir as existentes, melhorando ainda mais a rede de transportes públicos da cidade. Estes projectos visam ligar os subúrbios de Paris, reduzir o congestionamento no centro da cidade e melhorar a eficiência global dos transportes na região.

1.3.3 Tóquio

O sistema de trânsito ferroviário da área metropolitana de Tóquio é a salvação desta região, com um sistema de metro e de trânsito rápido suburbano altamente desenvolvido que liga Tóquio e as prefeituras vizinhas de Kanagawa, Gunma, Tochigi, Saitama, Ibaraki e Chiba, servindo como principal meio de transporte para as deslocações diárias e actividades urbanas. O sistema de metro de Tóquio é operado conjuntamente pela Tokyo Metro Co., Ltd. e pelo Tokyo Metropolitan Bureau of Transportation, com um total de 13 linhas, das quais a Tokyo Metro opera 9 linhas e a Toei Metro opera 4 linhas (como mostra a Figura 1.9). A rede completa de metro estende-se por 304,1 quilómetros, com um número de passageiros diário superior a 8 milhões, o que representa 22% do número de passageiros diários em toda a rede ferroviária.

Figura 1.9 Mapa do Metro de Tóquio

A história do sistema de metro de Tóquio remonta a 30 de dezembro de 1927, quando a Tokyo Underground Railway Company, fundada por Noritsu Hayakawa, abriu pela primeira vez uma linha de metro da estação de Ueno à estação de Asakusa, com um comprimento total de 2,2 quilómetros. Ao longo do tempo, as linhas de metro do Metro de Tóquio e da Tokyo Rapid Railway Co., Ltd. foram-se interligando e acabaram por se fundir na Teito Rapid Transit Authority, atualmente conhecida como Metro de Tóquio.

Para além do metro, o sistema de trânsito rápido suburbano de Tóquio é operado por várias empresas privadas e pelo grupo JR (Japan Railways), abrangendo várias linhas importantes como a linha Yamanote (linha circular), a linha principal Keio e a linha Tokyo Den-in-Toshi. Estas linhas ligam as principais zonas da área metropolitana de Tóquio com os seus serviços rápidos e frequentes, aliviando consideravelmente a pressão do tráfego diário. Muitas linhas ferroviárias privadas têm operações de serviço direto com as linhas de metro. Por exemplo, a linha Toei Asakusa e a Keisei Electric Railway operam através de serviços, um modelo que aumenta efetivamente a flexibilidade do sistema e a conveniência para os passageiros.

À medida que a área metropolitana de Tóquio continua a expandir-se e a sua população a crescer, a construção e a otimização da rede de transportes ferroviários são contínuas. Para resolver os problemas de sobrelotação, o Metro de Tóquio e várias empresas ferroviárias privadas actualizam e expandem continuamente as linhas existentes, ao mesmo tempo que desenvolvem novas linhas e tecnologias para melhorar a qualidade do serviço e a eficiência operacional.

1.3.4 Nova Iorque

O sistema de transportes ferroviários de Nova Iorque, um dos mais famosos e antigos sistemas ferroviários urbanos do mundo, inclui não só os extensos sistemas de metropolitano e de comboios suburbanos da cidade de Nova Iorque, mas também outros componentes importantes, como o PATH (Port Authority Trans-Hudson) e o sistema ferroviário do aeroporto Air Train, todos operados conjuntamente pela Metropolitan Transportation Authority (MTA) e pela New Jersey Transit (NJ Transit). Desde a abertura da sua primeira linha em 1904, o Metro de Nova Iorque cresceu para incluir 36 linhas fixas e 25 rotas de serviço, com um comprimento total de quase 400 quilómetros, tornando-o um dos poucos sistemas de metro do mundo que funciona 24 horas por dia, 7 dias por semana. A Figura 1.10 mostra o primeiro metro de Nova Iorque, construído em segredo por Alfred Ely Beach, o editor da Scientific American.

Figura 1.10 O primeiro metro de Nova Iorque

O Metro de Nova Iorque distingue-se pela clara distinção entre linhas e serviços: as linhas referem-se à infraestrutura de via fixa, enquanto os serviços descrevem as rotas reais que os comboios percorrem, muitas vezes cruzando várias linhas para melhorar a eficiência do transporte. Esta conceção do sistema reflecte a necessidade de Nova Iorque ter um sistema de transportes públicos eficiente e flexível.

Embora o Metro de Nova Iorque seja um líder em tecnologia e serviços, também enfrenta desafios relacionados com o envelhecimento das infra-estruturas e a manutenção. Para resolver estas questões, o MTA começou a implementar vários planos para atualizar os sistemas de sinalização e as instalações das estações para melhorar a eficiência e a experiência dos passageiros. Por exemplo, o Beach Pneumatic Transit foi uma experiência inicial, mas não estava diretamente relacionado com o sistema de metro posterior, ilustrando o desenvolvimento do Metro de Nova Iorque desde a experimentação até à maturidade.

Além disso, o Metro de Nova Iorque passou historicamente por uma transição da operação privada para o controlo municipal, marcando uma fase importante no seu desenvolvimento. Em 1932, para competir com as empresas privadas BMT e IRT, a cidade de Nova Iorque criou o Independent Metro System (IND). Em 1940, a cidade de Nova Iorque adquiriu estas empresas privadas, unificando os serviços de metro. Embora os veículos e a conceção das vias do IND não fossem totalmente compatíveis com os outros dois sistemas, a construção de novas linhas de ligação acabou por conduzir a uma maior integração da rede. Esta conceção de linhas múltiplas permite que os comboios circulem em várias linhas, aumentando consideravelmente a complexidade e a eficácia do sistema, nomeadamente reduzindo o impacto na rede global em caso de avarias e de manutenção. A figura 1.11 mostra o complexo e extenso mapa do metro de Nova Iorque (parcial).

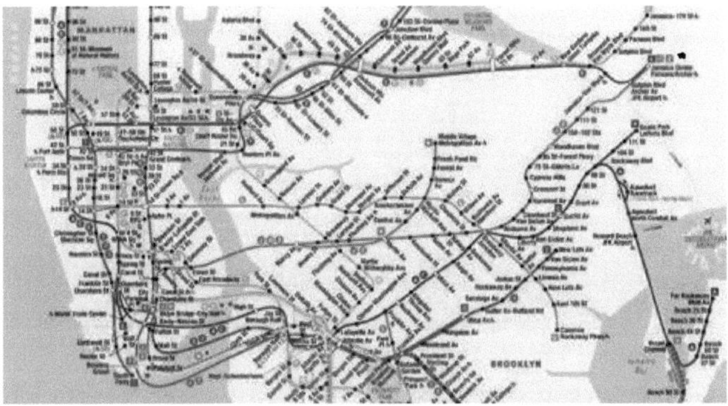

Figura 1.11 Mapa do Metro de Nova Iorque (parcial)

O sistema ferroviário suburbano de Nova Iorque é o maior dos Estados Unidos, operado conjuntamente pela Metropolitan Transportation Authority e pela New Jersey Transit, cobrindo Nova Iorque, Nova Jérsia e Connecticut. Este sistema inclui a Long Island Rail Road (LIRR), a Metro-North Railroad e várias outras linhas mais pequenas que ligam o centro de Nova Iorque aos vastos subúrbios e aos estados vizinhos, com 452 estações e 24 linhas que totalizam 2 159 quilómetros de comprimento. Estes sistemas ferroviários não só proporcionam opções eficientes de deslocação pendular dos subúrbios para o centro da cidade, como também estabelecem ligações perfeitas com o sistema de metro e com os caminhos-de-ferro interurbanos, como o Amtrak, em especial nos principais centros de transporte, como o Grand Central Terminal e a Pennsylvania Station.

A Grand Central Terminal não é apenas uma das maiores estações ferroviárias do mundo, mas o seu estilo arquitetónico único e o seu significado histórico fazem dela um marco em Nova Iorque. A Figura 1.12 mostra o interior da Grand Central Terminal, que não é apenas um centro de transportes, mas também um símbolo importante da cultura e da história de Nova Iorque.

Figura 1.12 Vista interior do Grand Central Terminal

Globalmente, o sistema de transporte ferroviário de Nova Iorque, através da sua complexa estrutura de rede, do seu rico historial e da sua contínua inovação tecnológica, demonstra a sua posição de liderança nos sistemas globais de transportes públicos urbanos. Este sistema não só melhora significativamente a eficiência das viagens dos residentes e turistas, como também reflecte o carácter dinâmico de Nova Iorque enquanto metrópole global em constante evolução.

1.3.5 Xangai

O planeamento do trânsito ferroviário urbano de Xangai começou em 1956 e, em 1958, um plano de metro centrado em torno da Praça do Povo, com três linhas radiais e uma linha circular, foi concluído e a construção iniciada, mas o projeto foi interrompido devido a problemas técnicos e financeiros. Em 1964, 1965 e 1973, foram efectuados ajustamentos parciais à rede de metropolitano. Em 1986, com base num inquérito às deslocações dos residentes e nos problemas e necessidades decorrentes do desenvolvimento urbano, foi formulado um plano de rede de metropolitano com quatro linhas radiais, uma linha de raio, uma linha circular, uma linha de meio-anel e uma linha de Pudong, num total de oito linhas.

Em 1993, foi oficialmente inaugurada a primeira linha do Metro de Xangai, a Linha 1, que se estende por 38,18 km, desde Xinzhuang, no distrito de Minhang, até Fujin Road, no distrito de Baoshan, passando pela Praça do Povo e pela Estação Ferroviária de Xangai, e servindo como uma das principais artérias do Metro de Xangai.

O Metro de Xangai é o maior sistema de metro do mundo, com 16 linhas e 416 estações, totalizando 705 quilómetros de comprimento operacional, incluindo 29 quilómetros de linha maglev. O número de passageiros diários do Metro de Xangai atinge 10,65 milhões, com um pico diário de 13,29 milhões, o que o torna o segundo sistema de metro mais movimentado do mundo, a seguir ao de Pequim. A estação da Praça do Povo, a mais movimentada do sistema, tem um número de passageiros diário superior a 700.000, servindo como principal estação de transferência para as linhas 1, 2 e 8, com 18 saídas e ligações próximas a centros comerciais subterrâneos e outras instalações comerciais. O movimentado átrio da estação de People's Square durante a hora de ponta da noite é apresentado na Figura 1.13.

Figura 1.13 O movimentado átrio da estação de People's Square durante a hora de ponta

O rápido desenvolvimento do trânsito ferroviário de Xangai é notável, conseguindo em menos de 20 anos o que os países desenvolvidos ocidentais demoraram 100 anos a desenvolver o metro, merecendo elogios da Comunidade de Metros (Comet) como "um milagre na história da construção mundial de metro". De 1995 a 2004, mais de uma década depois, o Metro de Xangai construiu quatro linhas, atingindo um comprimento total de 100 quilómetros, com uma média de 40 quilómetros acrescentados por ano. Durante o período de 2004 a 2007, o número de linhas aumentou para 8, com o comprimento total a expandir-se para 234 quilómetros, mantendo um crescimento rápido de cerca de 40 quilómetros por ano. Especialmente de 2008 a 2010, para garantir o sucesso da realização da Exposição Mundial de Xangai, o Metro de Xangai acelerou a sua expansão, aumentando o número de linhas para 11 em três anos, com o comprimento total a atingir 424 quilómetros, adicionando uma média de 80 quilómetros por ano. Atualmente, o objetivo global de planeamento do Metro de Xangai é formar uma rede ferroviária com um comprimento total de 960 quilómetros.

Em termos de operação, o Metro de Xangai apresenta diversas

caraterísticas diferentes de outros sistemas de metro urbano. Para responder às diferentes exigências de fluxo de passageiros, especialmente nas linhas de longa distância, o Metro de Xangai adoptou um modelo de organização operacional que combina rotas longas e curtas. Por exemplo, na Linha 16, os comboios expresso e os comboios diretos circulam durante as horas de ponta para melhorar a eficiência do transporte e a satisfação dos passageiros. Adicionalmente, Xangai tem experimentado a operação através da linha, com as linhas 3 e 4 a partilharem as vias entre Hongqiao Road e Baoshan Road, a primeira deste tipo na China. Embora este modelo reduza o investimento em infra-estruturas, também afecta a capacidade de transporte da linha única, levando a discussões sobre se as linhas 3 e 4 devem funcionar separadamente.

Questões para debate

Exercício 1:

Discuta os factores que influenciam a seleção de diferentes bitolas nos sistemas de metro de vários países, citando exemplos como a Rússia e Hong Kong. Qual o impacto destas escolhas na exploração e manutenção dos sistemas de metro?

Exercício 2:

Examinar as soluções de compromisso envolvidas na construção de sistemas de metropolitano em cidades densamente povoadas, considerando os benefícios da redução do congestionamento do tráfego urbano e da poluição face aos elevados custos e à necessidade de grandes volumes de passageiros.

Exercício 3:

Analisar os principais factores que tornam os sistemas de metropolitano ligeiro mais adequados para cidades de média dimensão com populações de 2 a 4 milhões de habitantes. Em que é que as suas caraterísticas de conceção e funcionamento diferem das dos sistemas de metropolitano na satisfação das necessidades de transporte destas cidades?

Exercício 4:

Examine o impacto da revolução industrial e do desenvolvimento de locomotivas eléctricas na evolução dos sistemas de metro em grandes cidades como Londres, Paris e Nova Iorque. Como é que estes avanços moldaram o crescimento inicial do transporte ferroviário urbano?

Exercício 5:

Discuta o declínio dos sistemas de eléctricos nos Estados Unidos em meados do século XX. Quais foram os principais factores que contribuíram para este declínio e de que forma afectou as infra-estruturas de transportes urbanos e o planeamento urbano?

Exercício 6:

Analisar o ressurgimento dos investimentos em metropolitano e metropolitano ligeiro após a crise petrolífera dos anos 70. Como é que este período de renovada atenção ao transporte ferroviário influenciou a modernização dos sistemas, particularmente em termos de adoção de tecnologia e impacto ambiental?

Exercício 7:

Discuta o significado histórico da transição do metropolitano de Londres das locomotivas a vapor para as locomotivas eléctricas. Qual foi o impacto desta mudança no ambiente operacional e na experiência dos passageiros, e quais foram as implicações mais vastas para o desenvolvimento dos sistemas de metropolitano a nível mundial?

Exercício 8:

Analisar o papel da partilha de vias na estratégia operacional do metropolitano de Londres. Como é que esta abordagem aumenta a eficiência e satisfaz as necessidades dos passageiros, especialmente num ambiente urbano complexo e densamente povoado como Londres?

Exercício 9:

Como é que a integração dos sistemas de metropolitano e de trânsito rápido suburbano de Tóquio, incluindo as operações de serviço direto entre linhas ferroviárias privadas e linhas de metropolitano, contribuiu para a eficiência dos transportes da cidade e para a comodidade dos passageiros?

Exercício 10:

Como é que a integração dos sistemas de metropolitano e de comboios suburbanos de Nova Iorque, incluindo a transição do controlo privado para o controlo municipal, contribuiu para a sua eficiência e para a conetividade global na área metropolitana?

Exercício 11:

Como é que o Metro de Xangai conseguiu uma rápida expansão e eficiência operacional, particularmente através de inovações como as operações de percursos curtos e longos e a partilha de vias em linhas como a 3 e a 4?

Capítulo 2:
Planeamento e conceção de metropolitanos e metropolitanos ligeiros

2.1 Princípios do planeamento da rede

À medida que os problemas de tráfego urbano se tornam cada vez mais graves, a construção de redes razoáveis tornou-se uma medida fundamental para resolver o congestionamento urbano. A construção da rede não é apenas um investimento em infra-estruturas, mas também uma componente importante do desenvolvimento urbano sustentável. Uma configuração razoável da rede é crucial para o funcionamento eficaz dos sistemas de transporte ferroviário urbano e tem um impacto direto na eficiência do tráfego urbano e na comodidade das deslocações diárias dos residentes. Além disso, a otimização da conceção da rede pode maximizar os benefícios económicos do investimento em infra-estruturas, reduzir os custos de manutenção e expansão e, assim, promover a utilização eficiente dos recursos públicos. Um mau planeamento da rede não só resulta em desperdício de fundos, como também pode causar ineficiência a longo prazo no sistema de transportes, afectando o desenvolvimento económico global da cidade e a qualidade de vida dos residentes.

Por conseguinte, o planeamento da rede urbana deve basear-se numa análise exaustiva do fluxo de tráfego, tendo em conta o crescimento urbano futuro e as necessidades de expansão, para conseguir uma otimização dinâmica e o ajustamento da rede. Através da aplicação de teorias modernas de planeamento urbano e de tecnologias de engenharia de tráfego, combinadas com SIG e técnicas de simulação, os planeadores urbanos podem prever com maior precisão as alterações do fluxo de tráfego e desenvolver estratégias de desenvolvimento da rede mais científicas e racionais. Este planeamento estratégico não só optimiza as infra-estruturas da cidade, como também estabelece uma base sólida para o desenvolvimento sustentável da cidade a longo prazo.

O planeamento da rede ferroviária urbana está intimamente relacionado com o planeamento da utilização do solo urbano e deve ser plenamente considerado nas fases iniciais da construção do transporte ferroviário urbano. A eficácia da construção de sistemas de metropolitano e de metropolitano ligeiro depende da sua capacidade para formar uma estrutura de rede coerente e eficiente, o que está diretamente relacionado com a capacidade do sistema para atrair e transportar passageiros. A experiência histórica mostra que os sistemas ferroviários subterrâneos sem planeamento unificado, como os primeiros metropolitanos de Paris, Nova Iorque e Londres, tinham frequentemente uma configuração caótica da rede e funções sobrepostas devido a uma expansão gradual baseada em necessidades de curto prazo, o que conduzia a vários problemas de eficiência operacional e de qualidade do serviço, como cargas de passageiros desiguais e transferências inconvenientes.

Por exemplo, uma análise comparativa dos metropolitanos de Londres e Moscovo revela o impacto decisivo da qualidade do planeamento no desempenho dos sistemas ferroviários urbanos. Embora a densidade da rede do metro de Moscovo seja inferior à de Londres, o seu planeamento mais científico resultou numa maior capacidade de transporte e em operações mais eficientes. Em contrapartida, devido à falta de um planeamento sistemático e prospetivo nas suas fases iniciais, o metropolitano de Londres tem uma rede demasiado grande e desigualmente distribuída, o que afecta a eficiência operacional e causa efeitos adversos a longo prazo no desenvolvimento económico e social da cidade.

Por conseguinte, o planeamento do transporte ferroviário urbano deve ter em conta, de forma abrangente, a direção e as necessidades futuras do desenvolvimento urbano e adotar métodos de planeamento modulares e escaláveis para garantir a adaptabilidade a longo prazo e a eficiência económica da rede. Este planeamento de alta qualidade não só optimiza a afetação de recursos, como também melhora significativamente a qualidade de vida dos residentes e a competitividade global da cidade.

O planeamento da rede é um processo complexo e pormenorizado que exige uma análise aprofundada da procura de fluxos urbanos de passageiros, da estrutura urbana, das caraterísticas de distribuição espacial da utilização do solo e da viabilidade da construção de linhas, seguida do desenvolvimento de múltiplas alternativas. Estas análises incluem avaliações qualitativas e cálculos quantitativos para garantir o carácter científico e prático das propostas. O processo de planeamento inclui normalmente as seguintes etapas principais.

1. Estimativa e análise do fluxo de passageiros

Em primeiro lugar, são efectuadas previsões pormenorizadas do fluxo de passageiros, incluindo previsões dos fluxos diários e do período de ponta. Esta etapa envolve modelação e simulação com base em dados históricos, tendências de desenvolvimento socioeconómico e crescimento potencial da população.

2. Planeamento de rotas e determinação do alinhamento

Com base na análise do fluxo de passageiros, são determinados os itinerários principais e as principais zonas por onde passam. A seleção dos itinerários deve ter em conta a maximização da população servida e das instalações importantes, equilibrando simultaneamente os custos e a viabilidade técnica.

3. Avaliação e análise das formas de rede

São avaliadas as formas de rede de várias alternativas, incluindo a sua conetividade, eficiência e impacto no espaço urbano. A tecnologia GIS e as ferramentas de análise de rede são utilizadas para otimizar o traçado das rotas e a localização das estações.

4. Planeamento das estações de transferência

As principais estações de transferência devem ser dispostas de forma racional para assegurar transferências internas cómodas e ligações sem descontinuidades com outros modos de transporte. O projeto deve ter em conta a racionalidade das linhas de fluxo de passageiros, minimizar os tempos de transferência e permitir uma futura expansão.

5. Criação de depósitos e instalações de manutenção

Planear a localização e a escala dos depósitos para garantir que os veículos possam ser mantidos e assistidos de forma eficiente durante o funcionamento. A localização dos depósitos deve ter em conta a localização geográfica, a facilidade de ligação à rede principal e o impacto ambiental.

6. Sequência de construção e necessidade de linhas de transporte ferroviário

Justificar a necessidade de construir a primeira linha e os seus planos de desenvolvimento subsequentes. Analisar os impactos económicos e sociais da linha inicial para determinar as prioridades e as fases de desenvolvimento.

7. Análise da adaptabilidade do planeamento

Avaliar a adaptabilidade do plano da rede ao desenvolvimento urbano atual e futuro, tendo em conta factores como a expansão urbana e as alterações da densidade populacional.

8. Benefícios Macroeconómicos e Estimativa de Investimento

Efetuar uma análise dos benefícios económicos, incluindo os benefícios diretos e indirectos, como a melhoria da eficiência operacional e a redução do impacto ambiental. Além disso, realizar uma análise detalhada do retorno do investimento para garantir a viabilidade económica do projeto.

Uma vez confirmado o plano de rede recomendado, as previsões adicionais do fluxo de passageiros são cruciais para garantir que a conceção da rede pode efetivamente satisfazer a procura de tráfego prevista. Além disso, o planeamento da rede deve ser coerente com o planeamento geral da cidade para garantir que o desenvolvimento dos transportes se alinha com a estratégia de crescimento da cidade.

Durante a construção e o funcionamento efectivos, o planeamento da rede pode ter de ser ajustado para ter em conta as alterações das condições económicas e da perceção do público. Por conseguinte, o planeamento da rede deve obedecer ao seguinte princípio:

- Considerar plenamente o desenvolvimento dinâmico da economia urbana: Como núcleo do transporte urbano, os sistemas de metropolitano e de metropolitano ligeiro têm normalmente ciclos de planeamento muito superiores aos do planeamento geral da cidade. Por conseguinte, são necessários modelos complexos de previsão económica e previsões de crescimento populacional para apoiar a tomada de decisões durante o planeamento.
- O planeamento e a implementação devem ter em conta as caraterísticas faseadas do desenvolvimento sustentável: A incerteza do desenvolvimento urbano exige que o planeamento da rede de metropolitano seja flexível e escalável. Esta abordagem de "planeamento contínuo" permite ajustes e otimização do traçado da rede com base no desenvolvimento urbano real, satisfazendo as necessidades actuais e mantendo assim a sustentabilidade do sistema a longo prazo.
- Prestar toda a atenção à resolução dos problemas de tráfego nas zonas centrais: As áreas centrais urbanas são normalmente as que enfrentam a maior pressão de tráfego. Por conseguinte, o planeamento deve centrar-se particularmente na forma de aliviar o congestionamento do tráfego nestas áreas através do

transporte ferroviário. Isto inclui otimizar a localização das estações na área central, melhorar a conetividade da rede e aumentar a eficiência dos pontos de transferência.

- Coordenar o planeamento da rede, a seleção da capacidade do sistema e o planeamento da implementação: Garantir a coordenação entre a conceção da rede, a capacidade do sistema e as estratégias de implementação durante a fase de planeamento é fundamental para controlar os custos e melhorar a eficiência. Isto envolve todos os aspectos, desde a estrutura da rede até à aquisição de veículos e estratégias operacionais, sendo que cada decisão se baseia numa análise exaustiva de custo-benefício para garantir uma atribuição óptima dos recursos.

2.2 Escala razoável da rede ferroviária

2.2.1 O significado de escala razoável

Uma questão central no atual planeamento do desenvolvimento urbano e do trânsito ferroviário é a determinação da escala adequada da rede ferroviária. Esta questão não está apenas relacionada com as decisões dos planeadores, mas serve também como base crucial para investimentos significativos por parte das autoridades municipais. Além disso, existem diferenças significativas no planeamento da rede ferroviária entre as megacidades e as grandes cidades normais, que fazem parte das questões de controlo a nível macro no planeamento da rede ferroviária.

Em primeiro lugar, devemos clarificar a definição de "escala". No sistema de transporte ferroviário, a escala é definida principalmente do lado da oferta, nomeadamente a capacidade do sistema de transporte. A "escala razoável", por outro lado, envolve a interface global e a eficiência operacional do sistema, ou seja, a forma como os diferentes componentes do sistema se coordenam e interagem para melhorar o desempenho global. Esta conceção da interface centra-se na forma como as diferentes partes do sistema interagem e se ligam, incluindo a integração de hardware, software ou processos operacionais, assegurando um funcionamento suave e eficiente do sistema ferroviário.

A escala da rede ferroviária refere-se essencialmente à composição global do sistema de transporte ferroviário, incluindo três aspectos: gestão operacional, capacidade do sistema e densidade da rede.

Entre estes, a gestão operacional reflecte as caraterísticas flexíveis do sistema, enquanto a capacidade do sistema e a densidade da rede reflectem as suas caraterísticas rígidas. Uma escala ideal para a rede ferroviária deve ser uma combinação orgânica destes três elementos.

Do ponto de vista da capacidade do sistema e da densidade da rede, podemos avaliar a escala da rede ferroviária através de quatro tipos de medidas de escala (Figura 2.1), incluindo, mas não se limitando a: capacidade de transporte, alcance do serviço, cobertura da rede e eficiência.

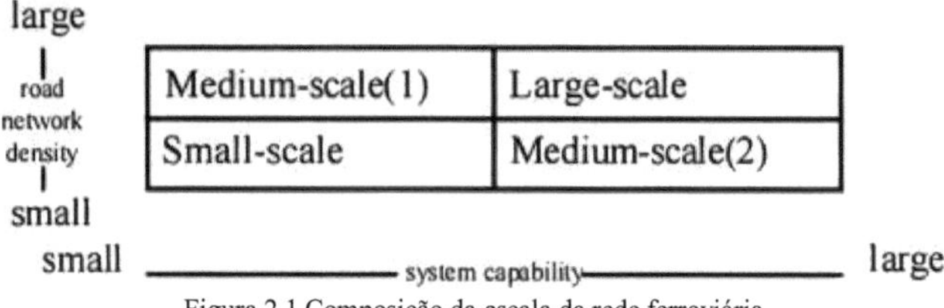

Figura 2.1 Composição da escala da rede ferroviária

Através de considerações tão abrangentes, podemos planear de forma mais científica a rede ferroviária para melhor servir as necessidades do desenvolvimento urbano.

No planeamento da rede ferroviária, a determinação de uma escala razoável é um objetivo fundamental, que envolve o equilíbrio das diferentes necessidades dos consumidores, das empresas operadoras e das autoridades municipais. Este objetivo envolve não só parâmetros técnicos, mas também a otimização dos benefícios económicos e de serviço. A escala razoável é alcançada através dos efeitos combinados da densidade da rede, da capacidade do sistema e da gestão operacional, que podem ser descritos por modelos matemáticos (Figura 2.2).

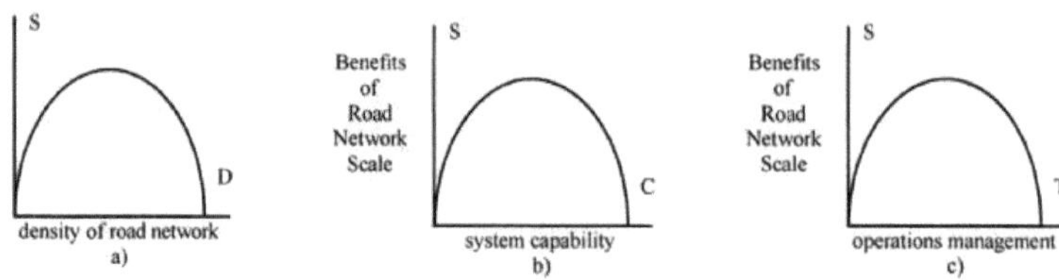

Figura 2.2 Diagrama da escala razoável

A condição técnica para atingir uma escala razoável é quando as derivadas parciais destas três variáveis em relação à escala razoável são todas zero:

$$\frac{\partial S}{\partial D}=\frac{\partial S}{\partial C}=\frac{\partial S}{\partial T}=0 \tag{2.1}$$

Isto indica que, na configuração atual, qualquer aumento ou diminuição dos parâmetros não aumentará ainda mais os benefícios globais do sistema, indicando assim que o sistema atingiu o seu estado ótimo.

Para alcançar e manter este estado, os planeadores precisam de medir e ajustar continuamente estes parâmetros-chave:

- Densidade da rede: Determinar as zonas com maior procura com base em estudos de mercado e análises de tráfego e ajustar a densidade da rede ferroviária em conformidade.
- Capacidade do sistema: Ajustar o número de veículos e o traçado dos itinerários com base nas previsões da procura de passageiros para aumentar a capacidade de transporte do sistema.
- Gestão operacional: Aplicar estratégias operacionais eficientes, como a otimização dos horários, a criação de um sistema tarifário razoável e o controlo eficaz dos custos operacionais.

Trata-se de um processo dinâmico em que os planeadores têm de ajustar e prever continuamente vários parâmetros através da análise de dados e de técnicas de simulação, para garantir que o sistema de transporte ferroviário presta um serviço eficiente e, ao mesmo tempo, economicamente sustentável. Este processo científico de tomada de decisões ajuda o sistema ferroviário urbano a alcançar o melhor equilíbrio entre a eficiência do serviço, a relação custo-eficácia e a satisfação do utilizador.

2.2.2 Métodos de cálculo da escala razoável

1. Considerações sobre investimento e funcionamento

Do ponto de vista das empresas de investimento e de exploração, é fundamental garantir a sustentabilidade económica do sistema de transporte ferroviário. O modelo financeiro ideal baseia-se num ponto de equilíbrio, garantindo que as receitas operacionais cobrem, pelo menos, as despesas operacionais. Isto pode ser detalhado através da seguinte fórmula:

Receitas operacionais $\geq$ Despesas operacionais (necessidade básica)

Receitas operacionais = volume de passageiros × distância média da viagem × tarifa

Despesas de exploração = Total de activos fixos × Taxa de

amortização global + Número de estações × Consumo médio diário de energia por estação × Preço da eletricidade + Custo variável por veículo-quilómetro × Volume de passageiros × Distância média de viagem / (Capacidade de lugares por veículo × Taxa de ocupação média)

Em que a tarifa é a taxa cobrada por quilómetro por passageiro, o total dos activos fixos representa o montante total do investimento em construção, a taxa de depreciação global é a taxa de depreciação total depois de considerados os vários equipamentos do metropolitano, os seus custos e a taxa de depreciação anual (%), o custo variável por veículo-quilómetro refere-se às despesas necessárias por quilómetro por carruagem do metropolitano, incluindo pessoal, energia de tração, gestão e manutenção do sistema de metropolitano, e a taxa de ocupação média é o rácio entre o volume de passageiros e a capacidade de lugares.

2. Regras empíricas

Com base nos dados relativos ao transporte ferroviário das principais cidades do mundo, podemos utilizar a função de produção Cobb-Douglas para descrever a relação entre o volume de passageiros do transporte ferroviário, a população urbana e o comprimento da rede. Este modelo é normalmente expresso da seguinte forma

$$SV = \alpha POP^{\beta} RL^{\eta} \quad (2.2)$$

Quando os parâmetros são estimados com base em dados reais.

Estes parâmetros são geralmente obtidos a partir de estudos de campo pormenorizados ou da análise de dados e não de uma fonte única. Por exemplo, em alguns estudos, os parâmetros são constantes proporcionais que reflectem a elasticidade do volume de passageiros em relação à dimensão da população e ao comprimento da rede, sendo necessário determinar estes valores através da análise de regressão de dados específicos da cidade.

3 . Caraterísticas das deslocações dos residentes e estratégia de otimização do traçado

Ao considerarem a extensão razoável da rede, os investidores e operadores devem garantir a cobertura máxima das principais necessidades de deslocação dos residentes. Em primeiro lugar, considere-se o potencial máximo realizável. Nas principais rotas de viagem, depois de excluir as deslocações em automóvel particular (ou seja, o transporte utilizado por particulares), aproximadamente 70% do fluxo de tráfego será transferido para o transporte ferroviário. Os seguintes passos de cálculo podem então ser aplicados (Figuras 2.3).

- Aplicar o conceito de matriz OD: O inquérito Origem-Destino (OD), também conhecido como inquérito OD, recolhe dados através da investigação da origem e destino das viagens para formar a matriz OD. Esta matriz é geralmente apresentada numa tabela bidimensional, detalhando os volumes de viagens de cada origem para o destino e fornecendo uma base científica para o planeamento. Através deste método, é possível identificar com precisão as principais necessidades e fluxos de viagens, o que permite conceber uma rede de transporte ferroviário que satisfaça as necessidades diárias de deslocação da maioria dos residentes.
- Os consumidores esperam uma extensão razoável da rede de deslocações: Os serviços de metropolitano ou de metropolitano ligeiro devem estar acessíveis nas principais vias de comunicação. Para tal, é necessário oferecer opções de transporte ferroviário suficientes nas principais vias de tráfego intenso, incentivando assim mais cidadãos a abandonar o automóvel particular em favor do transporte público. Para satisfazer esta expetativa, os planeadores precisam de garantir que todas as rotas importantes são cobertas pelo sistema ferroviário com base na análise de dados da matriz OD.

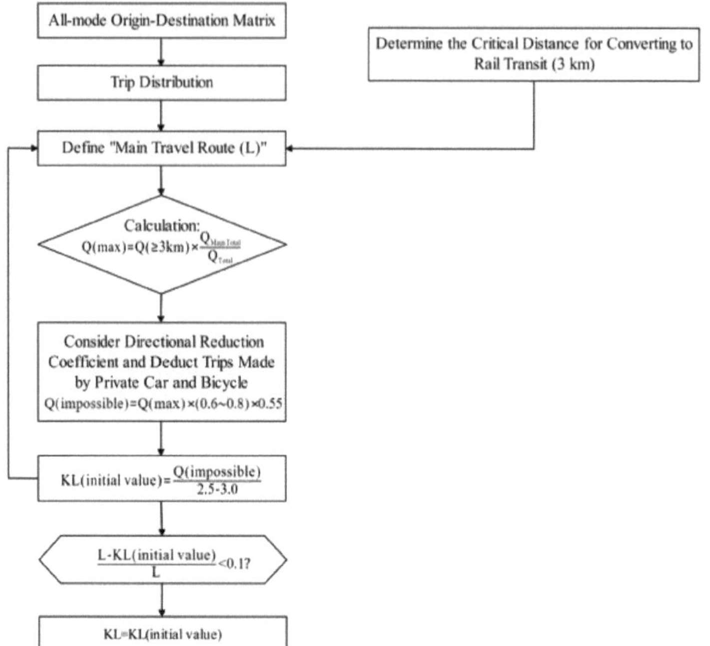

Figura 2.3 Fluxograma do processo de cálculo do planeamento razoável

Exemplo: Cálculo da escala razoável do comprimento da rede de trânsito ferroviário urbano numa determinada cidade.

(1) O comprimento razoável da rede previsto pelo operador

I. Com base na previsão de viagens

Quando a distância de viagem é ≥3 km, a proporção de viagens que representam o volume total de viagens é de 46,9%.

Quando a distância de viagem é ≥3 km, a proporção de viagens com recurso a automóveis particulares é de 21,02% do volume total de viagens.

II. Depois de excluir a viagem de carro particular

$$\frac{21.02}{0.469} = 0.448$$

$$1 - 0.448 = 0.552 \geq 0.55$$

III. Definir "itinerário principal"

Quando o fluxo horário de pico num sentido é ≥ 20 000 passageiros, o comprimento do itinerário é de 68 km. Neste momento:

$$\frac{Q_{Main\ Total}}{Q_{Total}} = 0.71$$

IV. Calcular

$$Q_{Passenger\ Flow}(Passenger\ Flow) = 1233.34 \times 0.469 \times 0.71 \times 0.6 \times 0.551 = 135.52(10{,}000\ pax/day)$$

V. Recalcular

$$KL(Initial\ Value) = \frac{1355212.5}{25000} = 54(km)$$

VI. Juiz

$$\left|\frac{68-54}{68}\right| = 0.205 \geq 0.1$$

VII. Redefinir

Quando o fluxo horário de pico num sentido é $\geq$ 30 000 passageiros, o comprimento do itinerário é de 49 km. Neste momento:

$$\frac{Q_{Main\ Total}}{Q_{Total}} = 0.6$$

VII. Recalcular

$$Q_{Passenger\ Flow}(Passenger\ Flow) = 1233.34 \times 0.469 \times 0.6 \times 0.6 \times 0.55 = 114.53(10{,}000 pax/day)$$

VIII. Recalcular

$$KL(Initial\ Value) = \frac{114.53}{2.5} = 45.8(km)$$

IX. Juiz

$$\left|\frac{49-45.8}{49}\right| = 0.065 < 0.1$$

Por conseguinte:

KL(*Initial Value*)=45.8(km)

(2) O comprimento da rede esperado pelos consumidores

A proporção de viagens $\geq$3 km por transporte público representa 24,52% do volume total de viagens, com um total de 12,33 milhões de viagens por dia, e a densidade de fluxo de passageiros é fixada em 25.000 passageiros/km. Portanto:

$$\frac{1233.34 \times 0.245 \times 0.6}{2.5} = 72.58(km)$$

Daqui se pode concluir que a escala razoável da rede ferroviária nesta cidade deveria ser de 45,8 km a 72,58 km.

Olhando para as redes ferroviárias urbanas globais, desde as 30 linhas de Nova Iorque até às pequenas cidades com apenas três ou quatro linhas, o traçado do trânsito ferroviário reflecte a diversidade das estruturas de tráfego e das condições dos transportes públicos nas várias cidades. Por exemplo, o metro de Londres está em funcionamento há mais de um século e a rede expandiu-se para 11 linhas e 423 quilómetros, o que realça a importância do planeamento a longo prazo. O traçado da rede ferroviária é uma decisão importante que afectará o próximo século e que determina em grande medida a forma e a eficiência da estrutura de transportes da cidade.

O facto de o traçado de uma cidade ser centralizado ou disperso afecta diretamente a conceção da rede ferroviária. O planeamento da rede ferroviária não deve simplesmente imitar a estrutura da rede rodoviária existente ou expandir-se cegamente para zonas densamente povoadas, mas deve basear-se numa estratégia global de desenvolvimento urbano, tendo em conta a disposição geral, a escala e a distribuição espacial dos fluxos de passageiros, para garantir um desenvolvimento sustentável e eficiente a longo prazo.

Ao mesmo tempo, o traçado da rede ferroviária de uma cidade não deve ser uma abordagem única, mas deve ser personalizado de acordo com as caraterísticas de cada cidade e a direção do seu desenvolvimento territorial.

A conceção das redes ferroviárias urbanas utiliza normalmente duas formas básicas: linhas radiais e linhas circulares, para responder a diferentes exigências de tráfego e objectivos de desenvolvimento urbano.

A principal função das linhas radiais é facilitar a dispersão e a convergência dos fluxos de passageiros, especialmente quando ligam o centro da cidade às zonas periféricas, gerindo e orientando eficazmente os fluxos de passageiros em grande escala. Estas linhas são normalmente estabelecidas de acordo com os principais eixos de desenvolvimento da cidade, tais como ligações diretas entre zonas comerciais, industriais e residenciais, assegurando um transporte eficiente entre as áreas funcionais da cidade.

As linhas circulares são especialmente importantes nas grandes redes urbanas, uma vez que o seu principal papel é reduzir o número de transbordos dentro do sistema, melhorando a conetividade da rede e a eficiência operacional. Ao ligarem várias linhas radiais, as linhas circulares tornam mais cómoda a transferência de passageiros entre diferentes zonas urbanas, reduzindo o tempo de viagem e melhorando a experiência de viagem.

Ao planear a rede ferroviária, é necessário, em primeiro lugar, realizar uma análise detalhada do tráfego existente na cidade e das condições de utilização do solo, utilizando ferramentas de simulação e previsão de tráfego para prever as tendências de desenvolvimento futuro. Além disso, através da recolha e análise de grandes volumes de dados, os padrões de fluxo de passageiros podem ser compreendidos com maior precisão, permitindo a conceção de uma estrutura de rede que satisfaça as necessidades actuais, antecipando simultaneamente as possibilidades de expansão futura.

Para o traçado da rede de transporte ferroviário, deve ser efectuada uma análise detalhada da composição do tráfego e da procura no centro da cidade, a fim de determinar os principais fluxos de tráfego e os pontos de concentração. Em seguida, através da comparação de diferentes esquemas de disposição da rede, deve ser escolhida a disposição que melhor se adapta às áreas específicas e ao desenvolvimento global da cidade. Em última análise, uma disposição razoável da rede ferroviária deve otimizar a distribuição do fluxo de passageiros, melhorar a eficiência global dos transportes da cidade e aumentar a comodidade das deslocações dos residentes.

2.3. Métodos de planeamento da rede rodoviária urbana

2.3.1. Etapas de base

O objetivo central do planeamento das redes urbanas é a construção de um sistema de redes de transportes eficiente, em especial através da valorização do papel central das redes de metropolitano e de metropolitano ligeiro na estrutura global dos transportes urbanos. Os metropolitanos e o metropolitano ligeiro não só complementam as redes rodoviárias, ferroviárias e de auto-estradas da cidade, como também são fundamentais para atenuar o congestionamento do tráfego e melhorar a eficiência dos transportes.

Ao contrário do planeamento tradicional da rede rodoviária, o planeamento da rede ferroviária urbana deve começar sem uma rede inicial. Esta etapa exige que os planeadores concebam a rede inteiramente com base nas exigências de tráfego actuais e previstas e nos objectivos de desenvolvimento urbano, assegurando que esta satisfaz as necessidades actuais e proporcionando flexibilidade para uma futura expansão. A escolha de um tipo de sistema adequado (por exemplo, metro, elétrico ou metro ligeiro) depende da dimensão da cidade, do orçamento e do fluxo de passageiros previsto. Além disso, a rede ferroviária urbana deve integrar-se perfeitamente com outros modos de transporte, como os sistemas de autocarros, para formar uma rede de transportes multimodal complementar.

Com base nos pontos fundamentais do planeamento das redes

urbanas de caminhos-de-ferro e de autocarros, pode ser elaborado um fluxograma para o planeamento da rede ferroviária urbana (Figuras 2.4). O fluxograma difere de outros métodos de planeamento da rede nos seguintes aspectos:

- O planeamento da rede ferroviária urbana carece de uma rede inicial como entrada inicial no processo de feedback do planeamento.
- O planeamento da rede ferroviária urbana deve avaliar cuidadosamente e determinar o tipo de sistema adequado, tendo em consideração vários factores, como a densidade populacional da cidade, a disposição geográfica, o número de passageiros previsto e as projecções de crescimento futuro.

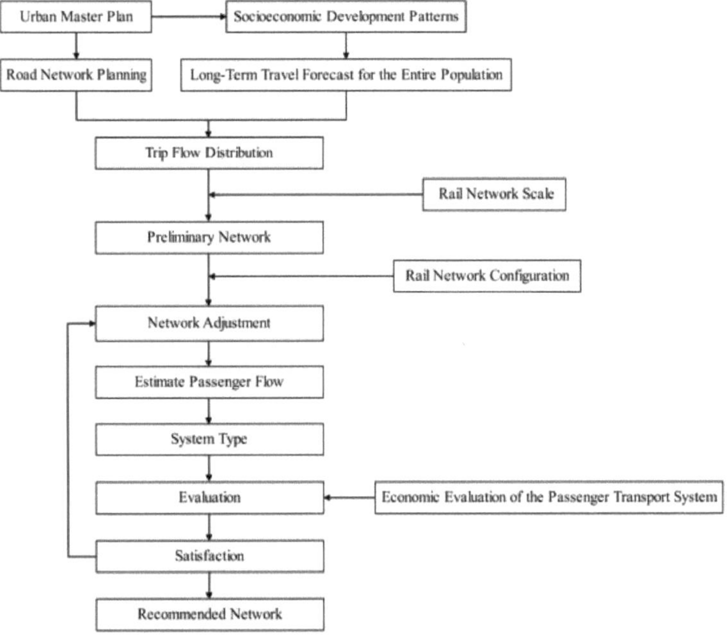

Figura 2.4 Fluxograma de planeamento da rede ferroviária

O planeamento das redes rodoviárias e dos sistemas de transporte ferroviário deve ter como objetivo satisfazer as necessidades razoáveis dos residentes, respeitando simultaneamente os princípios da eficiência económica e da viabilidade comercial. O planeamento da rede rodoviária é a base da conceção do sistema de transportes urbanos, sendo a sua essência a previsão exacta dos futuros padrões de viagem e a conceção racional da rede.

Os métodos comuns para gerar uma rede primária são os seguintes:

- Método da direção de viagem: Conceber a rede com base nas principais direcções de viagem dos residentes para otimizar as rotas de viagem.
- Método de ligação dos centros: Ligar os principais centros de fluxos de pessoas e veículos ao longo de caminhos diretos ou óptimos para formar a estrutura da rede.
- Método das principais vias de circulação: Identificar as principais artérias de tráfego da cidade como a espinha dorsal da conceção da rede.

As principais considerações ao selecionar estes métodos são aliviar a pressão do tráfego nas secções de estrangulamento e melhorar o fluxo de tráfego nos nós principais. Durante a fase de ajustamento da rede, é necessário considerar exaustivamente o impacto das alterações das secções em toda a rede e estabelecer razoavelmente as fusões, os loops e os pontos de divergência para garantir um funcionamento eficiente da rede.

A escolha do tipo de sistema está intimamente relacionada com a capacidade de transporte do trânsito ferroviário, envolvendo não só as necessidades operacionais actuais, mas também a antecipação de futuras possibilidades de expansão. Por exemplo, através do estudo do fluxo seccional máximo durante os períodos de ponta, é possível avaliar se o sistema responde à procura futura de passageiros:

- Acessibilidade financeira.
- Eficácia da rede ferroviária.
- Impacto ambiental.

A conformidade da conceção final da rede com os requisitos é avaliada com base nos seguintes indicadores-chave

- Comércio e ordenamento do território ao longo do trajeto: Se a conceção da rede promove o desenvolvimento comercial e a utilização dos solos ao longo do trajeto.
- Benefícios do investimento: Avaliar o retorno da construção da rede numa perspetiva económica.
- Razoabilidade do sistema de transporte de passageiros: Se o sistema é estruturalmente sólido e responde às necessidades dos diferentes grupos de passageiros.

- Qualidade das deslocações dos residentes: Se as melhorias no sistema de transportes melhoram a experiência de deslocação e a qualidade de vida dos residentes.

2.3.2. Conceito e Função da Rede Rodoviária Primária

O conceito de rede rodoviária primária tem origem na analogia com o planeamento das redes ferroviárias e de autocarros, tendo como principal objetivo propor uma conceção inicial da rede durante as fases iniciais do planeamento do sistema de transportes, com base nos objectivos do planeamento da rede ferroviária e numa série de factores relacionados. Esta conceção visa fornecer um quadro de base para o planeamento e os ajustamentos pormenorizados subsequentes.

No sistema de trânsito ferroviário, a rede ferroviária primária é uma fase inicial antes do planeamento, ajustamento e avaliação. A conceção da rede nesta fase centra-se na cobertura das principais artérias de tráfego da cidade e dos principais centros de fluxo de pessoas, assegurando que a rede rodoviária primária pode responder eficazmente às necessidades básicas de deslocação da cidade.

O planeamento da rede rodoviária primária baseia-se nos resultados da atribuição do planeamento da rede rodoviária urbana e nos dados de distribuição das viagens. Através destes dados, as partes principais da rede ferroviária podem ser ajustadas e optimizadas, testando a sua estabilidade e eficiência, o que ajuda a transição do planeamento da rede ferroviária de uma análise qualitativa para uma análise quantitativa, melhorando assim a precisão e a praticabilidade do planeamento.

2.3.3. Métodos de planeamento da rede rodoviária primária

A conceção das redes ferroviárias utiliza essencialmente dois métodos de investigação: o método analítico (ou método prospetivo) e o método empírico. O método analítico baseia-se em dados demográficos urbanos e de utilização dos solos, aplicando princípios de investigação operacional para determinar o alinhamento dos itinerários através do ajustamento da função objetivo. Este método dá teoricamente prioridade ao traçado ótimo das vias, procurando um equilíbrio entre custo e benefício. O método empírico, por outro lado, planeia os itinerários com base nas condições de tráfego existentes na cidade e nas tendências de desenvolvimento do território, utilizando técnicas de planeamento do tráfego para prever o fluxo do transporte ferroviário e avaliar os pontos fortes e fracos das várias opções.

Por exemplo, o Departamento de Engenharia Civil da Universidade de Calgary, no Canadá, utilizou o Método Analítico para começar por estabelecer um modelo de localização de estações, estimar o número de estações e otimizar o conceito utilizando a técnica da Árvore Mínima de Varrimento, com o objetivo de minimizar os custos de construção e exploração de túneis de metro, fornecendo uma solução eficaz para a seleção de percursos radiais em sistemas de metro. No início da década de 1990, Singapura realizou uma investigação abrangente sobre transportes para ligar as principais áreas comerciais e residenciais, formando uma rede eficiente de transportes ferroviários. Este planeamento não só teve em conta as zonas de elevado fluxo de passageiros, como também utilizou a análise de dados científicos e a tecnologia do Sistema de Informação Geográfica (SIG) para determinar o alinhamento ideal dos percursos. Em 1997, o Instituto de Investigação e Conceção de Construção Urbana de Pequim desenvolveu um plano de rede ferroviária para Guangzhou, utilizando os modelos de sistema de tráfego urbano integrado TRIPS e START para simular o sistema de transportes e combinando a experiência prática para conceber a rede. Este método combinou eficazmente a simulação por computador com a experiência tradicional, reforçando o carácter científico e prático do planeamento.

O esquema de planeamento da rede de transporte ferroviário de cada cidade tem as suas próprias caraterísticas específicas, reflectindo não só as diferenças no traçado urbano e na direção do desenvolvimento, mas também as diferenças nos princípios e objectivos do planeamento. Por exemplo, o metro de Nova Iorque privilegia o transporte paralelo, o metro de Paris funciona de forma semelhante a um "autocarro urbano" e o metro de Tóquio liga eficazmente as linhas de metro urbanas às linhas ferroviárias suburbanas. Estas diferenças ilustram que o planeamento da rede de transporte ferroviário é um processo de otimização multi-objetivo em que os planeadores têm de atribuir pesos diferentes a vários objectivos e fazer ajustamentos repetidos para formar o esquema de planeamento final.

O planeamento da rede primária é a base deste processo, fornecendo uma referência para comparação e avaliação no planeamento detalhado subsequente. O objetivo nesta fase é otimizar o sistema de transporte de passageiros, melhorando a sua eficiência e qualidade de serviço. O transporte ferroviário atrai o fluxo de passageiros para aliviar o congestionamento do tráfego, principalmente ao oferecer diversas opções de viagem. Por exemplo, as deslocações dos residentes apresentam frequentemente um padrão em cadeia e, se existirem opções de transporte ferroviário (por exemplo, metros) na cadeia de deslocações, a utilização do metro torna-se uma opção possível para os residentes. Além disso, quando a procura de passageiros excede a atual capacidade de oferta de transporte, a introdução do transporte ferroviário pode alterar completamente as caraterísticas das cadeias de viagens dos residentes, melhorando significativamente a qualidade das viagens. O transporte ferroviário pode também alterar as caraterísticas de utilização do solo ao longo do seu trajeto e induzir uma nova procura de viagens. O planeamento eficaz do transporte ferroviário deve centrar-se na resolução dos problemas de deslocação nos principais centros e artérias de tráfego primárias da cidade.

Os seguintes métodos podem ser utilizados para gerar uma rede ferroviária primária:

1. Identificar os principais centros e as principais rotas de deslocação

O objetivo da identificação dos grandes eixos é incluir na rede de transporte ferroviário urbano os principais pontos de origem e de atração do tráfego da cidade. Estes podem ser identificados através das seguintes etapas:

(1) Processar a matriz de OD a longo prazo

- Definir os elementos da diagonal como 0, eliminando as viagens intra-zona.
- Somar cada linha e coluna separadamente para obter os volumes externos de geração e atração de viagens para cada zona.
- Ordenar por volumes de viagens externas para cada zona.
- Selecionar as 10~20 primeiras (ou cerca de 10% do total das zonas) como centros principais.

(2) Processar as grandes plataformas

Começar por fazer uma análise qualitativa e, em seguida, determinar se não foram detectados pólos importantes com base na sua importância no planeamento urbano e na localização de pólos não importantes.

O fluxograma do método Hub é apresentado na Figura 2.5.

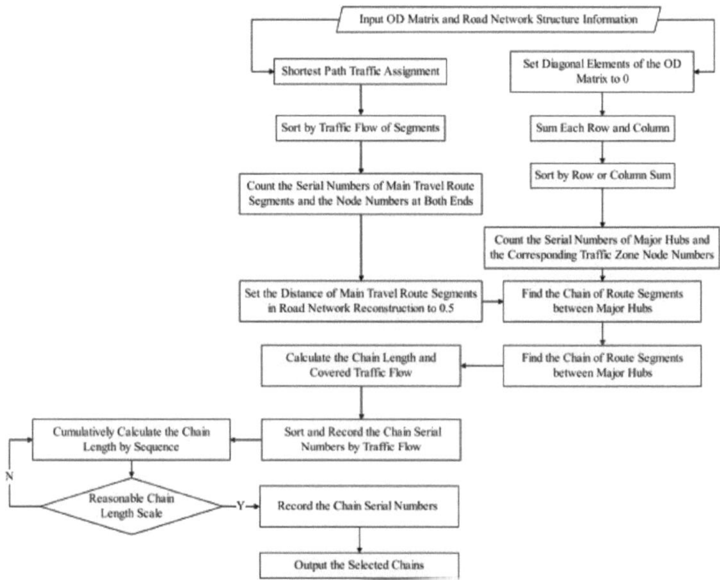

Figura 2.5 Fluxograma do método Hub

2. Identificação das principais rotas de deslocação

O objetivo é incluir segmentos de estrangulamento da rede rodoviária na rede de transporte ferroviário urbano. Em seguida, a matriz OD de longo prazo é atribuída à futura rede rodoviária com base na distância do caminho mais curto para obter o mapa de rotas de viagem previsto:

- Ordenar os segmentos de itinerário por volume de deslocações para identificar os principais segmentos de itinerário.
- Contar os números de segmentos relacionados e os números de OD nos principais segmentos do itinerário com base nas estatísticas do fluxo de tráfego.

As etapas acima descritas permitem obter os principais pólos e os principais segmentos de itinerários. Ao formar a rede, deve ser respeitado o princípio de cobrir os principais nós e os principais segmentos de itinerários. Abranger o maior número possível de segmentos de itinerários principais com o menor comprimento de rede, abordando as deslocações nos nós principais. O fluxograma do método dos itinerários principais é apresentado na figura 2.6.

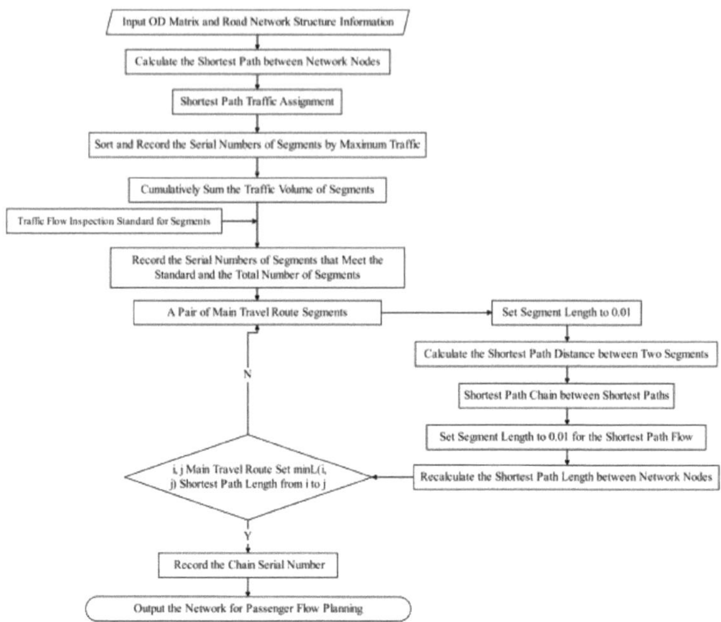

Figura 2.6 Fluxograma do método do itinerário principal

3. Análise de segmentos relacionados no método do itinerário principal

A conceção das linhas de transporte ferroviário urbano reflecte não só a classificação dos fluxos de tráfego urbano, mas revela também as relações inerentes aos fluxos de passageiros. Cada linha de transporte ferroviário urbano é essencialmente uma classificação dos fluxos urbanos de passageiros, com as relações mais estreitas existentes no interior da linha. As linhas de transbordo têm como função o intercâmbio de diferentes classificações de fluxos de passageiros.

Na perspetiva da teoria dos sistemas, toda a rede de transporte ferroviário urbano forma um sistema complexo composto por múltiplos subsistemas. Estes subsistemas são formados por fluxos de passageiros em vários segmentos, e o intercâmbio entre subsistemas reflecte-se nos fluxos correlacionados entre segmentos. A análise da correlação entre estes segmentos pode revelar a estrutura global da rede. Ao ajustar estas correlações, a conceção da rede ferroviária primária pode ser optimizada, o que constitui o núcleo do método de correlação de segmentos. Na conceção de uma rede de transporte ferroviário urbano, é fundamental compreender que os fluxos de tráfego entre segmentos não existem isoladamente. Existe um certo nível de intercâmbio entre cada segmento, e este intercâmbio constitui a base para a conceção das intersecções na rede de transporte ferroviário urbano. O fluxograma do método de correlação de segmentos é apresentado na Figura 2.7.

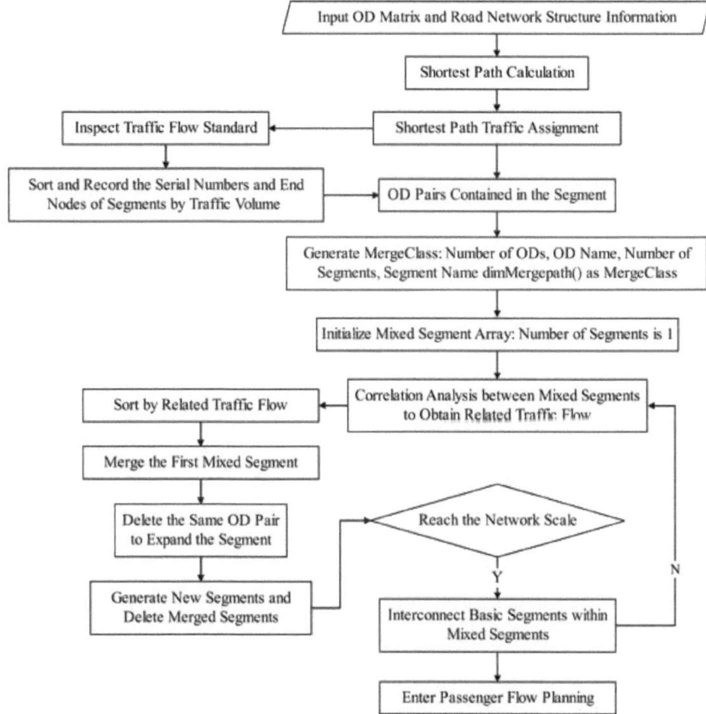

Figura 2.7 Diagrama de fluxo de tráfego do método de correlação de segmentos

A classificação dos segmentos dos itinerários principais é utilizada para identificar os segmentos da linha de transporte ferroviário que devem ser tratados. Efetuar uma análise de correlação dos resultados da atribuição de DO para o fluxo de tráfego nos segmentos dos itinerários principais.

Suponhamos que existem dois segmentos I e J, com volumes de tráfego designados por VI e VJ, respetivamente. Estes volumes, VI e VJ, são derivados da distribuição de vários pares de OD e são ajustados através de outros segmentos.

Existe a seguinte relação:

$$V_I = \sum_i V_i, V_J = \sum_j V_j \tag{2.3}$$

Em que VI representa o n-ésimo componente de caudal do

segmento I e VJ representa o m-ésimo componente de caudal do segmento J.

A correlação entre VI e VJ é codificada de acordo com o diagrama de árvore de correlação. A codificação é representada por (111)(110)(101)(100)(011)(010)(001)(000), em que o primeiro dígito é o código de correlação para o ponto O; o segundo dígito é o código do ponto D; e o terceiro dígito é o código do segmento. Isto resulta em quatro tipos possíveis de relações e correlações de fluxo (Figura 2.8):

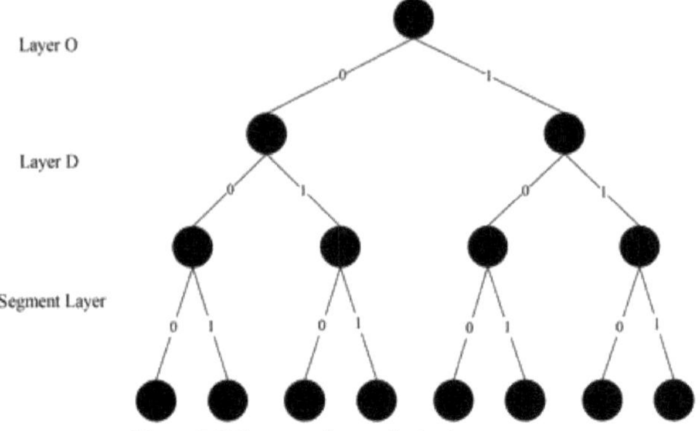

Figura 2.8 Diagrama de correlação de segmentos

- Totalmente correlacionado: (111).
- Fortemente relacionados: (110) (101) (011).
- Correlação fraca: (100) (001) (010).
- Não correlacionado: (000).

As relações correspondentes entre iii e jjj podem ser determinadas através da avaliação da dimensão relativa dos fluxos correlacionados e da sua proporção no volume de tráfego de um segmento. Quando os segmentos dos itinerários principais estão correlacionados, são fundidos num novo segmento. O segmento recém-formado continua a identificar segmentos correlacionados até que todos os principais centros estejam cobertos.

4. Geração da rede rodoviária primária

No processo de criação da rede ferroviária primária, o primeiro passo consiste em agrupar segmentos com caraterísticas semelhantes dos principais itinerários identificados numa linha ferroviária coerente. Estes segmentos são tipicamente discretos e precisam de ser ligados para formar um caminho de ferro contínuo. Um único segmento não só serve de suporte de ligação para outros segmentos, como também tem a função de atrair o fluxo de passageiros.

O critério para ligar estes segmentos discretos é selecionar o segmento dos restantes cujos pontos de início e fim (pontos O e D) aparecem mais frequentemente entre os pares de OD correlacionados já identificados. Esta abordagem assegura que os segmentos recentemente adicionados estão funcionalmente relacionados com os existentes, ao mesmo tempo que aumenta o número de pares OD cobertos pelo novo segmento, maximizando a cobertura das necessidades de viagem relacionadas. Para os nós e linhas que ainda não foram cobertos, o algoritmo do caminho mais curto é utilizado para os ligar, assegurando a coerência e eficiência de toda a rede.

2.3.4 Métodos de comparação da rede rodoviária primária

O planeamento da rede de trânsito ferroviário pode ser realizado através de vários métodos, cada um oferecendo uma estratégia única baseada em diferentes focos analíticos:

- Método de correlação de segmentos: Este método combina as caraterísticas do método de ligação ao centro e do método do itinerário principal, determinando principalmente a associação entre segmentos através da análise das suas correlações. O objetivo central é maximizar a cobertura das cadeias de viagem através da codificação de segmentos para assegurar uma cobertura eficiente e a coerência da rede ferroviária.
- Método de Conexão de Hub: Este método analisa a matriz OD das deslocações dos residentes para identificar os principais pólos da cidade e emparelha-os. Após o emparelhamento, é utilizado o caminho mais curto para ligar estes pólos. Este método é particularmente eficaz quando se trata das funções dos distritos comerciais centrais (CBDs) e dos grandes centros de passageiros.
- Método do itinerário principal: Com base nos resultados da atribuição do tráfego rodoviário, este método identifica as principais rotas de viagem. Centra-se na orientação da seleção do itinerário do metro através de dados reais de utilização da estrada, assegurando que o itinerário cobre o fluxo de tráfego principal ao longo do seu percurso.
- Método da direção de viagem: Este método vê as deslocações como um vetor com direção e magnitude, partindo do centro da

cidade ou do maior pólo e expandindo-se ponto a ponto na direção do maior fluxo até atingir a periferia da cidade. Este método capta eficazmente as principais tendências de deslocação do centro para a periferia.

Questões para debate

Exercício 1:

Que factores-chave devem ser considerados na estimativa e análise do fluxo de passageiros para um planeamento eficaz da rede de metropolitano e metropolitano ligeiro?

Exercício 2:

Como é que o planeamento dos itinerários e a determinação do alinhamento influenciam a eficiência e a acessibilidade globais de um sistema de metro ou de metropolitano ligeiro?

Exercício 3:

Discutir as várias formas de configuração da rede no planeamento do metropolitano e o seu impacto no fluxo de passageiros e no desempenho do sistema.

Exercício 4:

Quais são as considerações essenciais a ter em conta no planeamento de estações de transferência para garantir ligações perfeitas entre diferentes linhas e modos de transporte?

Exercício 5:

Porque é que é essencial localizar estrategicamente os depósitos e as instalações de manutenção numa rede de metropolitano ou de metropolitano ligeiro e que factores influenciam estas decisões?

Exercício 6:

Explicar a importância da análise da adaptabilidade na fase de planeamento de uma rede de metropolitano ou de metropolitano ligeiro. Como podem os planeadores garantir que a rede se mantém flexível?

Exercício 7:

Que métodos podem ser utilizados para avaliar os benefícios macroeconómicos de um sistema de metro ou de metropolitano ligeiro e como é que esses benefícios influenciam as decisões de investimento?

Exercício 8:

Definir o conceito de "escala razoável" no contexto de uma rede ferroviária. Como é que a obtenção de uma escala razoável beneficia a exploração e a expansão do sistema?

Exercício 9:

Como podem ser aplicadas regras empíricas ao cálculo de uma escala razoável da rede ferroviária? Dê exemplos de tais regras na prática.

Exercício 10:

Descreva os métodos de cálculo utilizados para determinar a dimensão razoável de uma rede ferroviária. Que papel desempenham neste processo as considerações relativas ao investimento e à exploração?

Exercício 11:

Descreva as etapas básicas envolvidas no planeamento de uma rede rodoviária urbana. Como é que este processo se integra no planeamento da rede de metropolitano e de metropolitano ligeiro?

Exercício 12:

Qual é o conceito e a função da rede rodoviária primária no planeamento urbano e como é que esta interage com o sistema de transportes públicos de uma cidade?

Exercício 13:

Ao planear uma rede rodoviária primária, como é que os planeadores podem identificar os principais centros e as principais rotas de viagem para otimizar o fluxo de tráfego e a acessibilidade?

Exercício 14:

Discutir a metodologia de análise de segmentos relacionados no âmbito do método do itinerário principal ao planear uma rede rodoviária primária.

Exercício 15:

Quais são as principais etapas envolvidas na criação de uma rede rodoviária primária e como é que esta rede apoia o sistema global de transportes urbanos?

Exercício 16:

Comparar os diferentes métodos utilizados para avaliar as redes rodoviárias primárias. Como é que estes métodos de comparação ajudam a selecionar a conceção de rede rodoviária mais eficiente?

Capítulo 3:
Conceção de estações de metro e metro ligeiro

3.1 Princípios de conceção

As estações de metropolitano e de metropolitano ligeiro, enquanto instalações fundamentais em zonas densamente povoadas, devem ser concebidas de modo a poderem gerir eficazmente os fluxos de passageiros em pico, garantindo simultaneamente a segurança e o conforto dos utentes. Os princípios de conceção eficazes englobam não só a função arquitetónica e a estética, mas também a segurança, o reconhecimento, o conforto e a economia. Segue-se uma descrição pormenorizada destes princípios de conceção:

1. Funcionalidade

O projeto deve organizar eficazmente o fluxo de passageiros, assegurando uma circulação suave à entrada e saída da estação e durante as transferências. Isto inclui espaço suficiente para acomodar os picos de carga de passageiros, tais como escadas e passagens adequadamente largas, com escadas estrategicamente posicionadas para distribuir uniformemente o fluxo de pessoas. Além disso, devem ser incluídas no projeto salas de equipamento e espaços de gestão adequados para satisfazer as necessidades de disposição do equipamento técnico e de gestão operacional.

2. Segurança

Dada a importância da segurança nas estações de metro e metropolitano ligeiro, o projeto arquitetónico deve incorporar elevados padrões de medidas de segurança estrutural para proteger os passageiros. Isto inclui uma iluminação ampla para reduzir a sensação opressiva dos espaços subterrâneos, escadas e vias de evacuação espaçosas para permitir uma evacuação rápida em caso de emergência, bem como uma sinalização de segurança clara e instalações de prevenção de catástrofes.

3. Reconhecimento

As estações e os veículos devem ter sinais e caraterísticas distintivas que permitam aos passageiros identificá-los rapidamente durante viagens rápidas e paragens curtas. As faixas de cores diferentes nos veículos podem representar diferentes linhas operacionais, enquanto as estações podem ser distinguidas por formas e esquemas de cores únicos. Deve ser colocada sinalização detalhada e clara em locais-chave para orientar os passageiros com precisão.

4. Conforto

O projeto deve ser orientado para as pessoas, proporcionando um ambiente confortável tanto no interior dos veículos como nas estações. Isto inclui um número adequado de escadas rolantes, sistemas de controlo ambiental e várias instalações de serviço, como telefones públicos, máquinas automáticas de venda de bilhetes, percursos acessíveis, casas de banho públicas e áreas de estar. A conceção deve procurar satisfazer as necessidades humanas tanto quanto possível, dentro dos limites económicos, criando um ambiente que seja confortável tanto física como psicologicamente.

5. Economia

Nos Estados Unidos, o custo de construção dos sistemas de metropolitano urbano situa-se, em média, entre os 100 e os 300 milhões de dólares por quilómetro, enquanto os sistemas de metropolitano ligeiro elevado urbano custam um pouco menos, variando entre os 50 e os 150 milhões de dólares por quilómetro. Ao projetar as estações, é essencial minimizar o comprimento da estação e controlar a profundidade do enterramento ou a altura da sobrecarga para reduzir os custos e poupar nos investimentos, sem deixar de cumprir os requisitos funcionais.

3.2 Estações de Metro

3.2.1 Seleção do tipo e componentes estruturais

Sendo um tipo especializado de arquitetura subterrânea, a conceção de estações de metro integra várias caraterísticas estruturais e funcionais para satisfazer necessidades operacionais e desafios ambientais únicos.

Em primeiro lugar, a conceção das estações de metro tende a privilegiar formas simples e completas, o que não só garante a estabilidade estrutural e a eficiência da construção, como também ajuda a controlar e a otimizar os custos de investimento. Uma conceção simples reduz a dificuldade e o custo de manutenção, aumentando simultaneamente a durabilidade da estrutura.

Em segundo lugar, dada a falta de luz natural nos espaços subterrâneos, o projeto de iluminação das estações de metro deve ser eficiente e confortável, criando um ambiente que se assemelhe à luz natural. Isto requer a utilização de tecnologias de iluminação avançadas, tais como luminárias LED e sistemas de regulação automática da luz, para simular as alterações da luz natural, melhorando assim o conforto dos passageiros e reduzindo o consumo de energia.

Em terceiro lugar, os sistemas de ar condicionado nas estações de metro devem ser especialmente concebidos para responder às necessidades específicas do ambiente subterrâneo. Estes sistemas devem não só regular eficazmente a temperatura, mas também controlar a qualidade do ar, especialmente em situações de elevado tráfego de passageiros. Os sistemas de filtragem e circulação de ar de elevada eficiência podem garantir que a qualidade do ar na estação cumpre as normas sanitárias.

Em quarto lugar, para enfrentar os desafios de segurança colocados pela elevada densidade de passageiros, as estações de metro devem estar equipadas com sinalização proeminente e instalações avançadas de segurança contra incêndios. Isto inclui alarmes automáticos de incêndio e sistemas de extinção, bem como instruções claras de evacuação para garantir uma evacuação rápida e ordenada em caso de emergência.

Em quinto lugar, as estações de metro estão ligadas às entradas e saídas ao nível do solo através de passagens subterrâneas, que devem garantir a segurança e o conforto, com uma largura suficiente para evitar congestionamentos. Os poços de ventilação ao nível do solo não são apenas instalações críticas para a ventilação, mas também elementos visuais importantes da estação, cujo design deve harmonizar-se com a paisagem urbana, melhorando a estética e a funcionalidade da cidade.

A conceção e a seleção do tipo de estações de metro são tipicamente categorizadas com base no alinhamento, no tipo de estrutura e na disposição arquitetónica.

Por alinhamento: As estações de metro podem ser classificadas em estações de plataforma lateral e estações de plataforma insular. As configurações de plataforma lateral e de plataforma insular são dois layouts normalmente utilizados para estações de metro, cada um com as suas vantagens e limitações funcionais únicas. Nas estações com plataformas laterais, as plataformas estão localizadas em ambos os lados das vias, sendo adequadas para áreas com um fluxo de tráfego relativamente baixo. Esta configuração envolve normalmente uma disposição concentrada das vias, que é vantajosa para a utilização de grandes túneis ou túneis circulares duplos em condições subterrâneas urbanas complexas. Embora esta conceção seja económica, carece de flexibilidade. Além disso, as estações com plataformas laterais são menos convenientes para os passageiros que fazem transferências entre diferentes direcções, uma vez que requerem a utilização de passagens superiores ou inferiores, o que pode causar inconvenientes se os passageiros escolherem a direção errada. Em contrapartida, as estações de plataforma insular possuem uma plataforma central, adequada para ambientes que exigem uma elevada capacidade de movimentação de passageiros. As estações de plataforma insular facilitam as transferências diretas entre diferentes direcções na plataforma, melhorando a eficiência do fluxo de passageiros. Esta configuração utiliza normalmente dois túneis de linha única, oferecendo maior flexibilidade em condições complexas de subsolo urbano.

Por tipo de estrutura: As estações de metro podem ser classificadas em estruturas subterrâneas rectangulares em forma de caixa e estruturas circulares ou elípticas em forma de túnel. As estruturas em caixa rectangulares, geralmente construídas com o método cut-and-cover, são adequadas para profundidades de enterramento baixas ou médias. Esta estrutura oferece uma elevada estabilidade e um período de construção relativamente curto, tornando-a comum nos centros das cidades ou noutras áreas com camadas de solo pouco profundas. As estruturas de túneis circulares ou elípticas, por outro lado, são construídas principalmente com recurso a túneis blindados ou outras técnicas de escavação de túneis, adequadas a vários tipos de solo e a profundidades de enterramento mais elevadas. Esta conceção facilita o desenvolvimento de espaços subterrâneos urbanos profundos, particularmente em cenários com condições geológicas complexas ou onde é essencial minimizar o impacto na superfície.

Por disposição arquitetónica: As estações de metro podem ser classificadas em estações enterradas a pouca profundidade e estações enterradas a grande profundidade. As estações enterradas pouco profundas, devido à sua profundidade relativamente reduzida, oferecem vários benefícios económicos, tais como a redução da quantidade de escavação de terra, a simplificação dos desafios técnicos, a diminuição da distância vertical das passagens de entrada e até mesmo a possibilidade de as salas de emissão de bilhetes e de check-in serem instaladas ao nível do solo, reduzindo significativamente os custos de construção subterrânea. No entanto, a construção de tais estações pressupõe a ausência de importantes condutas urbanas e estradas principais no subsolo, e deve estar alinhada com a linha ferroviária subterrânea planeada. Em contrapartida, as estações enterradas em profundidade, por estarem mais profundamente enterradas, enfrentam maiores desafios técnicos e custos de construção mais elevados, tais como a dificuldade de construir fundações profundas e grandes quantidades de terraplenagem. No entanto, utilizam eficazmente o espaço subterrâneo, o que as torna adequadas para zonas densamente povoadas ou fortemente construídas no centro das cidades. A distância vertical para o fluxo de passageiros em estações enterradas é relativamente longa, o que pode afetar a comodidade dos passageiros.

A arquitetura das estações de metro varia em todo o mundo, com projectos que reflectem planos de desenvolvimento urbano específicos, condições geográficas e situações económicas. Nos Estados Unidos, em particular nas cidades mais antigas, são frequentemente utilizados projectos enterrados em profundidade para evitar instalações subterrâneas existentes e problemas geológicos. As concepções das estações de metro noutras regiões do mundo também têm as suas caraterísticas. Por exemplo, na China, as estações de metro utilizam normalmente estruturas em caixa rectangulares, divididas em dois níveis: o nível superior serve de átrio para distribuição do fluxo de passageiros, emissão de bilhetes e check-in, com as principais salas de gestão de equipamento; o nível inferior serve de plataforma para paragens de comboios e espera de passageiros, com algumas salas de gestão de equipamento. Algumas estações de metro europeias utilizam designs abertos para melhorar a conetividade visual e física entre a plataforma e o espaço urbano. As estações de metro japonesas centram-se na gestão eficiente do fluxo de passageiros e na multifuncionalidade, incorporando frequentemente instalações comerciais na estação, aumentando o seu valor de utilização.

As últimas tendências na conceção de estações de metro dão ênfase à sustentabilidade e à inteligência. O design sustentável inclui a utilização de materiais amigos do ambiente, a otimização da utilização de energia e o aumento dos espaços verdes, enquanto a inteligência envolve a integração de tecnologia de informação avançada e sistemas de automação para melhorar a eficiência operacional e a experiência dos passageiros. Além disso, à medida que a urbanização acelera, a utilização abrangente do espaço subterrâneo tornou-se uma direção de desenvolvimento importante, com o design das estações de metro a centrar-se cada vez mais na integração com os espaços urbanos e na multifuncionalidade.

3.2.2 Conceção estrutural

O ambiente e as condições de carga das estruturas subterrâneas são significativamente diferentes dos das estruturas à superfície. A aplicação de teorias e métodos de projeto de engenharia de superfície para resolver problemas de engenharia subterrânea não pode explicar com precisão os vários fenómenos mecânicos que ocorrem em estruturas subterrâneas e, portanto, não pode levar a um projeto de suporte razoável. As estruturas subterrâneas estão embutidas na terra e são limitadas pelo solo circundante. Como resultado, o solo não só exerce cargas sobre a estrutura, conhecidas como empuxo de terra ou empuxo de rocha, mas também ajuda a estrutura a suportar as cargas, reduzindo as forças internas da estrutura. O solo desempenha um papel de suporte de carga parcial durante o processo de apoio, partilhando eficazmente as cargas externas através da interação com a estrutura, reduzindo assim a deformação da estrutura e a concentração de tensões. Este mecanismo de interação entre a estrutura e o solo é completamente diferente do das estruturas de superfície.

Tanto a investigação teórica como a prática de engenharia provaram que a eficácia desta interação depende principalmente das condições do solo e da rigidez relativa entre a estrutura e o solo. Os solos estáveis têm normalmente uma densidade elevada e uma baixa compressibilidade, o que lhes permite manterem-se estáveis durante longos períodos. Em solos estáveis, a rigidez da estrutura é maior do que a do solo, resultando numa restrição mínima do solo, que por vezes pode ser negligenciável, levando a um maior empuxo de terra. Pelo contrário, em solos instáveis, tais como solos soltos ou fracos, o próprio solo sofre uma deformação significativa e a rigidez da estrutura é muito superior à do solo, o que leva a uma maior restrição da estrutura e a um empuxo de terra reduzido. A estabilidade do solo pode ser avaliada através de levantamentos geológicos, ensaios laboratoriais e monitorização no local para determinar as suas propriedades físicas e mecânicas.

Ao efetuar cálculos estáticos e dinâmicos para estruturas

ferroviárias subterrâneas, a interação entre a estrutura e o solo deve ser totalmente considerada para obter resultados realistas. No entanto, há muitos factores que influenciam esta interação, e estes factores podem variar muito, sendo alguns difíceis ou mesmo impossíveis de estudar exaustivamente. Além disso, as caraterísticas de tensão das estruturas subterrâneas estão em grande parte relacionadas com os métodos e procedimentos de construção utilizados na engenharia subterrânea. Estas questões tornam difícil alcançar a precisão e a fiabilidade necessárias para os cálculos de projeto, o que significa que os resultados nem sempre podem servir como bases definitivas de projeto. Por conseguinte, a abordagem atual ao projeto de estruturas subterrâneas adopta amplamente um método que combina cálculos estruturais, avaliação empírica e medições em tempo real, conhecido como método de projeto baseado na informação. Este método é referido como "baseado na informação" porque se baseia em tecnologias avançadas de monitorização e técnicas de processamento de dados, recolhendo e analisando dados durante o processo de construção em tempo real para ajustar dinamicamente o projeto e a construção. Especificamente, o método de conceção baseado na informação inclui a monitorização em tempo real da deformação estrutural e do empuxo de terra, utilizando sensores e sistemas de aquisição de dados para obter dados críticos durante a construção, e optimizando e ajustando continuamente os parâmetros de conceção com base em simulações numéricas e medições no local. Este método não só melhora a fiabilidade e a precisão do projeto, como também aumenta a adaptabilidade a condições geológicas e ambientes de construção complexos, tornando o projeto mais científico e razoável.

Os modelos de projeto utilizados para os cálculos estáticos e dinâmicos das estruturas subterrâneas variam em função da forma da estrutura e do método de construção. Os modelos mecânicos utilizados para os cálculos teóricos podem ser classificados principalmente nos dois tipos seguintes:

- Modelos de ação e reação: Os exemplos incluem estruturas de fundação elástica, anéis de fundação elástica total ou parcialmente apoiados, etc. Este modelo também pode ser designado por modelo carga-estrutura ou simplesmente por método da mecânica estrutural.

- Modelos contínuos: Estes incluem métodos analíticos e numéricos. O método analítico pode ainda ser dividido em soluções de forma fechada e soluções aproximadas, embora tenha sido gradualmente substituído por métodos numéricos. Entre os métodos numéricos, o método dos elementos finitos é o mais comummente utilizado. Este tipo também pode ser designado por modelo solo-estrutura ou simplesmente por método da mecânica do contínuo.

Para além dos modelos principais, existem ainda dois outros modelos habitualmente utilizados na conceção:

- Método de conceção empírico baseado em analogias de engenharia: Este método baseia-se na experiência e nos dados de projectos semelhantes, inferindo parâmetros e métodos de conceção através de analogias.
- Método de projeto prático baseado em medições de campo e ensaios laboratoriais: Um exemplo é o método de convergência-confinamento, que se baseia na medição da deformação da rocha circundante em torno dos túneis. Este método ajusta dinamicamente os parâmetros de projeto com base em medições reais e dados experimentais para garantir a fiabilidade e a segurança do projeto.

Para além dos modelos primários acima mencionados, outros métodos, como a análise probabilística e a matemática difusa, podem ser combinados durante o processo de projeto para lidar com ambientes subterrâneos complexos e incertezas. Estes métodos, quando aplicados de forma abrangente, permitem uma consideração mais completa das caraterísticas de tensão e deformação das estruturas subterrâneas, optimizando a solução de projeto.

De acordo com as tendências globais no desenvolvimento dos caminhos-de-ferro urbanos, a construção de metropolitanos continua a centrar-se principalmente em metropolitanos enterrados a pouca profundidade. Estas estruturas de metropolitano enterradas a pouca profundidade estão, na sua maioria, embutidas em solos quaternários e terciários fracos, onde a interação entre a estrutura e o solo é fraca e as cargas são relativamente simples. Com base em anos de experiência em projectos de metropolitano de vários países, o modelo carga-estrutura deve ser utilizado em primeiro lugar. No caso de estruturas de metropolitano enterradas em profundidade ou pouco profundas em rocha, o modelo carga-estrutura continua a ser aplicável às estruturas construídas utilizando métodos tradicionais de extração mineira, enquanto o modelo contínuo é utilizado para as restantes. No entanto, na conceção atual, o método de conceção empírico baseado em analogias de engenharia continua a ser a abordagem dominante, em vez de cálculos estruturais complexos. A tendência de desenvolvimento do metropolitano ligeiro centra-se na velocidade, comodidade e economia, normalmente aplicada ao tráfego de média e curta distância em áreas urbanas e suburbanas. As estruturas dos metropolitanos ligeiros utilizam frequentemente traçados elevados ou de superfície, com custos de construção mais baixos e velocidades de construção mais rápidas em comparação com os metropolitanos. No projeto de metropolitano ligeiro, a interação entre a estrutura e o solo é mínima, baseando-se principalmente na experiência de engenharia e nos dados medidos para garantir a segurança e a economia.

De um modo geral, no projeto de metropolitano, o modelo carga-estrutura é mais adequado para estruturas enterradas a pouca profundidade em solos fracos, enquanto o modelo contínuo é mais adequado para estruturas enterradas a grande profundidade ou em rocha. Entretanto, tanto no metropolitano como no metropolitano ligeiro, o método de dimensionamento empírico continua a dominar a prática atual de engenharia, assegurando a fiabilidade e o carácter prático do projeto.

As estruturas primárias dos caminhos-de-ferro subterrâneos e dos metropolitanos ligeiros são as estações de betão armado e as estruturas dos túneis. Estas estruturas variam em forma de acordo com as suas diferentes funções na rede ferroviária subterrânea. Apesar das diferenças de estrutura e função, são quase exclusivamente estruturas de betão armado. Por conseguinte, o projeto de estruturas subterrâneas é fundamentalmente coerente com os princípios do projeto de estruturas subterrâneas de betão armado. Por exemplo, as estruturas ferroviárias subterrâneas enterradas a pouca profundidade adoptam frequentemente estruturas de estrutura retangular em betão armado. No projeto estrutural, as juntas dos pórticos são consideradas juntas rígidas, tornando a estrutura altamente indeterminada estaticamente sob forças externas. O método de distribuição de momentos é adequado para o cálculo de forças internas em estruturas ferroviárias subterrâneas. Com base nos princípios básicos da mecânica elástica, pode ser considerado um problema de deformação plana, com um comprimento unitário ao longo do eixo longitudinal do túnel utilizado como unidade de cálculo. Com exceção das estruturas em túnel de via dupla, a maioria das estações construídas pelo método cut-and-cover utiliza estruturas complexas de pórticos rectangulares com várias camadas e vários vãos. Os cálculos podem ser efectuados como pórticos de deformação livre, assumindo-se que a força de reação da fundação é linearmente distribuída. Esta abordagem permite uma simulação e previsão mais precisas do comportamento das tensões e deformações durante o projeto e a construção, garantindo a segurança e a estabilidade estrutural. A Figura 3.1 mostra um diagrama de cálculo de uma estrutura de pórtico retangular de uma estação enterrada a pouca profundidade.

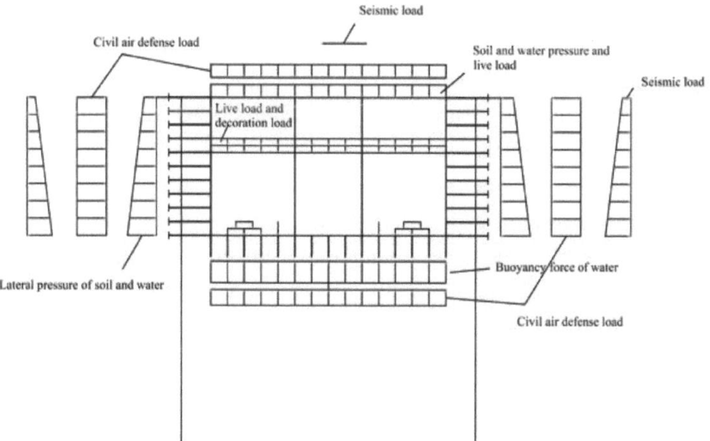

Figura 3.1 Diagrama de cálculo da estrutura de pórtico retangular de uma estação enterrada a pouca profundidade

Principais caraterísticas do projeto de estruturas ferroviárias subterrâneas em comparação com as estruturas de superfície.

1. Influência dos métodos de construção no projeto

Nas zonas urbanas, as linhas de metro são predominantemente subterrâneas. Devido às diferentes condições geológicas e hidrogeológicas, devem ser utilizados diferentes métodos de construção, o que, por sua vez, afecta a abordagem do projeto estrutural. Por exemplo, o método de escavação de túneis pode ser utilizado em solos moles, enquanto que a perfuração e a explosão podem ser empregues em rochas duras. Estas diferentes técnicas de construção ditam a conceção da estrutura e as correspondentes medidas de apoio.

2. Caraterísticas das formas estruturais

As estruturas subterrâneas utilizam normalmente estruturas hiperestáticas em estrutura ou em arco. Estas formas proporcionam uma melhor estabilidade e capacidade de suporte de carga, o que é crucial para lidar com as complexas condições de tensão encontradas em ambientes subterrâneos.

3. Requisitos de impermeabilização e de longevidade

Dado que os túneis e as estações têm frequentemente uma extensão longitudinal muito superior à sua secção transversal, é fundamental ter em conta os efeitos das águas subterrâneas. A estrutura deve ser altamente impermeável. Além disso, uma vez que é difícil modificar as estruturas subterrâneas depois de construídas, é essencial considerar cuidadosamente a forma e a função estrutural durante as fases de planeamento e projeto para garantir a fiabilidade operacional a longo prazo. Isto inclui considerações sobre durabilidade, desempenho da impermeabilização e estratégias de manutenção ou reforço em circunstâncias especiais.

Na conceção de sistemas ferroviários subterrâneos e de metropolitano ligeiro, o processo começa com a conceção técnica do plano e do perfil da linha, seguida da conceção e do cálculo estrutural detalhados. O processo de projeto deve seguir as seguintes etapas.

1. Seleção da secção de projeto

Determinar as dimensões do espaço interior da estrutura com base no seu objetivo, no espaço livre do edifício, no plano de linhas, no perfil e na dimensão do leito de lastro. Em seguida, formule a hipótese da secção transversal tendo em conta a relação entre a altura e a largura, as condições de carga e a referência a estruturas semelhantes existentes. Isto ajuda a selecionar a forma e a dimensão da estrutura para cálculo e a estabelecer um modelo de cálculo razoável.

2. Cálculo da carga

Ao projetar estruturas subterrâneas, devem ser consideradas várias cargas, incluindo cargas vivas da superfície da estrada, pressões verticais e horizontais da terra, pressão das águas subterrâneas, peso próprio da estrutura, cargas internas e cargas especiais (por exemplo, defesa humana e cargas sísmicas). O cálculo deve ter em conta, de forma abrangente, factores como a forma estrutural, as condições geológicas e os métodos de construção.

3. Cálculo da força interna do pórtico

Quando o pórtico e as cargas são simétricos, metade da estrutura pode ser utilizada para o cálculo. Os cálculos de forças internas utilizam métodos como o método de distribuição de momentos ou o método dos elementos finitos para determinar o momento fletor (M), a força axial (N) e a força de corte (Q) em cada nó, seguido do desenho do diagrama de momentos, do diagrama de forças axiais e do diagrama de forças de corte.

4. Cálculo da armadura

Com base nos diagramas de momentos, forças axiais e forças de corte, são efectuados cálculos de armaduras estruturais e de componentes de acordo com os princípios básicos de dimensionamento do betão armado e com as normas actuais de dimensionamento do betão armado.

5. Desenho de projeto

Os desenhos de armaduras estruturais são criados com base nos cálculos de armaduras e as quantidades de materiais de construção são calculadas.

6. Diagrama do método de construção

É elaborado um diagrama de orientação do método de construção, tendo em conta o ambiente da estação e do túnel de intervalo, bem como a deformação estrutural calculada e as condições de força interna. Isto garante segurança e eficácia durante o processo de construção.

Seguindo estas etapas de conceção, é possível garantir a racionalidade e a fiabilidade das estruturas do metropolitano e do metropolitano ligeiro, satisfazendo os requisitos de utilização e de segurança.

Ao efetuar cálculos estáticos e dinâmicos para estruturas ferroviárias subterrâneas, o primeiro passo é determinar os valores das cargas e os padrões de distribuição que actuam na estrutura. Os actuais códigos de projeto de metropolitano classificam estas cargas em três categorias principais com base nas condições de carga: cargas permanentes, cargas variáveis e cargas acidentais, como se mostra no Quadro 3.1.

As cargas permanentes referem-se a acções de longo prazo, tais como o empuxo de terra, o peso próprio da estrutura, as tensões adicionais na base das instalações e edifícios dentro da cunha de rotura do túnel ou das estruturas geotécnicas sobrejacentes, a pressão hidrostática (incluindo a flutuabilidade), os efeitos da retração e fluência do betão, as forças de pré-esforço, o peso do equipamento, a influência do assentamento do subsolo, a resistência lateral do terreno e as forças de reação da fundação. Embora estas cargas possam mudar durante o seu período de ação, as variações são geralmente mínimas.

Tabela 3.1 Classificação das cargas que actuam nas estruturas subterrâneas

Classificação da carga		Nome da carga	Tipo de estrutura	
Carga permanente		Peso próprio da estrutura	Estrutura do túnel	Estrutura elevada
		Pressão da terra	+	+
		Carga das instalações e edifícios acima do túnel e na zona da cunha de rutura	+	
		Pressão hidrostática e flutuabilidade	+	
		Efeitos da retração e da fluência do betão	+	+
		Forças de pré-esforço	+	+
		Peso do equipamento	+	+
		Influência do subsolo na fundação	+	+
		Resistência lateral da terra e força de reação da fundação	+	
Carga variável	Carga variável básica	Carga do veículo de superfície e respectiva força de impacto	+	
		Pressão lateral do solo induzida pela carga do veículo de superfície	+	
		Carga dos veículos ferroviários subterrâneos e seu impacto	+	
		Força centrífuga e força de oscilação dos veículos ferroviários subterrâneos		
		Carga de multidão		+
	Outra carga variável	Efeitos da temperatura		+
		Carga de construção	+	+
		Carga de vento		+
		Força longitudinal resultante da aceleração ou desaceleração do veículo		+
Carga acidental		Carga sísmica	+	+

Nota: O símbolo "+" na tabela indica a presença da carga.

As cargas variáveis podem ainda ser classificadas em cargas variáveis básicas e outras cargas variáveis:

- Cargas variáveis básicas: Trata-se de cargas que variam ao longo do tempo mas que ocorrem frequentemente, tais como cargas de veículos de superfície (incluindo forças de impacto) e o empuxo lateral de terra que induzem, cargas de veículos ferroviários subterrâneos (incluindo forças de impacto, forças de oscilação e forças centrífugas) e cargas de multidões.
- Outras cargas variáveis: Trata-se de cargas variáveis não frequentes, incluindo alterações de temperatura e cargas de

construção (por exemplo, maquinaria de construção, empuxo do macaco de escavação de túneis e pressão de injeção).

As cargas acidentais são aquelas que ocorrem com pouca frequência e não são normalmente esperadas, tais como forças sísmicas, forças de explosão, etc.

Aquando do projeto, as normas de carga devem ser determinadas de acordo com os códigos relevantes ou com base em considerações práticas, tendo em conta as variações durante a construção e a utilização. As combinações de cargas devem ser calculadas considerando os cenários mais desfavoráveis com base na sua probabilidade de ocorrência. Para estruturas subterrâneas, a combinação básica (considerando apenas cargas permanentes e cargas variáveis básicas) é geralmente a mais prática. Em casos especiais, como zonas de elevada sismicidade ou áreas com requisitos militares, é necessário considerar a combinação acidental, incluindo os três tipos de cargas.

Em aplicações práticas de engenharia, é essencial salientar a importância de obter e verificar os dados de carga através de levantamentos no terreno e da análise de dados históricos para garantir a precisão e a fiabilidade do projeto. Embora os valores padrão para cada tipo de carga não estejam explicitamente definidos, é geralmente necessário determinar as magnitudes de carga com base em regulamentos relevantes ou condições práticas, considerando as variações que podem ocorrer durante a construção e a utilização.

As cargas de cálculo para a estrutura devem ser baseadas na combinação mais desfavorável dos três tipos de cargas quando é provável que ocorram. Normalmente, para as estruturas ferroviárias subterrâneas, a combinação básica (considerando apenas as cargas permanentes e variáveis) é a mais relevante na prática de engenharia. Apenas em circunstâncias especiais, como em zonas sísmicas com uma intensidade de 7 ou superior, ou quando existem requisitos militares, é necessário verificar a estrutura utilizando a combinação acidental, considerando os três tipos de cargas.

No processo de conceção, os cálculos devem centrar-se na combinação de cargas mais desfavorável que poderia afetar toda a estrutura ou componentes individuais.

3.2.3 Exemplos

De seguida, utilizamos a Figura 3.1 como exemplo para introduzir brevemente o processo de conceção de uma estação de metro.

A estação de metro tem uma estrutura de corredor longa, com a dimensão transversal muito menor do que a dimensão longitudinal. Isto pode ser simplificado num problema plano, analisado utilizando o modelo de interação carga-estrutura.

A resistência elástica é determinada de acordo com a teoria de Winkler, utilizando molas horizontais e verticais nos cálculos para simular as restrições nos deslocamentos horizontais e verticais do muro (laje de base) pelo solo. As molas são apenas compressíveis e deve terse o cuidado de assegurar que a força de reação da mola calculada não excede a capacidade de suporte da fundação. Os pilares são convertidos, com base no princípio da rigidez equivalente, em paredes de secção retangular alinhadas ao longo da direção da via.

Utilizando o método dos elementos finitos de viga plana, as forças internas da estrutura principal da estação, que está apoiada numa fundação elástica, são analisadas como um pórtico plano. Uma secção padrão de 1m na direção longitudinal é tomada como unidade de cálculo, e o software de elementos finitos SAP2000 é utilizado para o cálculo.

1. Cálculo da carga

(1) Carga permanente

Peso próprio da estrutura: Peso unitário do betão armado , $\gamma = 25kN/m^3$

Peso da sobrecarga: O peso unitário da sobrecarga é considerado como $\gamma = 19kN/m^3$

Pressão lateral de terra e água: Durante a construção, é utilizado o empuxo de terra ativo de Rankine. Para as camadas arenosas, o empuxo de terra é calculado separadamente para o solo e para a água, enquanto que para as outras camadas é utilizado o empuxo de terra e o empuxo de água combinados. Durante a fase de funcionamento, é utilizado o empuxo de terra em repouso, com cálculos separados para o solo e a água.

Carga do equipamento: A área do equipamento é considerada com o fator $8kN/m^2$, e o impacto dos caminhos de elevação e transporte do equipamento também é tido em conta.

Pressão hidrostática e flutuabilidade: Peso unitário da água considerado como . $10kN/m^3$

(2) Carga variável

Carga viva à superfície: Considerada como . $q = 20kN / m^2$

Carga de multidão: Considerado como . $q = 4kN / m^2$

Carga de construção: Considerar as combinações de situações possíveis durante a construção; a sobrecarga temporária do solo devido à montagem da blindagem em ambas as extremidades da estação, que são poços de lançamento da blindagem, é considerada com o fator . $35kN / m^2$

Carga viva do comboio: Calculada com base na carga por eixo do veículo, na composição e na força de frenagem, sendo a tensão térmica também considerada no cálculo.

(3) Carga acidental

Efeito sísmico. A intensidade sísmica é fixada em 7 graus. Carga de proteção civil. A força estrutural é verificada de acordo com uma carga de defesa civil de grau de resistência 6, assegurando que a resistência de cada parte é coordenada.

(4) Combinação de cargas

Carga permanente + carga variável;

Carga Permanente + Carga Variável + Efeito Sísmico;

Carga Permanente + Carga Variável + Carga Estática Equivalente para a Defesa Civil.

Os coeficientes parciais de carga são apresentados no Quadro 3.2.

Tabela 3.2 Tabela do fator parcial de carga

Número de série	Condições de verificação da combinação de cargas	Carga permanente	Carga variável	Carga acidental	
				Carga sísmica	Carga da Defesa Civil
1	Cálculo básico da resistência estrutural combinada	1.35/1.2	1.4		
2	Verificação da largura da fenda do componente	1.0	0.6		
3	Cálculo da deformação estrutural	1.0	0.6		
4	Verificação da resistência estrutural sob carga sísmica	1.0	0.6	1.3	
5	Verificação da resistência estrutural sob carga de defesa civil	1.0			1.0
6	Verificação da estabilidade estrutural anti-flutuação	1.0			

Nota: Os valores representativos da carga de gravidade são utilizados apenas na verificação da resistência estrutural sob carga sísmica. Os números entre parênteses indicam os valores do fator parcial quando a carga é benéfica para a estrutura. Os valores antes do "/" representam aqueles em que a carga permanente controla, e os valores após o "/" representam aqueles em que a carga variável controla. Ao combinar cargas variáveis, o fator de ajustamento da vida útil de projeto também deve ser considerado: 1,0 para 50 anos e 1,1 para 100 anos. Para projectos com uma vida útil de projeto estrutural de 100 anos, o fator de ajustamento para a vida útil de projeto da carga viva do pavimento e da cobertura é γ=1,1.

2. Dimensões das secções estruturais e materiais de engenharia

A estrutura principal da estação é uma estrutura de pórtico de dois andares, coluna dupla e três vãos. As dimensões estruturais dos principais componentes da secção padrão são apresentadas no Quadro 3.3.

Quadro 3.3 Dimensões estruturais dos componentes principais

Nome do componente	Dimensões (m)	Nome do componente	Dimensões (m×m)
Laje superior	0.8	Viga longitudinal superior (b×h)	1.0×1.8
Laje intermédia	0.4	Viga longitudinal média (b×h)	0.8×1.0
Laje inferior	0.9	Viga longitudinal inferior (b×h)	1.0×2.2
Parede lateral	0.7	Coluna (b×h)	0.7×1.1

Resistência do betão: O betão armado na estrutura interna, incluindo a laje superior (viga), a laje intermédia (viga), a laje inferior (viga inferior) e a parede de revestimento interior (incluindo os pilares da parede), é C35; os pilares da estrutura são C45.

3. Cálculo da força interna para a secção standard

Devido à complexidade inerente à análise de vigas em fundações elásticas e aos requisitos rigorosos dos cálculos hiperestáticos (estaticamente indeterminados), os métodos de cálculo manuais são frequentemente insuficientes para obter resultados exactos. Por conseguinte, são geralmente utilizadas ferramentas de software especializadas para efetuar estes cálculos.

3.2.4 Cálculo da força interna e conceção da armadura

Com base nos dados obtidos a partir dos cálculos do software, a armadura é concebida e as verificações da resistência à flexão, ao corte e à fendilhação (tração) são realizadas de acordo com os princípios de dimensionamento de estruturas de betão. Os resultados dos cálculos são apresentados no Quadro 3.4.

Quadro 3.4 Resumo do cálculo da força interna estrutural (por metro linear)

Componente		Força interna calculada (valor padrão)		Dimensões dos componentes (mm)	Reforço	Rácio de reforço (%)	Largura da fenda (mm)
		Momento de flexão (kN-m)	Força axial (kN)				
Laje superior	Suporte final	489	343	800	C25@150+C25@150	0.82	0.31
	Meio do vão	279			C25@150	0.41	0.063
	Apoio intermédio	638			C25@150+C25@300	0.54	0.146

Laje intermédia	Suporte final	86	984	400	C20@150	0.52	0.041
	Meio do vão	74			C20@150	0.52	0.045
	Apoio intermédio	171			C20@150	0.23	0.040
Laje inferior	Suporte final	1270	1842	900	C32@150+C25@150	0.96	0.193
	Meio do vão	730			C32@150	0.46	0.211
	Apoio intermédio	458			C32@150	0.60	0.044
Parede lateral do corredor	Extremidade superior	489	463	700	C25@150+C25@150	0.94	0.059
	Meio do vão	193	515		C22@150	0.36	0.059
	Extremidade inferior	345	568		C25@150	0.78	0.146
Parede lateral da plataforma	Extremidade superior	345	568	700	C25@150	0.78	0.146
	Meio do vão	250	662		C22@150	0.36	0.102
	Extremidade inferior	1270	715		C25@150+C32@150	1.23	0.190
Coluna do meio		9320	9320	700×1100		2.2	
Parede contínua	873			800		0.92	0.197

3.3. Estações de metro ligeiro

3.3.1 Conceção arquitetónica

A conceção das estações de metropolitano ligeiro está intimamente relacionada com a sua funcionalidade, normalmente situadas acima do solo, exigindo que os passageiros subam à plataforma através de escadas, elevadores ou escadas rolantes. Esta conceção confere às estações de metropolitano ligeiro as caraterísticas dos edifícios gerais ao nível do solo, como o fácil acesso aos transportes urbanos e às redes comunitárias, ao mesmo tempo que apresenta a sua forma única como arquitetura de transportes. Em comparação com os grandes centros de transporte, as estações de metro ligeiro são normalmente mais pequenas em escala e mais compactas em área, reflectindo a sua posição única na rede de transportes urbanos.

O sistema de metro ligeiro serve principalmente os passageiros urbanos diários, como os trabalhadores de escritório e os residentes, com comboios frequentes e horários de funcionamento fixos. Este modelo de funcionamento significa que, na maior parte do tempo, o fluxo de passageiros na estação é rápido, com tempos de espera relativamente curtos. Assim, ao contrário das grandes estações de comboios ou centros de transporte que recebem um grande número de passageiros e oferecem serviços extensivos, as estações de metro ligeiro não requerem grandes áreas de espera ou instalações comerciais complexas.

O principal objetivo na conceção de estações de metropolitano ligeiro é gerir eficientemente fluxos de passageiros de alta densidade em períodos curtos, garantindo simultaneamente a segurança. Isto é normalmente conseguido através de um layout linear claro e direto, garantindo que o fluxo de passageiros da entrada à saída é intuitivo, desobstruído e rápido. Além disso, a conceção da estação deve ter em conta a acessibilidade, proporcionando comodidade a todos os utilizadores, incluindo idosos, crianças e pessoas com dificuldades de mobilidade.

Além disso, para economizar terreno e minimizar o impacto no desenvolvimento urbano, as linhas de metropolitano ligeiro são frequentemente integradas nas vias arteriais urbanas, sobrepondo-se ao tráfego de superfície da cidade. Consequentemente, são frequentemente instaladas passagens superiores para peões em ambos os lados das estações de metropolitano ligeiro para facilitar a travessia segura dos peões, ligar ambos os lados da cidade e assegurar a continuidade das funções urbanas e a integração perfeita do tráfego.

As estações de metropolitano ligeiro partilham semelhanças com as estações de metro em termos de conceção do layout, tais como métodos de espera nas plataformas, comprimentos das plataformas e sistemas de bilhética e inspeção, todos determinados pela configuração dos comboios e pelo volume de passageiros previsto. No entanto, as suas principais diferenças residem na localização geográfica e na organização do fluxo de passageiros. As estações de metropolitano ligeiro estão normalmente localizadas ao nível do solo ou elevadas, com o nível da plataforma no piso mais alto, exigindo que os passageiros subam ao nível do átrio para a emissão de bilhetes e depois ao nível da plataforma para esperar pelos comboios. Este fluxo ascendente de passageiros é o inverso do fluxo descendente nas estações subterrâneas, satisfazendo as diferentes necessidades do transporte de superfície e subterrâneo.

Uma vez que as estações de metro ligeiro são maioritariamente construídas acima do solo, tiram partido da ventilação e iluminação naturais, reduzindo significativamente a dependência de sistemas de ar condicionado extensivos em comparação com as estações subterrâneas, reduzindo assim o espaço necessário para salas de equipamento.

Dependendo do alinhamento da linha de metro ligeiro e do traçado urbano, as estações podem ser localizadas no centro ou nas bermas das artérias da cidade, permitindo uma adaptação mais flexível à rede de tráfego urbano existente.

A disposição dos lugares de espera nas plataformas das estações de metropolitano ligeiro é essencialmente uma plataforma lateral e, ocasionalmente, uma plataforma insular. O design da plataforma lateral facilita a colocação em pontes elevadas nas cidades, apoiando a gestão eficiente do fluxo de passageiros e o rápido embarque e desembarque. Através desta disposição espacial eficiente e da gestão do fluxo de passageiros, as estações de metropolitano ligeiro podem otimizar a experiência dos passageiros e melhorar a eficiência global dos transportes.

Quando uma estação está localizada no centro de uma artéria urbana, a organização do fluxo de passageiros torna-se particularmente importante. Para garantir que os passageiros possam aceder à estação de forma segura e conveniente, são normalmente previstas passagens superiores ou inferiores para peões em ambos os lados da estrada. Estas estruturas não só servem a estação, como também funcionam como passagens de atravessamento, melhorando consideravelmente a continuidade do tráfego urbano e a segurança dos peões.

As principais áreas funcionais da estação estão divididas entre o nível do átrio e o nível da plataforma. O nível do átrio lida principalmente com o fluxo de entrada e saída de passageiros e executa as tarefas de emissão de bilhetes e de inspeção. Para gerir eficazmente o fluxo de passageiros, o nível do átrio utiliza torniquetes para delimitar claramente as zonas pagas das zonas não pagas. Esta disposição assegura que as entradas e saídas das passagens superiores e inferiores para peões se situam em áreas não pagas, tornando-as convenientes para utilização pública sem afetar as operações da estação. Entretanto, as salas de gestão e de equipamento estão normalmente localizadas numa das extremidades da estação para otimizar a utilização do espaço e minimizar a interferência com o fluxo de passageiros.

A conceção do nível da plataforma depende das especificações e configurações dos comboios ligeiros, que são geralmente mais curtos do que os das estações de metro, resultando num comprimento total da estação correspondentemente mais curto. As normas de conceção para a largura das plataformas, escadas de evacuação e escadas rolantes nas estações de metropolitano ligeiro são semelhantes às das estações de metro para manter a segurança e a eficiência. A diferença na disposição das plataformas de espera (ilha ou lateral) afecta diretamente a localização e configuração das escadas do átrio, que por sua vez determinam a disposição das bilheteiras e das salas de gestão.

O projeto das estações de metropolitano ligeiro deve não só satisfazer os requisitos funcionais, mas também considerar o seu impacto no ambiente circundante e na paisagem urbana. A fachada e a forma da estação têm de se harmonizar com os edifícios e a paisagem circundantes, adaptando-se ao mesmo tempo às restrições ambientais impostas ao projeto da estação. Isto exige que os projectistas encontrem um equilíbrio entre a inovação e a adaptação, assegurando que a estação seja esteticamente agradável e funcional, ao mesmo tempo que melhora a beleza e a funcionalidade gerais da cidade. Através desta consideração abrangente, as estações de metropolitano ligeiro podem integrar-se eficazmente no traçado urbano, aumentando a eficiência e a atratividade globais do sistema de transportes públicos.

A forma das estações de metropolitano ligeiro é largamente determinada pela sua função, com as estações a formarem estruturas alongadas ao longo do alinhamento das vias. Quando construída numa curva, a estação pode assumir uma forma curva e alongada. A estação propriamente dita é geralmente uma estrutura de dois andares, mas as diferenças na elevação da via podem resultar num número variável de níveis no edifício da estação. Para evitar o impacto no tráfego urbano circundante, os lados da estação não podem ter saliências excessivas, pelo que a estação deve exprimir plenamente as suas funções internas através de uma forma simples e clara, o que se torna uma caraterística definidora da arquitetura de trânsito ferroviário urbano.

Por exemplo, na primeira fase do projeto da Linha Pérola do Metro de Xangai, a maioria das 19 estações ao longo da linha apresenta uma forma e um tratamento de fachada em três partes, unificadas pelas funções básicas da estação. A secção superior é composta por um telhado leve sobre uma estrutura de betão armado, com cobertura metálica e clarabóias. A secção intermédia é a parede principal da estação, reflectindo os níveis da plataforma e do átrio. A secção inferior é maioritariamente uma área elevada, criando uma forma arquitetónica comum para as estações da primeira fase da Linha da Pérola. O desenho da fachada de cada estação é então ajustado de acordo com a posição da estação ao longo da linha (alta, baixa, curva, reta), o ambiente circundante e outros factores, dando a cada estação um carácter único. As abordagens básicas ao design da forma incluem o seguinte:

- A forma e o design da fachada da estação estão organicamente integrados nas suas funções internas. Dependendo da função de cada nível, podem ser acrescentadas janelas, instaladas grelhas de ventilação ou criados espaços semi-abertos, permitindo que a fachada reflicta plenamente as funções internas.
- No tratamento da fachada, para além de se considerar o tamanho, a proporção e o alinhamento das janelas, devem também ser consideradas as superfícies sólidas das paredes para as placas de identificação e sinalética das estações.
- A parte inferior da estação, incluindo a secção elevada ou o átrio de entrada, deve ser tratada como um espaço vazio ou recuado para o interior, dando ao edifício da estação um aspeto leve e flutuante.
- As várias formas da treliça de cobertura leve são totalmente utilizadas para criar diferentes formas exteriores para a estação.

3.3.2 Conceção estrutural

O projeto de estações de metropolitano ligeiro elevadas envolve normalmente a superação de uma série de desafios estruturais e estéticos únicos para garantir que a estação seja funcional e visualmente apelativa. Ao contrário das estações ao nível do solo ou subterrâneas, as estações elevadas requerem uma consideração cuidadosa dos seguintes aspectos.

1. Considerações fundamentais no projeto estrutural

O projeto de estações elevadas de metropolitano ligeiro deve, em primeiro lugar, garantir a estabilidade estrutural e a segurança. O projeto deve considerar a forma de suportar eficazmente as cargas geradas pelos veículos e passageiros, bem como os factores ambientais, como as cargas de vento e a atividade sísmica. A estrutura principal é geralmente feita de betão armado ou aço, proporcionando a resistência e a rigidez necessárias e adaptando-se às várias condições climáticas.

2. Harmonização com as paisagens urbanas

A forma das estruturas elevadas deve harmonizar-se com as paisagens urbanas. O rácio altura-vão das pontes elevadas deve ser económico e esteticamente agradável. A forma das estações elevadas de metropolitano ligeiro deve ser regionalmente distintiva, simples e não excessivamente luxuosa. As estruturas das pontes elevadas devem ter cuidadosamente em conta a impermeabilização, a drenagem, as juntas de dilatação, as balaustradas, os postes de iluminação e os muros anti-colisão, tanto em termos de funcionalidade como de aparência.

3. Medidas de redução do ruído

Devem ser instaladas barreiras acústicas ao longo das secções necessárias das pontes elevadas para reduzir o ruído provocado pelo funcionamento dos veículos. Deverão também ser previstas vias de segurança para o pessoal de manutenção e para a evacuação de emergência na ponte.

4. Normas de desobstrução

Quando as pontes elevadas atravessam caminhos-de-ferro, auto-estradas ou estradas municipais, os vãos da ponte e as folgas devem cumprir os regulamentos de folga relevantes.

5. Proteção contra inundações

Quando as pontes elevadas atravessam rios normais, os vãos das pontes devem garantir a passagem segura das frequências de inundação projectadas, dos detritos flutuantes e das embarcações.

6. Normas técnicas

As principais normas técnicas para as estruturas elevadas, para além do gabarito normalizado de 1435 mm, ainda não foram totalmente normalizadas. Por exemplo, as normas técnicas para a linha Pearl do metro de Xangai especificam que a distância entre vias em troços rectos não deve ser inferior a 3,6 m e a distância entre vias em troços rectos dentro das estações deve ser entre 3,6 m e 4,0 m. O raio de curva mínimo para as secções de via é de 300 m, enquanto as plataformas das estações em secções difíceis podem estar localizadas em curvas com um raio mínimo de 800 m. O raio de curva mínimo para as vias de depósito é de 150 m. A inclinação máxima dos troços de via é de 3% nas linhas principais e de 3,5% nas outras linhas. As plataformas das estações em troços difíceis podem situar-se em inclinações de 0,5%. O raio de curva vertical mínimo para as secções de via é geralmente de 5000 m, com um raio mínimo reduzido de 3000 m nas secções difíceis.

7. Medidas de segurança

Devem ser instalados guarda-corpos nas pontes elevadas. Nos troços rectos e nas curvas com um raio superior a 400 m, devem ser instaladas barreiras de proteção em betão armado. Nas curvas com raio inferior a 400 m, devem ser instalados guarda-corpos de segurança.

8. Minimizar a perturbação da construção

A construção de estruturas elevadas deve ser planeada de modo a minimizar a perturbação do tráfego urbano e da vida quotidiana dos residentes. Os estaleiros de construção devem evitar interromper o tráfego urbano existente e procurar reduzir os níveis de ruído. Deve-se ter especial cuidado para evitar a utilização de estacas cravadas perto de edifícios existentes, e quaisquer condutas subterrâneas afectadas pela fundação da estrutura devem ser cuidadosamente investigadas e geridas de forma adequada.

9. Otimização da disposição funcional

A configuração funcional das estações elevadas deve assegurar um fluxo eficiente de passageiros e reduzir o congestionamento. A conceção das entradas e saídas deve facilitar o acesso rápido dos passageiros, tendo em conta a necessidade de evacuação de emergência. A conceção interna deve privilegiar o conforto e a comodidade dos passageiros, proporcionando amplos lugares sentados nas zonas de espera, ecrãs informativos claros e outros serviços aos passageiros.

3.4. Túneis de intervalo

Os túneis de intervalo são elementos estruturais críticos num sistema de transporte ferroviário subterrâneo, ligando duas estações subterrâneas. A complexidade da sua conceção e o investimento financeiro necessário são cruciais para o sucesso global do projeto ferroviário. Ao projetar túneis de intervalo, o primeiro passo é basear o projeto num plano e perfil de alinhamento precisos, o que envolve uma consideração abrangente do terreno, topografia, geologia hidrológica e condições geológicas de engenharia. Estes factores influenciam diretamente a localização, a profundidade e a inclinação do túnel, determinando assim a viabilidade e a segurança do projeto do túnel.

Dadas as restrições das condições ambientais e de construção, o projeto dos túneis de intervalo deve também ter em conta os requisitos de proteção ambiental circundantes, assegurando um impacto mínimo na superfície e nas estruturas próximas, tanto durante a construção como durante o funcionamento. Além disso, o calendário e o orçamento do projeto são factores-chave que devem ser equilibrados no processo de conceção. Um projeto razoável deve não só cumprir as normas técnicas e de segurança, mas também maximizar a eficiência económica

O projeto estrutural dos revestimentos dos túneis é uma componente essencial do projeto dos túneis de intervalo. O revestimento deve ser capaz de suportar várias cargas em condições geológicas, incluindo a pressão do solo, a pressão da água e potenciais forças sísmicas. O projeto estrutural emprega normalmente vários métodos, incluindo o projeto empírico tradicional, a analogia de engenharia e métodos de projeto baseados na informação que incorporam a investigação mais recente e dados de monitorização em tempo real. O método de projeto baseado na informação utiliza tecnologias avançadas de monitorização e análise de dados para prever com maior precisão o desempenho do túnel em condições geológicas variáveis, optimizando assim o projeto.

A seleção dos métodos de construção é também uma parte vital do projeto do túnel de intervalo, com opções como a escavação em escudo, o corte e cobertura e outras, cada uma com as suas condições específicas aplicáveis, vantagens e desvantagens. A escolha da técnica de construção adequada não só garante a segurança da construção, como também controla eficazmente os custos e os prazos do projeto.

3.4.1 Formulários de secção

Os túneis com intervalo podem ter várias formas de secção transversal, incluindo formas rectangulares, circulares, multi-circulares, em arco e elípticas.

As secções rectangulares dividem-se em tipos de vão simples e de vão duplo. Esta conceção tira partido das propriedades geométricas dos rectângulos, maximizando o espaço interno e correspondendo de perto ao espaço de construção dos túneis de intervalo. Esta correspondência significa que o espaço interno do túnel é totalmente utilizado, aumentando assim a eficiência espacial da estrutura. Na conceção da cobertura do túnel, a secção retangular é vantajosa para a disposição das infra-estruturas urbanas subterrâneas. Por exemplo, a estrutura da cobertura pode apoiar e integrar eficazmente as redes de serviços públicos urbanos, tais como eletricidade, comunicações e condutas de água, poupando espaço de superfície e reduzindo a perturbação das actividades urbanas. Além disso, as caraterísticas lineares da secção retangular tornam a instalação, a manutenção e a inspeção destas instalações mais convenientes, melhorando assim a eficiência e a fiabilidade das operações urbanas.

A escolha entre secções rectangulares de um ou dois vãos depende da carga de tráfego prevista, das condições do solo e das restrições orçamentais. As secções de um vão são normalmente utilizadas para aplicações de cargas menores ou mais leves, enquanto as secções de dois vãos são adequadas para requisitos de cargas maiores ou mais elevadas, oferecendo maior estabilidade estrutural e capacidade de suporte de carga. As formas e dimensões gerais das secções rectangulares são apresentadas na Figura 3.2.

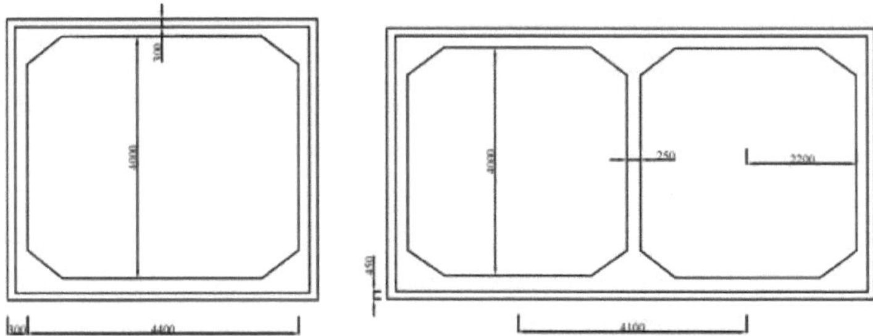

Figura 3.2 Formas e dimensões da secção retangular (esquerda: vão simples, direita: vão duplo, unidade: mm)

As secções em arco oferecem uma excelente estabilidade estrutural e um aspeto esteticamente agradável. Estas secções apresentam-se normalmente em três formas básicas: arcos contínuos de um vão, de dois vãos e de vários vãos, como ilustrado na Figura 3.3.

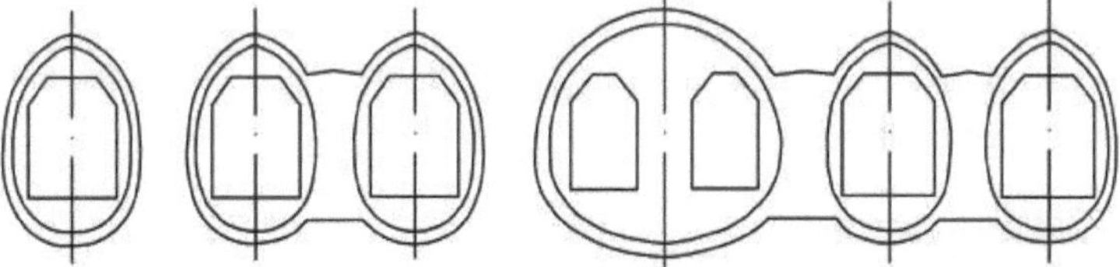

Figura 3.3 Diagramas de túneis com intervalo de secção em arco de um vão, dois vãos e vários vãos

As secções em arco de um vão são normalmente utilizadas para túneis de intervalo de uma ou duas linhas ou passagens de ligação. Esta conceção tira partido das propriedades mecânicas naturais da estrutura em arco, dispersando eficazmente as cargas e aumentando a estabilidade do túnel. Os arcos de um vão são particularmente comuns em túneis de pequeno e médio vão devido à sua estrutura simples e económica. Os arcos contínuos de dois vãos e de vários vãos são frequentemente utilizados em requisitos espaciais mais complexos ou mais amplos, tais como pistas de estacionamento, pistas de viragem ou pistas de junção de trompetes. Nestas aplicações, o túnel precisa de acomodar mais vias e equipamento ou fornecer mais espaço lateral para se adaptar a disposições complexas das vias.

Os arcos de duplo vão proporcionam duas coberturas em arco independentes, enquanto os arcos contínuos de vários vãos aumentam a resistência estrutural global e a estabilidade através de várias estruturas em arco interligadas, tornando-os particularmente adequados para cenários que exijam resistência a pressões geológicas significativas ou espaço adicional.

A conceção da secção em arco tem em conta o seu excelente desempenho mecânico, particularmente a sua vantagem em suportar a pressão vertical. Esta conceção estrutural também ajuda a minimizar o assentamento superficial, o que é crucial para a engenharia de túneis em ambientes urbanos. Além disso, a forma esteticamente agradável do túnel em arco proporciona uma harmonia visual que é especialmente valiosa em secções do túnel visíveis acima do solo ou em áreas urbanas subterrâneas.

As secções circulares, como mostra a Figura 3.4, são amplamente adoptadas devido às suas caraterísticas de suporte de carga uniforme e à utilização eficiente do espaço interno. As vantagens de conceção das secções circulares incluem a capacidade de suportar eficazmente a pressão do solo circundante e da água, e a sua forma não é afetada por alterações na inclinação longitudinal do alinhamento ou no raio das curvas horizontais, aumentando a flexibilidade de conceção e a estabilidade estrutural.

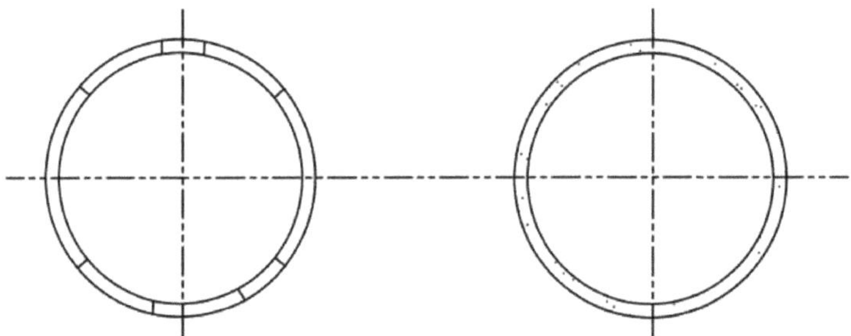

Figura 3.4 Diagrama do túnel com intervalo de secção circular
(Esquerda: Revestimento pré-fabricado de camada única, direita: Revestimento integral de betão vazado no local)

Na conceção de túneis de intervalos circulares, as dimensões do contorno interno devem ter em conta vários factores, incluindo o espaço livre dos edifícios, as tolerâncias de construção, o tipo de leito da via e a tolerância à deformação estrutural. Além disso, a resistência estrutural deve ser verificada com base no raio de curva mínimo do alinhamento para garantir a segurança e a funcionalidade. Por exemplo, os túneis de intervalo circular no metro de Xangai têm normalmente um diâmetro interior de 5,5 metros, uma especificação que satisfaz os constrangimentos do espaço subterrâneo urbano e as necessidades de transporte, tendo em conta as limitações espaciais impostas pelas estruturas subterrâneas existentes.

À medida que a complexidade do espaço subterrâneo urbano aumenta, os túneis tradicionais de círculo único já não conseguem satisfazer todas as necessidades de engenharia. Consequentemente, os engenheiros desenvolveram várias formas de secção transversal de túneis blindados, tais como secções de duplo círculo, triplo círculo e rectangulares. Estas novas formas oferecem uma maior flexibilidade e uma melhor configuração espacial. Podem ser combinadas vertical ou horizontalmente para se adaptarem às condições específicas do espaço subterrâneo e aos requisitos funcionais, integrando-se mais eficazmente na complexa geologia e ambiente urbanos.

3.4.2 Estruturas de revestimento

Na construção de túneis subterrâneos, a tecnologia de revestimento de secções rectangulares é um componente estrutural fundamental, consistindo geralmente em conjuntos pré-fabricados e formas de betão armado moldadas no local.

A vantagem dos revestimentos de montagem pré-fabricados reside na sua produção industrializada, que pode melhorar significativamente a velocidade de construção e o controlo de qualidade. Ao escolher este tipo de revestimento, é necessário ter em conta a capacidade de produção industrial, os métodos de construção, as condições de elevação e transporte e o ambiente do local. Atualmente, os revestimentos de montagem pré-fabricados de um e dois vãos são mais comuns, respondendo a diversas necessidades de engenharia. No entanto, um dos principais desafios dos revestimentos de montagem é o tratamento das juntas. As juntas não só precisam de ter resistência e rigidez suficientes, como também devem ter um bom desempenho à prova de água, garantindo ao mesmo tempo a facilidade de construção. Uma vez que pode haver riscos de fugas nas juntas entre as secções pré-fabricadas, o desempenho global à prova de água pode ser comprometido, tornando este método menos utilizado em cenários com elevados requisitos de impermeabilidade.

Os revestimentos vazados no local referem-se a revestimentos de betão moldados in situ, disponíveis em betão simples e em betão armado. A integridade geral e o desempenho à prova de água dos revestimentos de betão armado moldados no local são mais fáceis de assegurar, tornando-os adequados para várias condições geológicas e hidrogeológicas. No entanto, as desvantagens deste método incluem mais processos de construção, uma velocidade de construção mais lenta e tempos de cura mais longos para atingir a resistência de projeto, durante os quais o túnel não pode suportar cargas ou ser submetido a construções subsequentes, sendo também difícil fornecer um apoio imediato à rocha circundante.

Os revestimentos dos túneis são geralmente estruturas compostas constituídas por um suporte inicial, camadas de impermeabilização e revestimentos secundários (Figura 3.5).

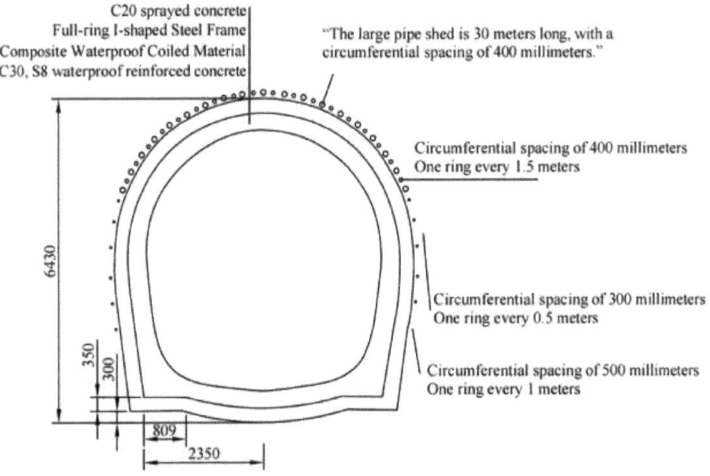

Figura 3.5 Revestimento composto

A camada exterior do revestimento compósito é o suporte de betão projetado, que reforça a rocha circundante, controla a sua deformação e evita a instabilidade. O suporte deve geralmente ser aplicado imediatamente após a escavação e deve estar intimamente ligado à rocha circundante, tornando o suporte de betão projetado o mais adequado. Dependendo da situação específica, pode ser utilizada uma combinação de tirantes, betão projetado, malha de aço e suportes de aço. O betão projetado pode ser simples ou reforçado com fibras de aço. O betão projetado simples tem uma baixa resistência à tração e uma fraca resistência à fissuração, pelo que é normalmente utilizado com malha de aço. O betão projetado reforçado com fibras de aço incorpora uma certa proporção de fibras de aço no betão, melhorando a sua resistência à fissuração, resistência ao impacto e resistência à tração. A camada interior do revestimento compósito é constituída por betão vazado no local ou betão projetado secundário, normalmente aplicado logo que possível após a selagem do suporte inicial. A carga que suporta está relacionada com o momento da aplicação e inclui a pressão estática externa da água, a fluência da rocha circundante ou cargas subsequentes causadas pela deterioração das propriedades da rocha circundante e pela corrosão do suporte inicial, proporcionando uma superfície lisa para a ventilação, etc. A camada impermeável tem como função impedir a infiltração de água e reduzir as fissuras no revestimento secundário causadas pela retração do betão, sendo normalmente feita de produtos de plástico ou borracha com boa impermeabilidade, estabilidade química, durabilidade e suficiente flexibilidade, extensibilidade e resistência à tração e ao corte.

Para túneis em rochas circundantes secas, sem água e duras, o suporte de betão projetado de camada única pode ser permitido sem revestimentos complexos de várias camadas e tratamentos de impermeabilização. No entanto, isto requer técnicas de aplicação de betão projetado extremamente precisas para garantir uma elevada resistência às intempéries e uma estabilidade estrutural a longo prazo. O betão projetado deve ter um excelente desempenho de ligação e resistência suficiente a fissuras para garantir uma superfície de revestimento lisa, sem fissuras significativas. Durante a construção, o controlo rigoroso da relação água-cimento do betão projetado, a utilização de aditivos e o processo de cura são essenciais para otimizar as suas propriedades mecânicas e a sua durabilidade.

Nos casos em que os requisitos de impermeabilização são baixos e a rocha circundante tem alguma capacidade de auto-suporte, os revestimentos de betão vazado no local de uma camada podem ser utilizados sem camadas iniciais de suporte e impermeabilização. No entanto, a construção de revestimentos de betão vazado no local exige que o betão tenha uma elevada resistência inicial e uma boa trabalhabilidade para assegurar uma construção rápida e cumprir os requisitos estruturais. Além disso, a conceção da mistura de betão e os métodos de cura requerem uma atenção especial para acomodar a carga da rocha circundante e as condições ambientais, garantindo a estabilidade estrutural e a segurança a longo prazo.

O método de montagem do anel de revestimento tem dois tipos: juntas escalonadas e juntas alinhadas, como mostra a Figura 3.6.

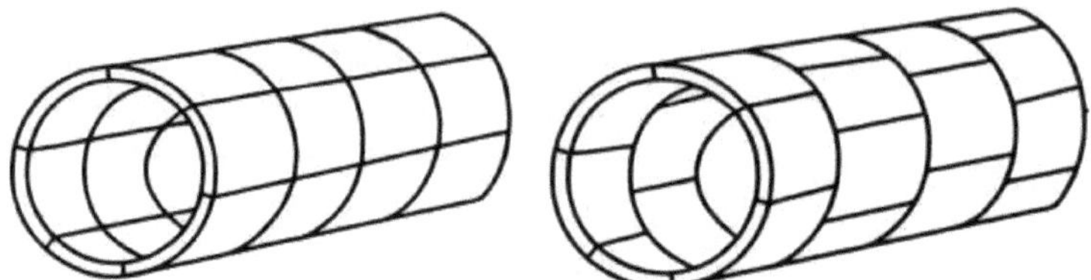

Figura 3.6 Diagrama de montagem da junta de segmentos
(Esquerda: Juntas alinhadas, direita: Juntas escalonadas)

A montagem de juntas escalonadas pode distribuir as juntas uniformemente, reduzindo a deformação nas juntas e em todo o anel de revestimento e aumentando a rigidez global, mas requer uma elevada precisão de fabrico dos segmentos.

O segmento de chaveta (segmento de fecho) pode ser montado através de cunha radial ou inserção longitudinal. No encunhamento radial, as duas arestas radiais do segmento de chave devem ser alargadas ou paralelas, o que tende a provocar um deslizamento para baixo sob carga, tornando-o menos favorável para suportar a carga. Na inserção longitudinal, o segmento de chaveta é menos suscetível de deslizar para dentro, tornando-o melhor para suportar a carga, embora exija o prolongamento do curso dos macacos de proteção durante a montagem. O segmento de chaveta está normalmente localizado na abóbada, mas também pode ser colocado a 45°, 135° ou mesmo 180°, dependendo dos requisitos do projeto.

O método de montagem do anel de revestimento é crucial para determinar a integridade e a funcionalidade da estrutura do túnel. Os anéis de revestimento são normalmente montados a partir de segmentos de betão pré-fabricados, sendo os dois métodos principais as juntas escalonadas e as juntas alinhadas.

Na montagem de juntas escalonadas, as juntas entre segmentos em anéis adjacentes são deslocadas. Esta conceção distribui uniformemente a tensão nas juntas, reduzindo a deformação devida à pressão da terra ou a outras forças externas e melhorando a rigidez e a estabilidade globais do túnel.

No entanto, a montagem de juntas escalonadas exige uma elevada precisão de fabrico dos segmentos, requerendo um controlo rigoroso das dimensões e formas dos segmentos para garantir uma montagem apertada e a integridade estrutural. A montagem de juntas alinhadas, em que as juntas entre segmentos em anéis adjacentes se alinham diretamente, é mais simples de construir, mas pode levar a uma concentração de tensões, aumentando o risco de fugas de água e a vulnerabilidade estrutural, necessitando de impermeabilização e reforço cuidadosos.

O método de montagem do segmento de chave é também crítico para a integridade estrutural do anel de revestimento. O segmento de chaveta, normalmente localizado na parte superior do anel de revestimento, fecha o espaço entre os segmentos. Existem dois métodos principais para a montagem do segmento de chaveta:

- Cunha Radial: Neste método, os bordos radiais do segmento de chaveta são alargados ou paralelos, o que tende a provocar um deslizamento para baixo sob carga, comprometendo potencialmente a estabilidade estrutural.
- Inserção longitudinal: Esta conceção reduz a probabilidade de o segmento da chave deslizar para dentro, tornando-o mais eficaz para suportar a carga. No entanto, pode ser necessário alargar o curso dos macacos de proteção, o que aumenta a complexidade do processo de construção.

A colocação do segmento-chave depende da conceção estrutural e das condições geológicas, com potenciais localizações incluindo a abóbada ou em ângulos específicos como 45°, 135° ou 180°.

A conceção de anéis de revestimento é uma questão complexa que envolve múltiplas soluções de compromisso, incluindo, mas não se limitando, ao desempenho da impermeabilização, à velocidade de construção e à conveniência do transporte e da montagem. As decisões de projeto devem ter em conta as condições das rochas circundantes, as cargas esperadas, as caraterísticas estruturais, os modelos de cálculo e as condições de transporte e instalação no local.

A escolha do número de segmentos no anel de revestimento tem impacto no desempenho global e na eficiência da construção do túnel. Menos segmentos significam menos juntas, reduzindo o risco de fugas de água e melhorando a rigidez estrutural. No entanto, um menor número de segmentos também aumenta o tamanho e o peso de cada peça, colocando desafios ao transporte e à montagem. Por conseguinte, o projeto deve equilibrar o desempenho da impermeabilização, a facilidade de transporte e a velocidade de montagem. Para túneis com um diâmetro inferior a 6 metros, recomenda-se geralmente a utilização de 4 a 6 segmentos por anel de revestimento. Para túneis com um diâmetro superior a 6 metros, recomenda-se a utilização de 6 a 8 segmentos.

Ao projetar secções curvas do túnel, para além de seguir as regras de disposição dos segmentos acima referidas, deve ser dada especial atenção às tensões e deformações adicionais causadas pela curva. Para assegurar uma viragem suave do túnel na direção de projeto, são frequentemente inseridos anéis de revestimento em forma de cunha ou almofadas em forma de cunha entre os anéis de revestimento normais. Estes componentes em forma de cunha ajudam a ajustar a trajetória do túnel, assegurando a continuidade e a integridade da estrutura, ao mesmo tempo que reduzem a concentração de tensões causada pelas curvas.

A forma da secção transversal do túnel, o tipo de estrutura de apoio, os métodos de cálculo estrutural e os seus âmbitos aplicáveis variam em função dos métodos de construção e das condições geológicas. O processo de projeto deve selecionar o modelo adequado de projeto estrutural do túnel com base em circunstâncias específicas, tendo em conta a complexidade da engenharia subterrânea e a variabilidade das condições geológicas.

As diretrizes de projeto, como a Tabela 3.5, fornecem aos engenheiros referências para diferentes modelos estruturais de túneis a nível nacional e internacional, apoiando decisões de projeto personalizadas baseadas nas necessidades reais de engenharia.

Quadro 3.5 Modelos de projeto de estruturas de túneis em diferentes países

País	Escavação com escudo em túneis de solo mole	Túneis de solo mole com ancoragem e suportados por arcos de aço	Túneis enterrados profundos em rocha média-dura
China	Anel de fundação elástica; Métodos empíricos	Suporte primário: MEF, Método da Convergência-Constrição; Suporte secundário: Anel de fundação elástica	Apoio primário: Métodos empíricos; Apoio permanente: Modelo de Ação-Reação; Grandes câmaras: MEF
Estados	Modelo de fundação elástica		Anel de fundação

Unidos			elástica; Método de Proctor-White; Método de ancoragem em rocha; Métodos empíricos
França	Anel de fundação aleatório; MEF	MEF; Modelo ação-reação; Métodos empíricos	Modelo de meio contínuo; Método de convergência-restrição; Métodos empíricos
Alemanha	Para uma cobertura <2D, um anel de fundação elástico sem apoio superior (modelo de mola parcial); Para uma cobertura <3D, um anel de fundação elástico totalmente apoiado (modelo de mola de circunferência completa); MEF	O mesmo que acima	Anel de fundação elástica totalmente apoiado; MEF; Meio contínuo ou Método da convergência-constrição
Reino Unido	Anel de base elástico	Método de convergência-constrangimento; Métodos empíricos	MEF; Métodos empíricos; Método de convergência-restrição

Questões para debate

Exercício 1:

Como é que os princípios da funcionalidade influenciam a conceção geral e o layout das estações de metro e metropolitano ligeiro para melhorar a experiência dos passageiros?

Exercício 2:

Que considerações de segurança devem ser tidas em conta na conceção das estações de metro e de metropolitano ligeiro para proteger os passageiros e o pessoal?

Exercício 3:

De que forma é que o reconhecimento de uma estação contribui para uma navegação eficiente e para a satisfação dos passageiros num sistema de metro ou de metropolitano ligeiro?

Exercício 4:

Discutir a importância do conforto na conceção das estações.

Exercício 5:

Como é que a eficiência económica influencia as decisões de conceção tomadas durante o planeamento das estações de metro e de metropolitano ligeiro?

Exercício 6:

Que factores devem ser considerados na seleção do tipo e dos componentes estruturais das estações de metro para garantir a sua durabilidade e funcionalidade?

Exercício 7:

Descreva os principais aspectos da conceção estrutural das estações de metro. Como é que estas concepções têm em conta a carga dos passageiros e os factores ambientais?

Exercício 8:

Que métodos são utilizados para o cálculo de forças internas no projeto de estações de metro? Como é que isto influencia o processo de conceção das armaduras?

Exercício 9:

Em que medida a conceção arquitetónica das estações de metropolitano ligeiro difere da das estações de metro, tendo em conta factores como o fluxo de passageiros e a integração urbana?

Exercício 10:

Quais são as principais considerações a ter em conta na conceção estrutural das estações de metropolitano ligeiro e em que medida diferem das das estações de metro?

Exercício 11:

Discuta as diferentes formas de secção utilizadas na conceção de túneis de intervalo para sistemas de metro. Como é que estas formas afectam a estabilidade do túnel?

Exercício 12:

Quais são as principais considerações na conceção de estruturas de revestimento para túneis de intervalo em sistemas de metro para garantir a durabilidade e a segurança a longo prazo?

Exercício 13:

Como equilibrar os princípios de conceção das estações para obter uma combinação óptima de funcionalidade, segurança e conforto nas estações de metropolitano e metropolitano ligeiro?

Exercício 14:

De que forma é que a conceção estrutural de uma estação de metro influencia a sua capacidade de resistir a actividades sísmicas ou a outras catástrofes naturais?

Exercício 15:

Que papel desempenha a conceção dos túneis de intervalo no desempenho global e na fiabilidade de um sistema de metro e qual a importância das estruturas de revestimento neste contexto?

Capítulo 4:
Métodos de construção do metro e do metro ligeiro

4.1 Panorâmica dos métodos de construção

Os sistemas de metro e de metropolitano ligeiro são componentes essenciais dos transportes urbanos modernos, com métodos e tecnologias de construção que variam em todo o mundo. Os principais métodos de construção dos sistemas de metro incluem os métodos de escavação a céu aberto e aterro, escavação subterrânea, escavação de túneis blindados e métodos de tubos imersos. Para os sistemas de metropolitano ligeiro, são normalmente utilizados métodos elevados, à superfície e subterrâneos. Cada método tem as suas próprias condições aplicáveis e requisitos técnicos, e a seleção do método de construção adequado deve ter em conta as condições geológicas, o ambiente de construção e os requisitos do projeto.

Entre os métodos de construção do metropolitano, o método de escavação a céu aberto e aterro é uma abordagem tradicional e amplamente utilizada. Este método é adequado para túneis pouco profundos e estações subterrâneas, envolvendo normalmente a escavação de um grande fosso à superfície, seguido da construção de estruturas subterrâneas dentro do fosso. A principal vantagem do método a céu aberto é a sua maturidade e simplicidade, mas tem um impacto significativo no tráfego de superfície e no ambiente circundante, exigindo frequentemente uma gestão meticulosa do tráfego e medidas de proteção ambiental em zonas urbanas congestionadas.

O método de escavação subterrânea é utilizado principalmente para a construção de túneis profundos. Este método envolve a escavação do túnel abaixo da superfície, com escavação mínima ou inexistente à superfície, reduzindo assim o impacto no ambiente e no tráfego à superfície. As principais técnicas deste método incluem o método de extração mineira e o Novo Método Austríaco de Construção de Túneis (NATM), que envolvem escavação faseada e apoio rápido para aumentar a segurança e a eficiência, embora exijam elevados conhecimentos técnicos e experiência do pessoal de construção.

O método de escavação de túneis com escudo é uma tecnologia central na construção moderna de túneis de metro. Neste método, uma máquina de escudo começa a escavar o túnel a partir de um poço de escudo, instalando simultaneamente os revestimentos do túnel à medida que avança. A escavação com escudo é adequada para túneis profundos e de longa distância, oferecendo velocidades de construção rápidas com um impacto mínimo no ambiente à superfície. No entanto, os custos de aquisição e manutenção das máquinas blindadas são elevados e as exigências técnicas para a equipa de construção são rigorosas, exigindo uma avaliação e preparação detalhadas durante a fase de planeamento do projeto.

O método do tubo imerso é utilizado principalmente para a construção de túneis de travessia do rio ou do mar. As secções pré-fabricadas do túnel são concluídas em terra, transportadas para o local de construção e colocadas numa vala escavada debaixo de água, seguindo-se a ligação e a impermeabilização. O método do tubo submerso requer elevados padrões técnicos, incluindo medições precisas, técnicas de posicionamento e gestão avançada da construção para garantir a colocação e ligação exactas das secções pré-fabricadas.

No caso da construção de metropolitano ligeiro, os métodos diferem devido às caraterísticas operacionais dos sistemas de metropolitano ligeiro. O método elevado é normalmente utilizado em zonas urbanas densamente povoadas com tráfego de superfície intenso. A construção de pilares e pontes elevadas reduz a perturbação do tráfego de superfície, mas introduz desafios relacionados com o ruído e a estética. O método elevado exige uma conceção estrutural precisa e materiais de construção robustos para garantir a segurança e a estabilidade das vias elevadas.

O método de superfície envolve a colocação de vias no solo e é adequado para áreas com menos tráfego de superfície ou para novas zonas de desenvolvimento. Este método é económico, mas, nos centros urbanos, exige uma coordenação eficaz com outros modos de transporte para evitar o congestionamento do tráfego. Deve ser dada especial atenção à suavidade e estabilidade da via para garantir uma operação suave e segura do metro ligeiro.

O método subterrâneo é utilizado quando o metro ligeiro tem de atravessar os centros das cidades ou outras zonas congestionadas. À semelhança da construção do metropolitano, o método subterrâneo envolve técnicas de escavação a céu aberto ou subterrâneas, com o objetivo de minimizar o impacto no tráfego de superfície e, ao mesmo tempo, enfrentar os desafios de ambientes geológicos e de construção complexos.

Na construção de metropolitanos e metropolitanos ligeiros, as tecnologias e equipamentos de construção avançados desempenham um papel crucial. A shield tunneling machine é fundamental para a construção moderna de túneis. Esta máquina maciça pode escavar e simultaneamente instalar revestimentos de túneis, o que a torna muito utilizada na construção de túneis profundos e de longa distância. A máquina de escudo está equipada com uma cabeça de corte rotativa que corta e esmaga a rocha ou o solo à medida que avança. Simultaneamente, a secção traseira da máquina instala automaticamente segmentos de betão pré-fabricados, formando o revestimento interior do túnel. Este processo de construção simultânea aumenta a eficiência e garante a estabilidade estrutural e a segurança do túnel. A utilização de máquinas de escavação de túneis com blindagem oferece vantagens significativas na redução do assentamento da superfície e na minimização do impacto nos edifícios circundantes.

O método de perfuração e detonação é uma técnica fundamental no método mineiro, adequada para escavar formações rochosas duras. Este método envolve a perfuração de buracos na rocha, a colocação de explosivos dentro dos buracos e, em seguida, a explosão para fraturar a rocha. O processo de perfuração e detonação exige uma conceção precisa da detonação e uma gestão rigorosa da segurança para controlar as vibrações e os detritos projectados, garantindo a segurança do local de construção e do ambiente circundante. O método é excelente em condições geológicas complexas, permitindo uma escavação eficiente da rocha, mas exigindo elevadas competências técnicas e experiência do pessoal da construção.

A tecnologia de segmentos pré-fabricados é crucial no método do tubo imerso. Este método é utilizado principalmente para a construção de túneis de travessia de rios e de mares, exigindo operações subaquáticas complexas. Os segmentos de túnel pré-fabricados são fabricados em terra, com dimensões e formas cuidadosamente concebidas para garantir uma ligação e vedação precisas debaixo de água. O processo de fabrico exige moldes altamente precisos e um controlo de qualidade rigoroso para garantir que cada segmento cumpre as especificações do projeto. Após o fabrico, os segmentos são transportados para o local, levantados por grandes gruas e colocados com precisão nas valas subaquáticas. As ligações entre segmentos devem ser efectuadas com materiais impermeáveis e conectores de alta resistência para garantir a integridade do túnel e o desempenho da impermeabilização.

Os equipamentos de colocação de carris, como as máquinas de colocação de carris e as máquinas de soldar carris, desempenham um papel fundamental na construção de metropolitanos e metropolitanos ligeiros. As máquinas de colocação de carris podem colocar automaticamente os carris em posições pré-determinadas, garantindo a planura e a precisão dos carris. Estas máquinas estão normalmente equipadas com sistemas de medição a laser que monitorizam e ajustam a posição da via em tempo real, garantindo a suavidade e a segurança da via. As máquinas de soldar carris são utilizadas para soldar as juntas dos carris e as máquinas modernas de soldar carris utilizam tecnologia de soldadura automatizada para concluir rapidamente operações de soldadura de alta resistência, garantindo a resistência e a durabilidade das juntas. A aplicação destas máquinas aumenta consideravelmente a eficiência e a qualidade da construção, reduzindo os erros manuais e a intensidade do trabalho.

A gestão da segurança da construção é fundamental na construção de metropolitanos e metropolitanos ligeiros. O processo de construção deve respeitar rigorosamente o plano de construção e as especificações para garantir a qualidade e o progresso da construção. Todas as fases da construção requerem um planeamento detalhado e um controlo rigoroso, desde a preparação até às operações efectivas, com cada passo em conformidade com as normas e regulamentos de segurança relevantes para evitar quaisquer potenciais incidentes de segurança.

Para garantir a segurança do pessoal da construção e do ambiente circundante, as empresas de construção devem desenvolver medidas de segurança pormenorizadas e planos de resposta a emergências. Estas medidas incluem a instalação de instalações de proteção nos locais de construção, tais como barreiras de segurança, redes de proteção e sinais de aviso de segurança, assegurando a separação efectiva das zonas de construção das áreas públicas para evitar acidentes. Além disso, o pessoal da construção deve estar equipado com equipamento de proteção individual completo, como capacetes de segurança, arneses de segurança, óculos de proteção e luvas, para garantir a sua segurança durante o trabalho.

A formação em segurança para o pessoal da construção é também uma componente vital da gestão da segurança. As empresas de construção devem organizar regularmente sessões de formação em segurança para aumentar a consciencialização dos trabalhadores para a segurança e as suas capacidades de resposta a emergências. A formação abrange procedimentos operacionais seguros, conhecimentos de salvamento em caso de emergência e estudos de casos de acidentes, garantindo que cada trabalhador possui as competências de segurança e as capacidades de resposta a emergências necessárias. Devem também ser efectuados exercícios de segurança regulares para simular cenários de emergência, melhorando a velocidade de resposta e a capacidade de coordenação de todo o pessoal da construção. Além disso, as empresas de construção devem desenvolver planos detalhados de resposta a emergências, descrevendo os procedimentos e as responsabilidades para várias emergências, como incêndios, colapsos, falhas de equipamento e ferimentos, assegurando que os incidentes podem ser tratados de forma rápida e ordenada para minimizar as vítimas e os danos materiais.

A aplicação de tecnologias de informação e inteligentes em projectos de construção modernos está a melhorar continuamente os níveis de gestão da segurança. Com sistemas de monitorização em tempo real, todos os cantos do estaleiro de construção podem ser monitorizados de perto, permitindo que a gestão se mantenha a par das actividades de construção e resolva prontamente potenciais riscos de segurança. Os sistemas de alerta precoce, equipados com sensores e capacidades de análise de dados, podem prever potenciais perigos, como falhas de equipamento ou deformações estruturais, garantindo que os problemas são resolvidos numa fase inicial. As empresas de construção também podem utilizar a análise de grandes volumes de dados e a inteligência artificial para analisar de forma abrangente os dados de segurança, identificando potenciais problemas de segurança e tendências para informar as decisões de gestão da segurança. Por exemplo, a análise de dados históricos de segurança do estaleiro de construção pode revelar as causas de incidentes de segurança frequentes em determinados momentos ou locais, permitindo a implementação de medidas de segurança direcionadas.

4.2 Túneis de metro

4.2.1 Método de corte a céu aberto e aterro

O método de corte a céu aberto e aterro envolve a escavação de uma trincheira desde a superfície do solo até à cota de projeto, depois a construção da estrutura principal e das medidas de impermeabilização de baixo para cima dentro da trincheira e, finalmente, o aterro do solo e a restauração da superfície. A construção de estações de metro ou túneis utilizando o método de corte a céu aberto é semelhante à engenharia de superfície, pelo que este livro não se debruçará sobre a construção da estrutura principal. Em vez disso, serão apresentados os métodos comuns de escavação e suporte das fundações. Os poços de fundação na construção a céu aberto podem ser divididos em dois tipos: poços de escavação inclinados e poços com estruturas de retenção.

1. Escavação inclinada

Quando o túnel é enterrado a pouca profundidade, o impacto da construção no ambiente circundante é mínimo e a estabilidade do solo pode ser mantida unicamente através da utilização de um ângulo de inclinação adequado, podendo ser utilizada a escavação inclinada. A inclinação do poço de fundação é um fator crucial que afecta a sua estabilidade. Quando a tensão de cisalhamento no solo do talude excede a resistência ao cisalhamento do solo, o talude torna-se instável e colapsa. Uma construção incorrecta também pode levar à instabilidade do talude.

Para manter a estabilidade dos taludes das fundações, podem ser tomadas as medidas de engenharia necessárias:

- Determinar o ângulo de declive com base nas propriedades físicas e mecânicas das camadas de solo e criar declives escalonados ou em linha quebrada em diferentes camadas de solo.
- Assegurar medidas adequadas de desidratação e controlo de inundações para manter a base e os taludes secos.
- Quando o ângulo de inclinação do poço de fundação é restrito e a utilização de estruturas de retenção não é económica, podem ser utilizados métodos de proteção da superfície do talude, tais como a pregagem do solo, malha metálica com betão projetado ou argamassa de cimento.
- Controlar rigorosamente a colocação de materiais, solo, equipamento pesado e maquinaria de grande porte a menos de 1-2 metros do topo do talude.

- Durante o processo de escavação, o talude deve ser aparado à medida que a escavação progride e deve ser evitada a escavação inversa dos taludes.

2. Escavação com estruturas de retenção

Existem muitos tipos de estruturas de retenção utilizadas em poços de fundação de metro a céu aberto. Os principais tipos incluem estacas-pranchas de aço, estacas perfuradas, estacas caixão e paredes diafragma. Os métodos de construção, as técnicas e as máquinas utilizadas variam, pelo que a escolha da estrutura de retenção deve ser determinada após uma comparação exaustiva com base em factores como a profundidade do poço de fundação, a geologia de engenharia, as condições hidrológicas e as condições ambientais à superfície, especialmente tendo em conta as caraterísticas da construção urbana.

3 Estruturas de retenção de estacas-pranchas em aço

As estacas-pranchas de aço têm elevada resistência, ligações estreitas entre estacas e boas propriedades de bloqueio de água, podendo ser reutilizadas várias vezes. Por isso, são frequentemente utilizadas em poços de fundação com elevados níveis de água subterrânea durante a construção de caminhos-de-ferro subterrâneos em cidades costeiras como Xangai e Tianjin. As secções transversais em forma de U ou de Z são normalmente utilizadas para estacas-pranchas de aço. Na China, as estacas-pranchas em forma de U são normalmente utilizadas na construção de caminhos-de-ferro subterrâneos. Os métodos de cravação e extração destas estacas e a maquinaria utilizada são semelhantes aos das estacas de viga H, mas os métodos estruturais podem ser divididos em ensecadeiras de estacas-pranchas de aço de camada única e telas. Devido à profundidade dos fossos de fundação na construção de caminhos-de-ferro subterrâneos, para garantir a verticalidade, a facilidade de construção e a obtenção de uma vedação fechada, é frequentemente utilizada uma estrutura do tipo tela. A Figura 4.1 apresenta um esquema desta estrutura.

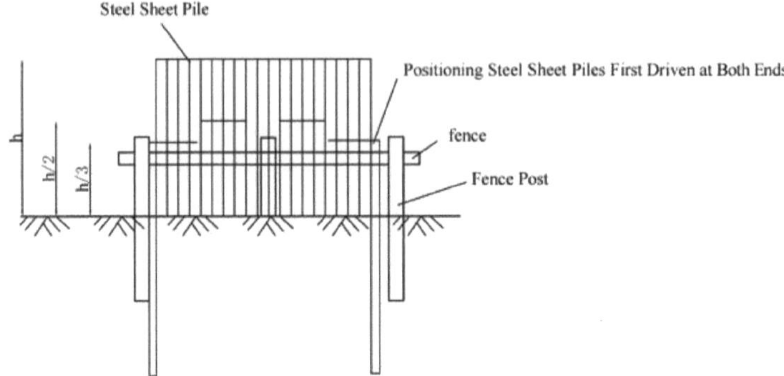

Figura 4.1 Estrutura de retenção de estacas-pranchas metálicas

4. Estruturas de retenção de estacas escavadas

As estacas escavadas são geralmente formadas com recurso a métodos de perfuração mecânica. Na construção a céu aberto de poços de fundação de metro, o equipamento mais utilizado para perfuração inclui brocas helicoidais ou brocas de impacto. Além disso, devido ao seu baixo nível de ruído durante a perfuração, as plataformas de perfuração de circulação positiva e inversa, que utilizam lama para proteção das paredes, são adequadas para a construção urbana e são amplamente utilizadas em poços de fundação de metro e poços de fundação profundos para edifícios altos. A sequência de produção das estruturas de contenção por estacas escavadas é ilustrada na Figura 4.2.

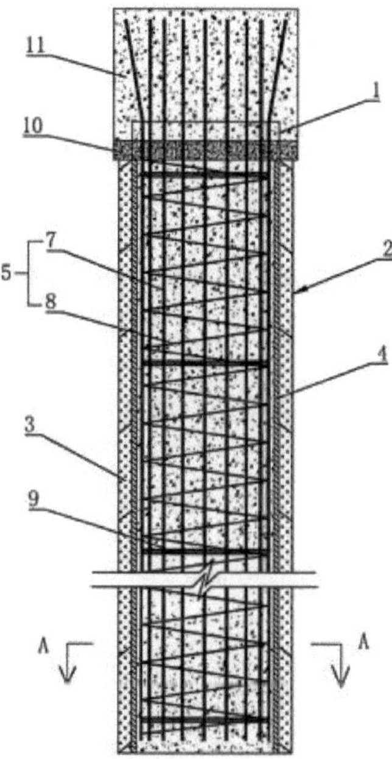

Figura 4.2 Sequência de produção de estruturas de contenção por estacas escavadas

(1) Método de perfuração com broca

As brocas helicoidais dividem-se em brocas helicoidais longas e brocas helicoidais curtas. Devido a limitações nas condições geológicas, as brocas de trado longo são mais amplamente utilizadas. As brocas de trado curto são mais adequadas para solos argilosos, onde o solo que se espreme nas lâminas do trado durante a perfuração tem de ser ejectado depois de levantar a broca para a superfície. No entanto, a perfuração e elevação repetidas podem perturbar as paredes do furo, levando a potenciais colapsos, limitando a sua utilização noutros solos moles.

O diâmetro do furo para brocas helicoidais longas geralmente varia de φ300 a φ800 mm, com profundidades de perfuração que atingem até 25 metros. Para brocas helicoidais curtas, o diâmetro do furo geralmente varia de φ400 a φ500 mm, com profundidades de perfuração que atingem até 35 metros.

As brocas helicoidais são geralmente adequadas para operações de perfuração a seco. O processo de construção envolve a perfuração até ao fundo do furo, depois a elevação da haste de perfuração enquanto se aplica a calda de cimento, o abaixamento da gaiola de vergalhões e o lançamento do betão para formar uma estaca de betão armado. Este método de perfuração aborda a questão da perfuração com broca na água, utilizando lama de betume para proteção da parede à medida que a broca é elevada.

(2) Método de perfuração por impacto com cabo de aço

Este método utiliza a força de impacto de uma broca suspensa para esmagar as camadas de solo ou de rocha, sendo utilizada uma lama para proteger as paredes do furo. A maior parte do solo é então removida do furo por dragagem. As principais etapas operacionais incluem: antes da perfuração, é colocado um revestimento na entrada do furo, a plataforma de perfuração é posicionada e a broca é alinhada com o centro do revestimento. Quando a profundidade de perfuração atinge 3-4 metros abaixo do revestimento, devem ser utilizados golpes de baixo impacto, com a altura do martelo controlada entre 0,4 e 0,6 metros, e deve ser adicionada lama para manter a estabilidade da parede do furo. Durante a perfuração, o solo é removido a cada 3-4 metros de progresso, e a água é adicionada conforme necessário para manter o nível de água da parede do furo, evitando o colapso. Após a remoção do solo, adiciona-se lama para manter a concentração normal e repete-se o processo de perfuração de impacto, dragagem e betumação até se atingir a profundidade desejada.

(3) Método de perfuração rotativa com circulação positiva

Este método envolve a rotação de ferramentas de perfuração acionadas pelo equipamento de perfuração, com o fluido de lavagem a subir através do espaço anular entre a haste de perfuração e a parede do furo e a regressar ao tanque de sedimentação à superfície, formando um processo de perfuração rotativo de circulação positiva. Os principais componentes do equipamento de perfuração incluem uma mesa rotativa, motor, guincho, estrutura de perfuração, haste de perfuração, broca e tubos de água.

(4) Método de perfuração rotativa com circulação inversa

Neste método, o fluido de lavagem flui da superfície do solo para o espaço anular entre as ferramentas de perfuração e a parede do furo, ou através de condutas especializadas e do anel exterior das hastes de perfuração de parede dupla até ao fundo do furo. Depois, sobe pelo orifício central da haste de perfuração e regressa à superfície, formando um processo de perfuração rotativo de circulação inversa. O equipamento principal utilizado neste método é essencialmente o mesmo que o da perfuração de circulação positiva, mas geralmente não requer uma bomba de lama. Dependendo do método utilizado para a elevação da lama e remoção do solo, pode ser necessário equipamento adicional, como bombas de lama, bombas de vácuo ou bombas de lama de elevação de ar e bombas de lama hidráulicas.

5. Estrutura de retenção do muro de pregagem do solo

Os pregos de solo são hastes metálicas delgadas inseridas no solo de um talude de cava de fundação a intervalos relativamente próximos. Baseiam-se na força adesiva ou na força de atrito entre o prego e o solo circundante para formar um sistema de parede de retenção autoportante que suporta a pressão lateral exercida pelo solo sem pregos de solo, mantendo assim a estabilidade geral do talude do poço de fundação.

Nos últimos anos, este tipo de estrutura de contenção tem sido cada vez mais adotado em poços de fundação profundos para edifícios altos em cidades como Pequim, Guangzhou e Shenzhen. Também tem sido utilizada em valas de fundação a céu aberto para os túneis subterrâneos da Estação Ferroviária Oeste de Pequim, com resultados positivos. O processo de construção de paredes de solo pregado é ilustrado na Figura 4.3.

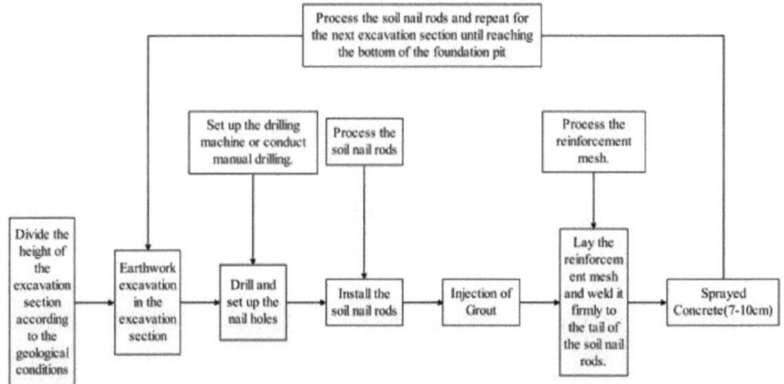

Figura 4.3 Processo de construção da parede de pregagem do solo

6. Construção de paredes diafragma

As paredes diafragma, também conhecidas como paredes contínuas subterrâneas ou paredes de lama, tiveram origem na Europa. Esta tecnologia evoluiu a partir da utilização de lamas de bentonite para a perfuração de poços e exploração de petróleo, bem como de métodos de construção de betão subaquático. Foi aplicada pela primeira vez em projectos de engenharia por volta dos anos 50, sendo a França e a Itália os primeiros países a adoptá-la. Mais tarde, a tecnologia estendeu-se a outros países ocidentais. Em 1959, o Japão começou a utilizar paredes diafragma e, em 1961, a tecnologia foi utilizada na construção da linha 4 do metro de Tóquio. Em 1958, o Ministério dos Recursos Hídricos da China aplicou esta tecnologia ao projeto do muro de controlo de infiltrações da barragem de Yuezikou, em Qingdao.

Devido às suas funções de retenção do solo, prevenção de infiltrações de água e suporte de cargas, as paredes diafragma são agora amplamente utilizadas nas fundações de edifícios, como estruturas de retenção para poços de fundação profundos e em garagens subterrâneas, sistemas de metro, estações de bombagem subterrâneas, centrais eléctricas subterrâneas e paredes de controlo de infiltrações de barragens. As paredes diafragma podem ser classificadas em paredes diafragma moldadas no local, paredes diafragma pré-fabricadas e paredes diafragma com estacas. São amplamente aplicadas em projectos de engenharia subterrânea como estruturas de retenção para a escavação de fundações e podem também fazer parte da estrutura subterrânea.

(1) Caraterísticas das paredes diafragma

As paredes diafragma têm várias vantagens: geram pouca vibração e ruído durante a construção, o que as torna ideais para áreas urbanas. A construção melhorada das juntas aumenta a estanquidade das paredes diafragma e, na maioria dos casos, não é necessária a desidratação durante a construção. As paredes diafragma têm uma elevada rigidez, o que lhes permite suportar uma pressão lateral significativa com uma deformação mínima durante a escavação da fundação, reduzindo assim o assentamento do solo e evitando danos em edifícios ou estruturas próximas. As paredes diafragma são adequadas para várias condições de solo, exceto para a geologia cársica. Com as medidas adequadas, também podem ser utilizadas em camadas de cascalho sob alta pressão de água. Na prática, as paredes diafragma podem ser combinadas com o método de construção "de cima para baixo", em que a parede diafragma serve de parede de fundação e as vigas e lajes da cave fornecem apoio, permitindo a construção simultânea da estrutura subterrânea e do edifício acima do solo de cima para baixo.

No entanto, a construção de paredes diafragma apresenta desafios, tais como a necessidade de gerir a lama residual, que, se não for tratada corretamente, pode resultar em condições lamacentas no local e potencialmente poluir o solo e as águas subterrâneas, afectando assim o ambiente. Embora as paredes diafragma possam ser construídas com uma verticalidade exacta, as suas superfícies são frequentemente rugosas e requerem um processamento adicional antes de poderem ser utilizadas como paredes de revestimento.

(2) Paredes moldadas in situ

As paredes diafragma moldadas no local são construídas através da escavação de uma vala estreita e profunda no solo, da colocação de uma gaiola de reforço na vala e do vazamento de betão para formar uma secção de parede de betão armado. Estas secções são depois ligadas sequencialmente para formar uma parede subterrânea contínua, conhecida como parede diafragma.

Ⅰ. Preparação da construção

Inclui a preparação do projeto de organização da construção, a revisão dos documentos técnicos, a realização de levantamentos e a disposição do local, o planeamento e a relocalização das instalações, a construção de estradas de acesso temporárias e a instalação de fontes de água e energia. Inclui também a preparação e aquisição de maquinaria, materiais e a criação de um laboratório de ensaios.

Ⅱ. Lama para proteção de paredes

Ao perfurar ou escavar trincheiras no solo, a lama é utilizada para evitar o colapso da trincheira ao exercer pressão estática, mantendo a forma da trincheira. A lama também suspende e remove os detritos do solo da vala. Após a formação da vala, o betão é vertido para deslocar a lama da vala.

- Tipos de lama: A lama utilizada nas paredes do diafragma pode incluir lama de bentonite, lama de polímero, lama de CMC (Carboximetilcelulose), lama salina, etc. Podem também ser utilizados aditivos como dispersantes, espessantes de CMC, agentes de ponderação, agentes anti-fugas e agentes de lamas salinas.
- Utilização da lama: Se a lama não for utilizada para remoção do solo durante a escavação da vala, é continuamente adicionada durante a escavação com um balde de recolha e permanece na vala até ser deslocada pelo betão. Se a lama for utilizada para remover o solo, uma bomba faz circular a lama entre o fundo da vala e a superfície, transportando os detritos do solo para a superfície. Podem ser utilizados dois métodos de circulação: circulação positiva e circulação inversa.

- Requisitos de qualidade do chorume: A qualidade do chorume deve ser regularmente verificada durante a mistura e a utilização. Qualquer chorume que não cumpra os padrões exigidos deve ser tratado imediatamente. Os indicadores de desempenho do chorume incluem os indicadores para o chorume novo, o chorume armazenado durante 24 horas, o chorume em utilização e o chorume residual. As lamas que não atingiram o estado de resíduos podem ser recicladas, purificando-as com um crivo vibratório, um hidrociclone ou um tanque de sedimentação para reutilização.

Ⅲ. Paredes de guia

As paredes-guia têm várias funções: direcionam a escavação, melhoram a verticalidade da vala, armazenam a lama e mantêm os níveis de lama para estabilizar as paredes da vala, apoiar o solo à superfície, segurar o equipamento de construção e fixar gaiolas de reforço e tubos de junção. Também evitam fugas de lama e a infiltração de águas superficiais.

As paredes-guia podem ser feitas de betão armado moldado no local ou pré-fabricado, aço em forma de H, etc. As paredes-guia de betão armado moldadas no local são geralmente utilizadas, normalmente com profundidades de 1,2 a 2,0 metros. A largura interna das paredes-guia deve exceder a largura da parede diafragma em 5 a 10 cm, e o topo deve estar pelo menos 15 cm acima do nível do solo e 1,5 metros acima do nível do lençol freático. Ao posicionar a linha central do muro-guia, devem ser tidos em conta os erros de verticalidade da vala e o deslocamento da parede diafragma, e o muro-guia deve ser ligeiramente deslocado para fora para evitar a invasão dos limites de projeto.

Os muros de guia têm várias formas, dependendo das condições geológicas e da superfície, incluindo retangular, em forma de canal, em forma de L e em forma de L invertido. Nos cantos, são normalmente utilizados desenhos em forma de L, T ou cruz.

Ⅳ. Maquinaria de abertura de valas

A abertura de valas é um dos processos mais críticos na construção de paredes diafragma. Devem ser selecionados diferentes métodos e máquinas de abertura de valas com base nas condições geológicas e nos requisitos funcionais. As máquinas de abertura de valas dividem-se geralmente em duas categorias: máquinas de abertura de valas do tipo balde e máquinas de perfuração rotativa.

- Máquinas de abertura de valas do tipo balde: Estas máquinas rompem o solo e removem os detritos da vala em simultâneo. São simples, duráveis e muito utilizadas em condições de solo mole. Os componentes de uma máquina de abertura de valas do tipo balde incluem um balde de solo, um mecanismo para abrir, rodar e mover o balde, uma estrutura de transmissão de energia e uma estrutura especializada. Os tipos de máquinas de abertura de valas do tipo balde incluem máquinas de abertura de valas em concha, máquinas de abertura de valas com pá, máquinas de abertura de valas rotativas e brocas. O tipo de máquina de abertura de valas pode ser classificado em três tipos: máquinas de abertura de valas com pinças acionadas por cabo, máquinas de abertura de valas com pinças hidráulicas e máquinas de abertura de valas com pinças de haste guia. A Figura 4.4 mostra uma garra hidráulica.

Figura 4.4 Máquina de abertura de valas com pinça hidráulica

- Máquina de abertura de valas com broca rotativa: Este tipo de máquina utiliza uma broca para quebrar as camadas de solo, e o solo é removido da vala com a ajuda de uma lama em circulação. Dependendo da forma como a broca parte o solo, as máquinas de abertura de valas com broca rotativa podem ser divididas em valetadeiras de impacto, valetadeiras rotativas, valetadeiras de cinzel e cortadores de valas de roda dupla. Estas máquinas são normalmente montadas em estruturas especializadas ou gruas de lagartas.

V. Abertura de valas

- Construção de furos-piloto: Antes de utilizar uma escavadora hidráulica, são frequentemente efectuados furos piloto verticais em intervalos específicos para melhorar a eficiência da escavação e a precisão vertical, bem como para facilitar a construção de juntas. O diâmetro do furo piloto corresponde à espessura da parede do diafragma subterrâneo e o espaçamento dos furos corresponde à largura da garra. Dependendo das condições específicas, podem ser utilizados sem-fins rotativos, brocas em espiral, brocas de impacto ou brocas rotativas simples para criar os furos-piloto.
- Divisão e construção de secções de trincheiras: O comprimento das secções das valas é determinado por factores como a qualidade do solo, o nível do lençol freático e a presença de serviços públicos subterrâneos. Tendo em conta a estabilidade das paredes da vala e o peso das gaiolas de reforço, as secções de vala variam normalmente entre 4 e 6 metros de comprimento. Em condições de solo desfavoráveis ou quando estão presentes cargas adicionais, as secções podem ser reduzidas para 2 a 3 metros; em condições favoráveis, podem ser alargadas para 7 a 8 metros. As secções podem ser escavadas num troço contínuo ou em várias fases, com escavação e segmentação escalonadas, como ilustrado na Figura 4.5.

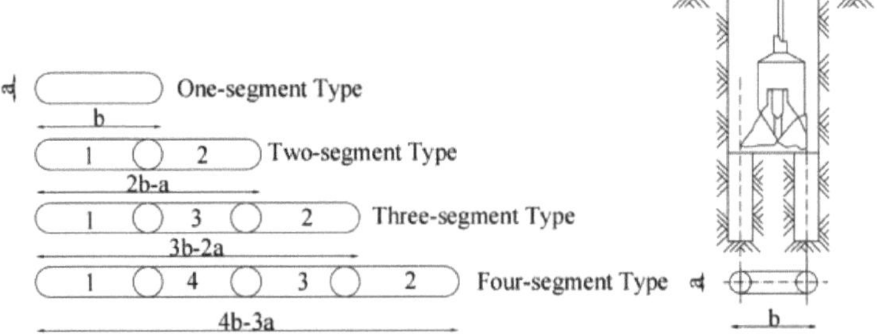

Figura 4.5 Divisão e escavação da secção da vala

VI. Inserção de componentes de juntas

Os componentes das juntas podem ser feitos de tubos de aço,

caixas de juntas, secções de aço ou betão armado pré-fabricado. Os dois primeiros tipos podem ser removidos e reutilizados. Os tubos de aço, também conhecidos como tubos de bloqueio, são normalmente utilizados como tubos de junção. Ao inserir, aplica-se óleo à superfície e o tubo é cuidadosamente e lentamente inserido na vertical, mantendo-o o mais próximo possível da camada original do solo.

Ⅶ. Escovagem de paredes e limpeza do fundo

O objetivo da escovagem das paredes e da limpeza do fundo é remover materiais coagulados, sedimentos, blocos de terra soltos, sedimentos no fundo e lama de qualidade inferior das áreas das juntas. Estes factores adversos podem levar a um aumento dos defeitos no betão, afetar a resistência e a fluidez do betão e reduzir a impermeabilização das áreas das juntas. Podem também reduzir a velocidade de vazamento do betão, fazer com que a gaiola de reforço flutue e acelerar a deterioração da lama. O excesso de sedimentos é difícil de deslocar com o betão no fundo da vala, o que reduz a capacidade de suporte da parede diafragma e aumenta o assentamento. Além disso, o excesso de sedimentos pode impedir que a gaiola de reforço seja colocada na altura designada, afectando a elevação estrutural.

A escovagem de paredes é normalmente efectuada baixando um dispositivo de escovagem de paredes para o fundo da vala utilizando uma grua, movendo-o para perto do lado já vazado e levantando o dispositivo repetidamente para limpar o solo. A limpeza do fundo é normalmente efectuada utilizando um balde de recolha para remover a lama ou deslocando a lama com lama fresca.

Ⅷ. Fabrico e instalação da gaiola de reforço

A gaiola de reforço é tipicamente fabricada no local utilizando uma estrutura modelo, sendo o seu tamanho determinado pelo comprimento e largura da secção da vala, pela capacidade de elevação e pelo espaço livre disponível na parte superior. A gaiola pode ser fabricada como uma peça inteira ou em segmentos. Os espaçadores de proteção, as barras de ligação, as inserções de apoio e outros componentes devem ser colocados no lugar de acordo com o projeto. As placas de aço anti-flexão em forma de W devem ser soldadas às barras principais verticais perto dos pontos de elevação para reduzir a deformação durante a elevação. As barras verticais perto do tubo de vazamento de betão devem ser posicionadas no lado do tubo para facilitar o movimento vertical do tubo. As tolerâncias de fabrico da gaiola de reforço devem estar dentro dos limites permitidos, e a gaiola deve ser marcada com os números da secção para cima, para baixo, para dentro, para fora e para a vala.

Antes da elevação, deve ser calculada a capacidade de elevação. Durante a instalação, deve ser assegurado o posicionamento correto do contentor em termos de alinhamento vertical, horizontal e da frente para trás. A parte inferior do contentor não deve arrastar-se ou colidir com o solo durante a elevação. A gaiola deve ser fixada com uma corda de guia para evitar que balance. Uma vez alinhada com a abertura da vala, deve ser baixada lentamente para a sua posição. A gaiola de reforço não deve ser submersa em água durante mais de 24 horas para evitar uma redução da força de ligação do betão com o reforço.

Ⅸ. Colocação de betão

A parede diafragma utiliza o método tremie para a colocação do betão debaixo de água. Durante a construção, a abertura da vala na parede guia deve ser coberta para evitar que o betão caia na vala. Os tubos tremie devem ser previamente inspeccionados e testados à pressão. Os tubos tremie estão ligados a tremonhas, sendo normalmente utilizados dois tubos por secção de vala, espaçados não mais de 3 metros. Os tubos são utilizados alternadamente para garantir que a superfície de betão se eleva uniformemente. Os tubos tremie devem ser embutidos 2-6 metros no betão durante o vazamento.

Ⅹ. Remoção dos componentes da junta

Depois de o betão ser lançado, os componentes da junta devem ser removidos em sequência, com base no tempo de presa inicial do betão. A remoção prematura pode afetar a resistência e a forma da junta, enquanto que a remoção tardia pode fazer com que os componentes fiquem presos. Normalmente, a remoção começa 2-3 horas após o vazamento, com os componentes levantados cerca de 10 cm de cada vez. Depois de os componentes terem sido levantados 0,5-1,0 metros, devem ser levantados cerca de 0,5 metros de meia em meia hora.

(3) Parede moldada pré-fabricada

Uma parede diafragma pré-fabricada é formada pela montagem de painéis de parede pré-fabricados após a escavação da vala e, em seguida, solidificando-os com pasta de cimento. Existem dois métodos principais para a construção de paredes diafragma pré-fabricadas: o método painel-viga e o método painel-painel. No método painel-viga, o painel transmite a pressão da terra à viga, que é mais comprida do que o painel e está ancorada mais profundamente no solo com tirantes. A forma mais comummente utilizada é o método placa a placa, como se mostra na Figura 4.6. Este método pode ainda ser dividido em sistema chapa-tenente (Figura 4.7) e sistema chapa-ranhura (Figura 4.8).

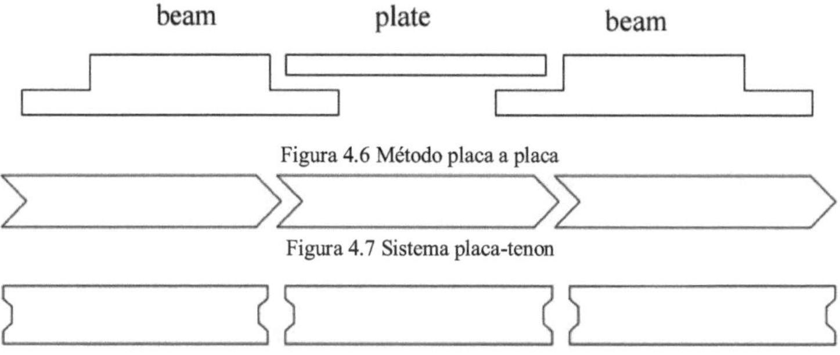

Figura 4.6 Método placa a placa

Figura 4.7 Sistema placa-tenon

Figura 4.8 Sistema de ranhura de placa

As principais etapas de construção de uma parede diafragma pré-fabricada incluem:

- Construção de paredes de guia;
- Preparação da lama para o suporte da parede;
- Abertura de valas;
- Limpeza do fundo e escovagem das paredes;
- Substituição da lama de suporte por lama de cimento de ancoragem;
- Instalação de painéis de parede pré-fabricados;
- Tratamento das articulações.

A pasta de cimento de ancoragem é preparada com água, bentonite para retardamento, areia, cimento anti-corrosivo e aditivos de ligação. A sua gravidade específica é de cerca de 1,25, e o rácio água-cimento é de cerca de 0,3.

Após a limpeza do fundo e a escovagem da parede, a pasta de cimento de ancoragem é injectada no fundo da vala e os painéis de parede pré-fabricados são baixados, substituindo toda a pasta de suporte. Para facilitar a inserção e fixação suave dos painéis na vala, deve ser utilizada uma pasta de cimento altamente fluida. O grau de resistência da pasta varia com a altura da parede, com uma pasta de maior resistência usada no fundo para suportar maiores cargas verticais, e uma pasta de cimento impermeável usada no lado da terra.

Em comparação com as paredes diafragma convencionais, as

paredes diafragma pré-fabricadas oferecem uma maior eficiência na produção de painéis de parede, maior velocidade de construção, melhor desempenho à prova de água e uma superfície mais lisa. A posição da parede é mais exacta, proporcionando uma elevada precisão de engenharia, e o tratamento de superfície subsequente é mais simples. No entanto, a produção e o armazenamento de painéis de parede pré-fabricados requerem uma grande área, e o peso de cada painel exige a utilização de equipamento de elevação de grande tonelagem durante a instalação.

(4) Parede moldada com estacas

Uma parede diafragma com estacas é um tipo de parede contínua formada pela ligação de estacas individuais construídas separadamente. As principais formas incluem paredes diafragma de estacas perfuradas e perfuradas e paredes diafragma de estacas escavadas manualmente.

I . Parede diafragma de estacas perfuradas e perfuradas

Este método envolve um processo de "dois furos-um furo", em que as estacas são perfuradas a um determinado espaçamento e depois moldadas em betão armado. O espaço entre as estacas é então perfurado e preenchido com betão para formar a parede diafragma estacada. Este tipo de parede é particularmente adequado para espaços estreitos, áreas com espaço livre restrito e locais com obstáculos como grandes pedras ou sem grandes máquinas de abertura de valas. O plano de construção é apresentado na Figura 4.9.

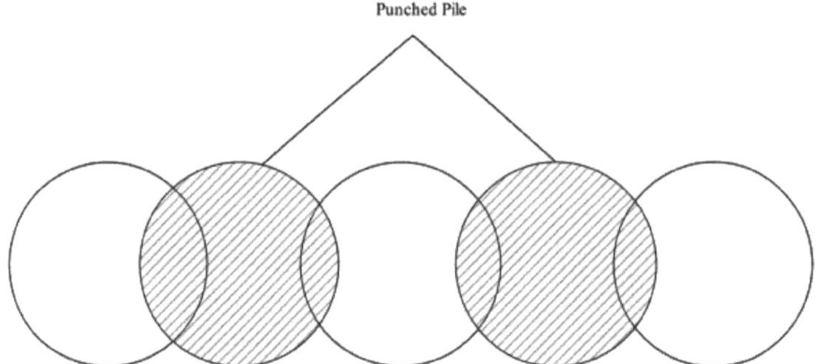

Figura 4.9 Esquema de uma parede moldada com estacas perfuradas e perfuradas

A perfuração de uma parede diafragma perfurada e puncionada pode ser efectuada com berbequins rotativos ou berbequins de impacto. A preparação da lama e a construção das paredes guia seguem um processo semelhante ao das paredes diafragma moldadas no local.

Durante a perfuração, é crucial que cada furo da estaca cumpra a precisão vertical exigida. Ao moldar o betão subaquático, para garantir a camada protetora de betão à volta das estacas perfuradas, são pendurados dois tubos de aço de posicionamento em ambos os lados da gaiola de reforço da estaca ao longo do comprimento da parede. Além disso, blocos de aço de posicionamento são soldados à gaiola de reforço em toda a largura. Estes tubos de aço são removidos após a aplicação do betão.

Em comparação com as paredes diafragma normais, as paredes diafragma empilhadas não só proporcionam impermeabilização, retenção de terras e funções de suporte de carga, como também são mais simples de construir e mais económicas. Não requerem tubos de junção pesados, eliminando assim a necessidade de grandes equipamentos para colocar e remover esses tubos. As paredes do furo são estáveis, pelo que não são necessárias grandes máquinas de abertura de valas. As diferenças de tempo entre a perfuração e a perfuração não são críticas, permitindo operações simplificadas com várias frentes de trabalho. No entanto, as paredes diafragma empilhadas têm desvantagens, tais como numerosas juntas, menor integridade geral e impermeabilidade, requisitos de processo rigorosos e velocidades de construção mais lentas.

Ⅱ. Parede moldada escavada manualmente

Nos projectos subterrâneos em que as águas subterrâneas têm um impacto mínimo e a escavação manual é viável, pode ser utilizada uma parede diafragma escavada manualmente como parte do sistema de retenção ou estrutural. A secção transversal é normalmente constituída por estacas quadradas com paredes de proteção. A Figura 4.10 ilustra o processo de construção de uma parede diafragma com estacas escavadas manualmente. As vantagens deste método incluem a capacidade de operar em várias frentes simultaneamente, a rápida velocidade de construção, a não necessidade de grandes equipamentos de extração de tubos, de elevação ou de abertura de valas, as dimensões precisas da parede diafragma, a boa impermeabilização, a elevada qualidade do betão, a construção simples, o baixo consumo de materiais e o baixo custo.

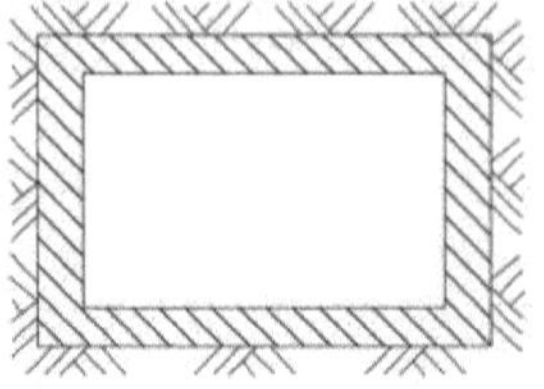

a. Excavation of pile hole protective arm

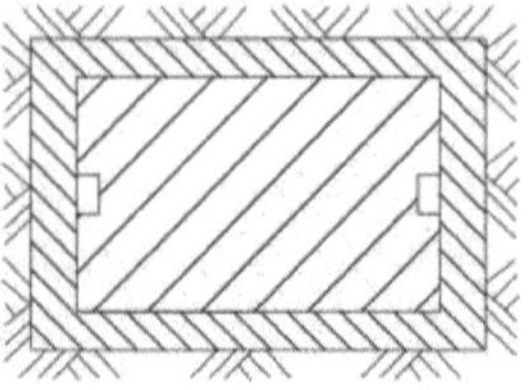

b. Pile up

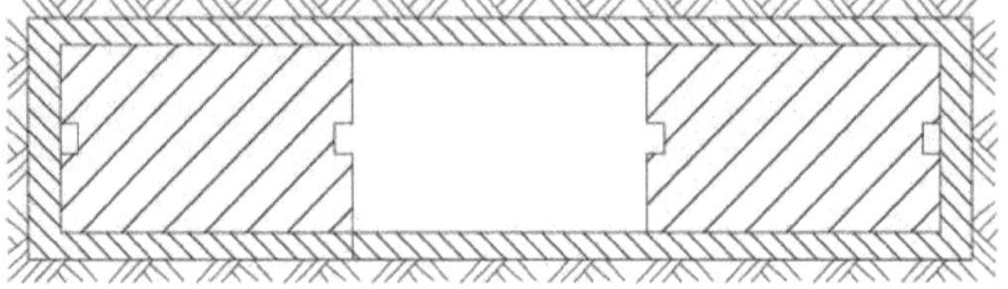

c. Excavation between piles

Figura 4.10 Esquema de construção de uma parede moldada escavada manualmente

O método de construção e os passos para a construção de paredes diafragma escavadas manualmente são os seguintes: Os poços são escavados em intervalos com base nas condições geológicas, e as paredes de proteção são construídas prontamente para manter a estabilidade do solo. Depois de atingir a cota inferior da estaca, a gaiola de reforço da estaca é içada para o local e o betão é vertido para completar a estaca escavada. Os fossos adjacentes são então escavados ao lado das estacas concluídas, as paredes de betão de proteção são removidas e o reforço da estaca existente é ligado ao reforço da nova estaca. O muro de betão de proteção é então lançado, a nova estaca é escavada até à cota inferior, a gaiola de reforço é içada para o local e o betão é lançado para integrar as estacas novas e antigas, formando a parede diafragma contínua.

4.2.2 Método de escavação subterrânea

1. Novo método austríaco de escavação de túneis

(1) Conceito de NATM

O Novo Método Austríaco de Construção de Túneis (NATM) é um método de construção que utiliza principalmente betão projetado e tirantes para suporte, com monitorização para controlar a deformação da rocha e utilizar plenamente a capacidade de auto-suporte da rocha circundante. Este método foi proposto pelo académico austríaco Rabcewicz, com base no suporte de betão projetado, e foi aplicado pela primeira vez na construção do túnel de água sob pressão para a central eléctrica de Prutz-Imst, na Áustria, entre 1954 e 1955. Após mais investigação teórica e prática de engenharia por engenheiros de túneis noutros países, o método foi oficialmente designado NATM na Oitava Conferência Internacional sobre Mecânica dos Solos, na Áustria, em 1963, e recebeu uma patente.

O NATM representa um avanço revolucionário no projeto e construção de túneis, especialmente com o aumento e melhoria da mecânica das rochas. A diferença fundamental em relação aos métodos tradicionais reside na perceção da rocha circundante. Os métodos tradicionais consideram a rocha envolvente como a fonte de carga, com a estrutura de suporte a suportar toda a pressão da rocha, tratando a rocha como uma estrutura solta sem capacidade de auto-sustentação. O NATM, pelo contrário, considera a estrutura de suporte e a rocha circundante como um sistema integrado, trabalhando em conjunto para estabilizar o túnel. Este conceito revolucionou a teoria de conceção de túneis e a tecnologia de construção e foi rapidamente adotado por engenheiros de túneis em muitos países para vários projectos de túneis.

A experiência prática tem demonstrado que a utilização de NATM na conceção e construção de túneis e obras subterrâneas pode poupar uma quantidade significativa de madeira, melhorar as condições de construção, reduzir os custos do projeto e proporcionar condições para a construção mecanizada em grande escala. Se forem implementadas medidas eficazes de monitorização e gestão da construção, o sistema de apoio pode ser económico e fiável.

(2) Conteúdo de base

O NATM abandona a teoria tradicional da utilização de estruturas de betão de paredes espessas para suportar rochas soltas circundantes na engenharia de túneis e subterrâneos, diferindo fundamentalmente dos métodos convencionais. Os pontos principais podem ser resumidos da seguinte forma:

- A escavação deve ser efectuada com recurso a explosões controladas e a fases de escavação mais curtas para minimizar a perturbação da rocha circundante e evitar danos excessivos na estabilidade da rocha.
- A escavação do túnel deve utilizar plenamente a capacidade de auto-suporte da rocha circundante, maximizando o seu papel de suporte natural.

- Dependendo das caraterísticas da rocha circundante, devem ser utilizados diferentes tipos de apoio e parâmetros, tais como apoios flexíveis ajustados, como arcos de aço, betão projetado e cavilhas de rocha, para controlar a deformação e o relaxamento da rocha.
- Nas zonas fracas ou fracturadas, a secção transversal de apoio deve ser fechada precocemente para utilizar eficazmente o sistema de apoio e garantir a estabilidade do túnel.
- Os revestimentos secundários só devem ser construídos quando a rocha envolvente e o suporte inicial estiverem estabilizados, formando um sistema integrado para aumentar a segurança da estrutura de suporte.
- A secção transversal do túnel deve ser tão lisa e redonda quanto possível, evitando a concentração de tensões nos cantos agudos.
- A monitorização dinâmica da rocha circundante e do suporte durante a construção deve ser utilizada para ajustar a sequência de construção, corrigir projectos pouco razoáveis e gerir a construção diária.

Em resumo, o NATM não deve ser entendido como um método único de abertura de túneis; pelo contrário, integra o projeto e a construção de túneis, utilizando os resultados da teoria elástico-plástica para o projeto da estrutura de apoio e a medição do local para rever os projectos e orientar a construção.

(3) Procedimentos de construção

O processo de construção do NATM inclui principalmente quatro partes: escavação, apoio inicial, construção da camada impermeável e revestimento secundário de betão.

Ⅰ. Escavação

Para utilizar plenamente a capacidade de auto-suporte da rocha circundante, devem ser utilizadas secções transversais maiores para a escavação.

O comprimento de cada escavação deve ser determinado com base nas condições das rochas circundantes e no método de escavação. As secções mais longas podem ser escavadas em boas condições, enquanto que as secções mais curtas são necessárias em condições menos favoráveis. Do mesmo modo, quando se utiliza a escavação em degraus, podem ser utilizadas secções mais longas, mas são necessárias secções mais curtas para a escavação de secções completas.

Ⅱ. Suporte inicial

O suporte inicial, também conhecido como suporte primário, inclui os seguintes passos: primeira camada de betão projetado (3-5 cm de espessura), instalação de parafusos para rocha, instalação de uma malha de reforço, instalação de suportes de aço, se necessário, e uma segunda camada de betão projetado até à espessura prevista. Se for necessária uma camada mais espessa de betão projetado, podem ser necessárias várias aplicações (cada uma com 5-8 cm). A malha de reforço, os suportes de aço e outros elementos devem ser embutidos na camada de betão projetado.

Ⅲ. Construção da camada impermeável

Após a conclusão do suporte inicial e antes da instalação do revestimento secundário, é construída uma camada impermeável entre o suporte inicial e o revestimento secundário, com a forma e os materiais determinados pelo projeto.

Ⅳ. Revestimento secundário de betão

Uma vez estabilizada a rocha circundante e a deformação inicial do suporte, é construído um revestimento secundário utilizando betão de cofragem. O processo de construção do NATM é ilustrado na Figura 4.11.

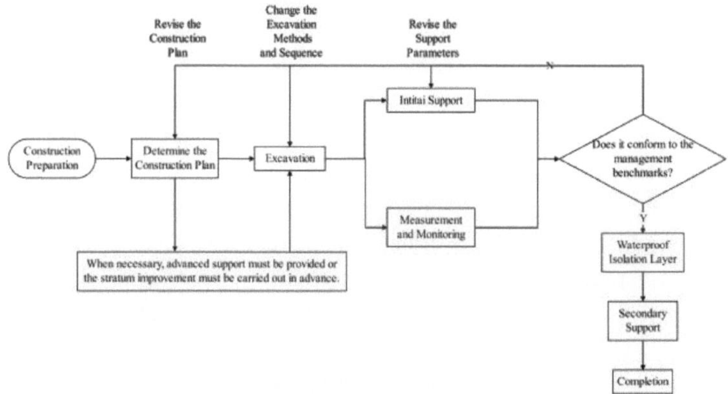

Figura 4.11 Diagrama do processo de construção da NATM

(4) Métodos de construção

Ⅰ. Princípios básicos da construção NATM

Com base em anos de experiência de conceção e construção em túneis e engenharia subterrânea, os princípios básicos da construção de NATM podem ser resumidos como "perturbação mínima, apoio precoce, monitorização frequente e encerramento apertado".

- Perturbação mínima: Trata-se de minimizar o número de perturbações, o âmbito das perturbações e a duração das perturbações na rocha circundante durante a escavação do túnel. Quando se utiliza o método de perfuração e rebentamento, deve ser implementado um controlo rigoroso do rebentamento; deve dar-se preferência a grandes secções transversais de escavação; a duração do ciclo de escavação deve ser escolhida com base no tipo de rocha, no método de escavação e nas condições de apoio; e o apoio deve seguir de perto a face de escavação para encurtar o tempo de relaxamento das tensões na rocha circundante.
- Apoio inicial: Refere-se à aplicação imediata de apoio inicial, como betão projetado e tirantes, após a escavação, para que a deformação da rocha circundante seja controlada. Esta abordagem ajuda a evitar o colapso devido à deformação excessiva e permite o desenvolvimento adequado da deformação da rocha circundante, utilizando assim plenamente a capacidade de auto-suporte da rocha circundante.
- Monitorização frequente: Isto envolve a utilização de métodos e dados de monitorização simples e fiáveis para avaliar com precisão a estabilidade da rocha circundante, determinar a tendência de desenvolvimento dinâmico da rocha circundante e ajustar atempadamente a forma de suporte e o método de escavação para garantir a segurança e o progresso da construção.
- Fecho estanque: Por um lado, isto significa aplicar medidas de proteção, como betão projetado, para evitar que a rocha circundante fique exposta durante períodos prolongados, o que poderia levar a uma diminuição da resistência e da estabilidade (especialmente no caso de rochas circundantes fracas e facilmente desgastadas). Por outro lado, também se refere à aplicação de um apoio de forma fechada à rocha envolvente no momento certo. Esta abordagem não só evita novas deformações, como também permite que o suporte e a rocha envolvente trabalhem eficazmente em conjunto.

Ⅱ. Métodos de escavação em NATM

Os métodos de escavação habitualmente utilizados em NATM são classificados em três tipos principais: escavação de face inteira, escavação de bancada e escavação parcial, com diversas variações, como ilustrado na Figura 4.12.

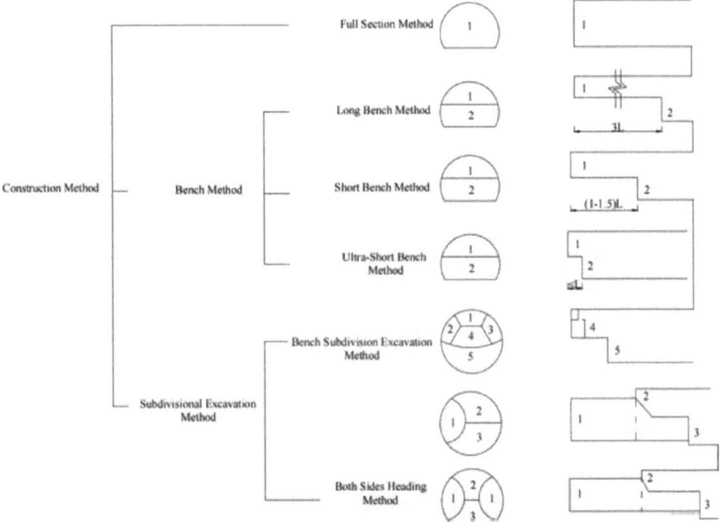

A figura 4.12 mostra os métodos de escavação utilizados no NATM

A escolha do método de escavação depende principalmente da geologia de engenharia, das condições hidrogeológicas, das condições de construção, da classificação da massa rochosa, da profundidade de enterramento do túnel, do tamanho e comprimento da secção transversal do túnel e do tipo de revestimento. A segurança da construção é a principal consideração, seguida da qualidade da engenharia. A escolha deve também ter em conta a função do túnel, o nível técnico da construção, a maquinaria e o equipamento de construção disponíveis, os requisitos de calendário e a viabilidade económica.

Na construção de túneis de metropolitano urbano, em que o projeto pode afetar negativamente o ambiente circundante, as condições ambientais devem ser tidas em conta na seleção do método de construção. Além disso, a adaptabilidade do método de construção às alterações das rochas circundantes e a possibilidade de ajustamentos do método devem ser consideradas para evitar erros e investimentos de construção desnecessários. Ao utilizar a escavação NATM, os métodos de trabalho auxiliares e os métodos de monitorização das alterações das rochas circundantes durante a construção, bem como os métodos de construção para atravessar secções geológicas especiais, devem ser considerados de forma abrangente para uma seleção razoável.

2. Método de escavação subterrânea enterrada a pouca profundidade

O método de escavação subterrânea enterrada a pouca profundidade é uma técnica de construção abrangente que se baseia nos princípios básicos do Novo Método Austríaco de Abertura de Túneis. Este método envolve a utilização de várias medidas de construção auxiliares para reforçar a rocha circundante durante a escavação, utilizando plenamente a capacidade de auto-suporte da rocha e aplicando prontamente o apoio após a escavação para criar uma estrutura de anel fechado. Esta estrutura anelar, em conjunto com a rocha circundante, forma um sistema de apoio combinado que restringe eficazmente a deformação excessiva da rocha circundante.

A decisão de utilizar o método de escavação subterrânea pouco profunda deve ser tomada após uma análise exaustiva e uma comparação dos factores económicos, técnicos e ambientais com outros métodos de construção, tais como o método a céu aberto, o método de escavação coberta e o método de escavação em túnel.

(1) Fluxo do processo

O fluxo do processo e os requisitos técnicos do método de escavação subterrânea enterrada a pouca profundidade foram concebidos principalmente para a construção em camadas de solo pouco enterradas, soltas e instáveis ou em camadas de rocha fracamente fracturadas. Todo o processo deve começar com um levantamento geológico, incluindo a conceção, a construção e a monitorização do feedback, o que é semelhante aos princípios gerais do NATM. No entanto, o método de escavação subterrânea pouco profunda dá maior ênfase ao pré-reforço e ao pré-suporte dos estratos. Uma vez que a construção do metro urbano ocorre frequentemente no centro das cidades, o controlo do assentamento superficial é particularmente crítico. Ao contrário do NATM utilizado em túneis enterrados em profundidade, o método de escavação subterrânea enterrada a pouca profundidade requer uma maior rigidez da estrutura de suporte inicial e permite uma menor deformação no suporte inicial. Isto é essencial para proteger a capacidade de auto-suporte dos estratos circundantes e minimizar a perturbação dos estratos.

Através da prática de construção, resumiu um conjunto de requisitos técnicos para o método de escavação subterrânea enterrada a pouca profundidade, que pode ser resumido como "telhado de tubo avançado, betumagem rigorosa, escavação curta, suporte forte, fecho rápido e monitorização frequente". Estes 18 caracteres resumem essencialmente os requisitos técnicos deste método de construção.

(2) Pré-reforço e pré-suporte

Na construção de metropolitanos urbanos utilizando o método de escavação subterrânea a pouca profundidade, é frequente encontrar estratos instáveis, tais como solo de cascalho, solo arenoso, argila ou rocha fortemente desgastada. Estes estratos têm um tempo de auto-estabilização curto durante a escavação do túnel e podem começar a colapsar na área da parede em arco antes de o suporte inicial poder ser instalado ou antes de o betão projetado ganhar resistência suficiente. Por conseguinte, são necessários métodos de pré-reforço e de pré-suporte para aumentar a estabilidade dos estratos circundantes.

Ⅰ. Injeção avançada de tubos de pequeno diâmetro

O rejuntamento avançado de tubos de pequeno diâmetro envolve a perfuração de orifícios ao longo da periferia do túnel e a instalação de tubos perfurados de pequeno diâmetro ou a introdução direta de tubos perfurados de pequeno diâmetro na rocha circundante antes da escavação. A calda de cimento é então injectada através destes tubos para formar uma zona de reforço à volta do túnel. Quando a calda endurece, a rocha circundante forma um anel solidificado, permitindo uma escavação segura sob a sua proteção. Este método é normalmente utilizado na construção de túneis de via única. Os tubos de pequeno diâmetro são feitos de tubos de aço soldados com um diâmetro de 38-50 mm e estão dispostos ao longo da metade superior do perfil do túnel, espaçados de 0,2-0,3 metros, com um ângulo de inclinação ascendente de 10°-15°, como mostra a Figura 4.13.

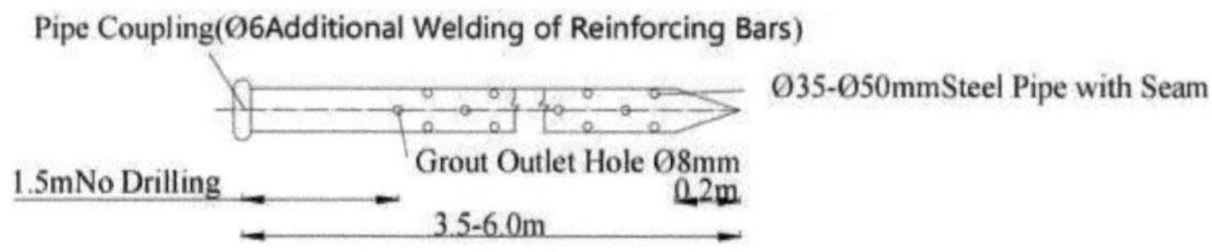

Figura 4.13 Vista completa de um tubo de pequeno diâmetro

Ⅱ. Betumação avançada de cortinas de furos profundos

Para túneis de via dupla com secções transversais maiores ou secções transversais largas, onde a gama de reforço da injeção de tubos de pequeno diâmetro é limitada, pode ser utilizada a injeção de cortina de furos profundos avançada. Este método estende-se geralmente 30-

50 metros à frente da face da escavação, criando uma zona de reforço tubular de espessura e comprimento consideráveis, o que melhora a eficácia do bloqueio da água e reduz a frequência das operações de injeção. É adequado para estratos com água subterrânea ou água subterrânea abundante e é frequentemente utilizado em projectos de construção mecanizada de grande e média dimensão. O mecanismo de injeção varia consoante a camada de rocha e pode envolver injeção de permeação, injeção de fissuras, injeção de compactação ou injeção de jato de alta pressão.

Ⅲ. Cobertura de tubos para suporte avançado

Quando o metro passa por estratos com fraca capacidade de auto-suporte, ou quando as cargas superficiais do tráfego de veículos ameaçam a segurança da construção, ou quando existem edifícios importantes nas proximidades, o método de cobertura de tubos é frequentemente utilizado para evitar o assentamento excessivo e irregular causado pela construção do metro.

A cobertura de tubos consiste em conduzir uma série de tubos de aço com diâmetros que variam entre 10 e 60 cm ao longo do perfil exterior do túnel ou parte dele, na direção do eixo do túnel, para suportar a pressão da rocha circundante a partir do exterior. A Figura 4.14 mostra o suporte avançado da cobertura de tubos. A disposição dos tubos pode assumir várias formas, tais como em forma de chapéu, quadrado, linha reta ou em forma de arco, dependendo dos requisitos de engenharia e da forma da secção transversal. O âmbito, o espaçamento e o diâmetro da cobertura dos tubos devem ser determinados com base nas condições geológicas e hidrogeológicas de engenharia, bem como na profundidade de enterramento do túnel.

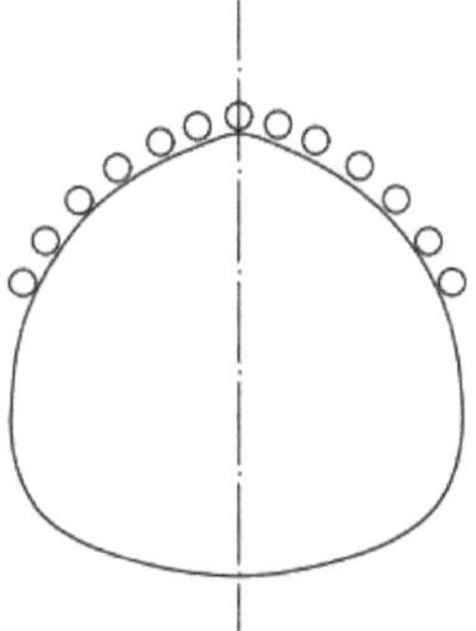

a.Pipe shed support

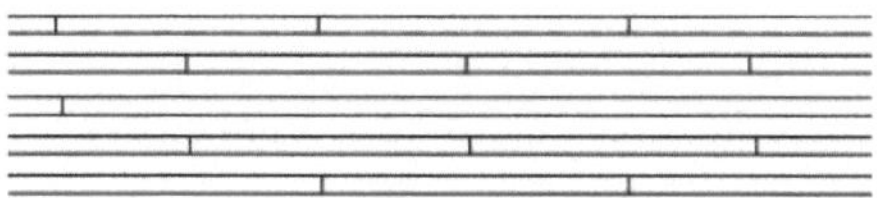

b.Longitudinal side connection of pipe shed support

Figura 4.14 Suporte avançado de cobertura de tubagem

(3) Escavação de terras

Quando se utiliza o método de escavação subterrânea em camadas soltas e instáveis, os métodos de construção selecionados e o fluxo do processo devem minimizar a perturbação das camadas, aumentar a capacidade de auto-suporte das camadas circundantes e reduzir o assentamento da superfície. Devem ser escolhidos diferentes métodos de escavação com base nas diferentes condições geológicas e secções transversais do túnel, mas o princípio geral é pré-suportar e pré-reforçar uma secção, depois escavar essa secção; escavar uma secção, depois apoiar essa secção; apoiar uma secção, depois fechar o anel para essa secção. Depois de o apoio inicial ser fechado num anel, o túnel encontra-se num estado temporariamente estável. Quando a monitorização confirmar que o túnel atingiu uma condição básica de estabilidade, pode iniciar-se a betonagem do revestimento secundário. Se os resultados da monitorização indicarem instabilidade, é necessária uma monitorização adicional. Se for observada instabilidade no suporte, os planos de reforço devem ser determinados através de consulta com o departamento de projeto.

(4) Apoio inicial

Quando se utiliza o método de escavação subterrânea em camadas fracas, fracturadas, soltas e instáveis, a oportunidade de aplicar o suporte inicial e a força e rigidez do suporte são cruciais para garantir a estabilidade do túnel após a escavação, minimizando a perturbação das camadas e reduzindo o assentamento da superfície. Entre as várias formas de suporte, o suporte em arco de aço e betão projetado é a melhor opção para satisfazer estes requisitos. Por conseguinte, o suporte inicial em escavações subterrâneas pouco profundas em estratos instáveis utiliza normalmente betão projetado com ou sem suporte em arco de aço. As caraterísticas deste suporte são as seguintes:

- Pode ser aplicado imediatamente após a escavação e pode suportar rapidamente cargas após a aplicação.
- A construção é simples e não requer grandes estaleiros de construção nem grandes máquinas.
- O suporte ajusta-se firmemente aos estratos circundantes, não deixando lacunas e reduzindo a perturbação dos estratos.
- É adequado para diferentes formas e tamanhos de secções transversais.
- A resistência e a rigidez do suporte podem ser facilmente ajustadas e reforçadas posteriormente, se necessário.

(5) Revestimento secundário

No método de escavação subterrânea em túneis pouco profundos, depois de a deformação inicial do suporte ter atingido um estado estável básico, o revestimento secundário de betão pode ser vertido. A monitorização é crucial para orientar a calendarização do revestimento secundário na escavação subterrânea a pouca profundidade, o que a diferencia da construção geral do revestimento do túnel. O processo de vazamento do betão e a maquinaria utilizada para o revestimento secundário são semelhantes aos utilizados na construção geral do revestimento do túnel. Uma vez que a dimensão da secção transversal do túnel de intervalo permanece praticamente inalterada, os carros de cofragem são vantajosos para acelerar a montagem e a remoção da cofragem.

(6) Controlo e medição

A utilização de dados de monitorização e medição para orientar o projeto e a construção é uma parte essencial do método de escavação subterrânea pouco profunda. Os requisitos e conteúdos específicos devem ser descritos nos documentos de conceção e os custos de monitorização e medição devem ser incluídos no custo do projeto. Durante a implementação, a empresa de construção deve ter um departamento específico para executar e gerir a monitorização, sob o controlo unificado e a liderança do diretor técnico.

Ⅰ. Itens de monitorização e medição

Os itens de monitorização e medição estão divididos em Categoria A e Categoria B com base na natureza do projeto e nas condições geológicas. Os elementos da categoria A são obrigatórios para orientar a construção e monitorizar a segurança do projeto. Os itens da Categoria B são opcionais, principalmente para compreender as condições de trabalho dos estratos circundantes e do sistema de suporte, e para fornecer dados para a otimização do projeto. O Quadro 4.1 enumera os itens de monitorização e medição das categorias A e B.

Quadro 4.1 Itens de monitorização e medição das categorias A e B

Categoria	Nome do artigo	Distância do segmento (m)	Número de pontos de medição de segurança	Frequência de medição		
				0~15 dias	16~31 dias	31 dias depois
A	Observação geológica da face do túnel	Todo o Tunne	Face do túnel	1 vez/dia	1 vez/dia	1 vez/dia
	Medição da convergência do espaço livre do túnel	10~50	2~6 pares de pontos de medição	1 hora/2 dias	1 hora/2 dias	1 vez/1 semana
	Medição da liquidação da coroa	10~50	1 ponto	1 hora/2 dias	1 hora/2 dias	1 vez/1 semana
	Assentamento de superfície					
B	Medição dos parâmetros físicos e mecânicos da camada de rocha	200~500				
	Medição do deslocamento na camada de rocha	200~500	3~5 furos de medição	1~2 tempo/2 dias	1~2 tempo/2 dias	1~2 vezes/2 semanas
	Medição da força axial em hastes de ancoragem	200~500	3~5 furos de medição	1~2 tempo/2 dias	1~2 tempo/2 dias	1~2 tempo/2 dias
	Medição da tensão no revestimento	200~500	3~5 pontos para cada medição tangencial e radial	1~2 tempo/2 dias	1~2 tempo/2 dias	1~2 tempo/2 dias
	Medição do stress do contacto de apoio	200~500	5~9 pontos de medição	1~2 tempo/2 dias	1~2 tempo/2 dias	1~2 tempo/2 dias
	Medição de ondas elásticas em camadas de	500	2~4 pontos de medição	1 vez	1 vez	1 vez

	rocha					

Ⅱ. Controlo da construção com base em dados de monitorização

Análise de Regressão para o Deslocamento Final: Ao efetuar uma análise de regressão dos dados de deslocação ao longo do tempo, é possível estimar o valor da deslocação final (convergência). Este valor de deslocamento final pode servir como espaço livre reservado.

Determinação do momento de aplicação do revestimento secundário: O momento para a aplicação do revestimento secundário pode ser determinado com base na curva de deslocamento-tempo.

III. Processamento de dados de monitorização

Representação gráfica das variáveis: As variáveis como o deslocamento, a tensão e a deformação devem ser prontamente representadas graficamente em função do tempo, com o tempo no eixo horizontal e as respectivas variáveis (deslocamento, tensão, deformação) no eixo vertical. Estas curvas podem formar linhas de dispersão muito irregulares. Ao marcar os processos de construção no eixo horizontal, pode observar-se o impacto dos diferentes processos na deformação do túnel. Este diagrama de dispersão serve como dados brutos primários e é uma base crucial para analisar e determinar se o solo é estável.

Ⅳ. Feedback dos dados de teste

Controlo do deslocamento máximo admissível:

- A deslocação máxima admissível é influenciada pelas condições geológicas, pela profundidade de enterramento, pela dimensão da secção transversal do túnel, pelo método de escavação e pelo tipo e parâmetros do sistema de apoio. Ao definir o deslocamento máximo admissível, estes factores devem ser considerados.
- Os indicadores comprovados, como o assentamento do coroamento, são diretos e fiáveis para avaliar a estabilidade. A convergência horizontal e o assentamento à superfície são também indicadores significativos, particularmente para o trânsito ferroviário subterrâneo, onde a medição do assentamento à superfície é crucial.
- Controlo do momento de aplicação do revestimento secundário: De acordo com os regulamentos, o revestimento secundário deve ser aplicado quando a deformação do suporte inicial tiver estabilizado. Os critérios de estabilidade incluem a cessação de

aumentos de carga externa e alterações de deslocamento. Por conseguinte, a tensão de contacto no perímetro e os valores de deslocamento podem ser utilizados como indicadores de controlo.

- Feedback dos dados de ensaio para o projeto: Devido à complexidade das condições geológicas, o projeto de engenharia subterrânea deve adotar uma abordagem baseada na informação. Isto implica a utilização de dados dinâmicos obtidos durante a construção e a aplicação de técnicas de análise inversa para determinar o modelo constitutivo e os parâmetros mecânicos da rocha envolvente, tais como o módulo de elasticidade, o ângulo de atrito interno, a coesão e o coeficiente de viscosidade. Posteriormente, podem ser utilizadas técnicas de análise prospetiva para calcular novos campos de tensões e deslocamentos na rocha envolvente e nas estruturas de suporte, verificando e ajustando a fiabilidade do projeto preliminar.

4.2.3 Método da máquina de escavação de túneis com escudo

1. Visão geral do método de tunelamento com escudo

(1) Panorama da construção

Uma máquina de escudo é um equipamento de escavação de túneis subterrâneos de grande escala que integra escavação, suporte, avanço, revestimento e remoção de lama numa única operação. O processo geral de construção de túneis de escudo é mostrado na Figura 4.15.

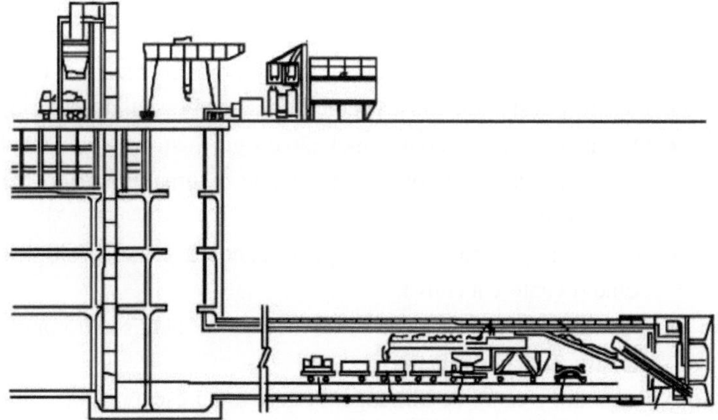

Figura 4.15 Vista geral da construção de túneis blindados

As principais etapas da construção de túneis blindados são as seguintes:

- Construir poços de trabalho nos pontos de início e fim da escavação do escudo.
- Instalar e posicionar a máquina de proteção no eixo de arranque.
- Utilizar o impulso dos macacos da blindagem (actuando sobre os anéis de revestimento montados e a parede traseira do veio de trabalho) para fazer avançar a blindagem através da abertura da parede do veio de arranque.
- O escudo avança através do solo ao longo do eixo projetado, escavando e instalando continuamente segmentos de revestimento à medida que avança.
- Rejuntar atempadamente os espaços vazios atrás dos segmentos de revestimento para evitar o movimento do solo e estabilizar a posição dos anéis de revestimento.
- A blindagem entra no veio de trabalho do terminal e é desmontada ou, se a construção o exigir, pode passar pelo veio e continuar a avançar.

(2) Caraterísticas de construção

A escavação de túneis blindados para sistemas de metropolitano urbano tem as seguintes vantagens

- Com exceção da construção do poço, todas as outras operações são realizadas no subsolo, minimizando o impacto no tráfego de superfície e reduzindo as perturbações sonoras e vibratórias para os residentes próximos.
- Os principais processos, como o avanço do escudo, a remoção de lama e a montagem do revestimento, são cíclicos, o que facilita a gestão da construção com menos pessoal necessário.
- O custo de construção do túnel não é significativamente afetado pela quantidade de sobrecarga, o que o torna adequado para túneis profundos.
- A construção não é afetada pelas condições meteorológicas, como o vento e a chuva.
- Quando o túnel passa sob leitos de rios ou outras estruturas, a construção não é afetada.

No entanto, o túnel de blindagem também apresenta os seguintes desafios:

- A construção torna-se mais difícil quando o raio de curvatura do túnel é demasiado pequeno.
- Na construção de túneis em terra, se a sobrecarga for demasiado rasa, a escavação do túnel torna-se muito difícil; do mesmo modo, debaixo de água, se a sobrecarga for demasiado rasa, não é suficientemente seguro.
- Quando são utilizados métodos de pressão de ar total na escavação de túneis blindados para desidratar e estabilizar o solo, as condições de trabalho são más e são necessárias normas de proteção do trabalho mais rigorosas.
- É difícil evitar completamente o assentamento da superfície dentro de um determinado intervalo acima dos túneis-escudo, especialmente em camadas de solo saturadas, encharcadas e moles, onde são necessárias medidas técnicas rigorosas para limitar o assentamento a níveis mínimos.
- Em camadas de solo saturado, o revestimento de montagem utilizado na escavação de túneis de blindagem tem requisitos técnicos elevados para a impermeabilização estrutural global.

2. Classificação e estrutura das máquinas de blindagem

(1) Classificação

Existem muitos tipos de máquinas de proteção, classificadas de acordo com diferentes normas.

De acordo com o método de escavação, podem ser divididos em escavação manual, escavação semi-mecânica e escavação totalmente mecânica. De acordo com a forma da secção transversal, podem ser classificados em circulares, em forma de arco, rectangulares e em forma de ferradura. De acordo com a estrutura frontal, eles podem ser divididos em tipos de face aberta e face fechada. As classificações comuns das máquinas blindadas são apresentadas no Quadro 4.2.

Tabela 4.2 Classificação das máquinas de proteção

Método de escavação	Tipo de estrutura	Tipo de máquina de proteção	Medidas de estabilização da face da escavação	Estratos aplicáveis
Escavação manual	Tipo de face aberta	Escudo padrão	Placas de blindagem temporária suportadas por macacos	Aplicável a geologia estável ou macia
		Escudo de proteção do dossel	Face de Escavação Dividida em Camadas, Estabilizada pelo Ângulo de Repouso da Areia e Ângulo de Atrito da Cobertura	Solo arenoso
		Escudo de	Estabilização da face da escavação	Solo mole e silte

		malha	por atrito entre o solo e a cobertura de malha de aço	
	Tipo de rosto fechado	Escudo de Equilíbrio de Pressão Semi-Terra	Escavação parcial da couraça, solo e areia escoados naturalmente pelo empuxo do shield jack	Plástico Argila mole
		Escudo de Equilíbrio de Pressão Total da Terra	Peitoral sólido, sem entrada de sujidade	Silte
Escavação semi-mecânica	Tipo de face aberta	Escudo da retroescavadora	Escudo manual equipado com retroescavadora	Solo duro, face de escavação autoportante
		Escudo rotativo	Escudo manual equipado com máquina de escavação de rocha macia	Rock suave
Escavação totalmente mecânica	Tipo de face aberta	Proteção da cabeça de corte rotativa	Cabeça de corte simples com placa frontal, cabeças de corte múltiplas com placa frontal	Rock suave
		Escudo de faca	Placas de retenção de terra suportadas por macacos	Camadas de solo duro
	Tipo de rosto fechado	Escudo de pressão de ar local	Pressão de ar entre o painel frontal e a divisória	Camadas de solo mole com água
		Blindagem contra pressão de polpa	Lama pressurizada entre a placa frontal e a divisória	Camadas aluviais e fluviais portadoras de água
		Escudo de equilíbrio da pressão da terra	Equilíbrio de pressão entre o solo e a face da escavação criado pela pressão da terra	Silte, Silte misturado com areia
		Escudo de extrusão de malha	Peitoral com malha, o solo sai através dos orifícios da malha para o escudo	Silte

(2) Estrutura

A forma geral e padrão de uma máquina de blindagem é cilíndrica, mas também existem formas especiais, como retangular, em ferradura ou semicircular, que se aproximam da secção transversal do túnel. Existem muitos tipos de máquinas blindadas, e a sua estrutura básica inclui três partes principais: o invólucro da blindagem, o sistema de propulsão e o sistema de montagem.

Ⅰ. Concha de proteção

O invólucro da máquina de blindagem é composto por três partes: o anel de corte, o anel de suporte e a cauda da blindagem, que estão ligados num todo pelas placas de aço do invólucro exterior. A estrutura do corpo da blindagem é mostrada na Figura 4.16.

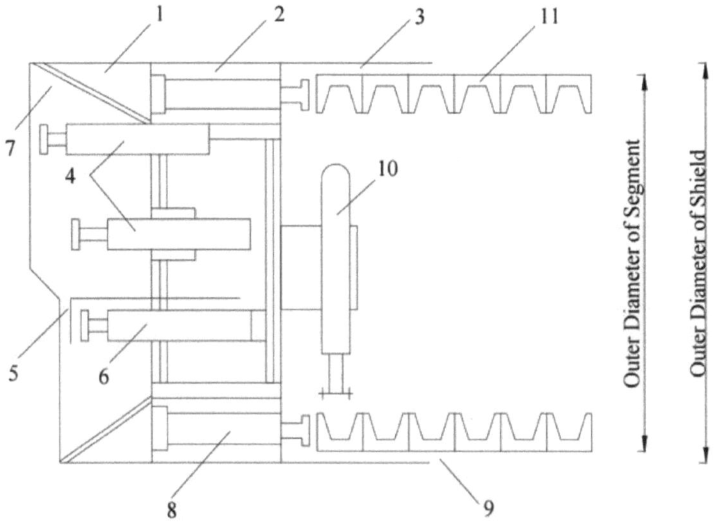

Figura 4.16 Diagrama esquemático da estrutura da blindagem
(1-Anel de corte; 2-Anel de suporte; 3-Secção da cauda do escudo; 4-Macaco de suporte; 5-Plataforma móvel; 6-Macaco da plataforma móvel; 7-Corte; 8-Macaco de propulsão do escudo; 9-Fenda da cauda do escudo; 10-Dispositivo de montagem segmentar; 11-Segmentos)

Secção do anel de corte: Está localizado na parte mais frontal do escudo, cortando os estratos e protegendo a operação de escavação durante a construção. O anel de corte tem uma lâmina na extremidade dianteira para minimizar a perturbação dos estratos durante o corte do solo. O comprimento do anel de corte depende principalmente do suporte, do método de escavação e da capacidade de manobra do equipamento e dos operadores acima da ranhura. A maioria dos anéis de corte de escudos manuais são mais compridos na parte superior do que na parte inferior, assemelhando-se a uma aba. Alguns estão equipados com um beiral frontal móvel acionado por um macaco para aumentar o comprimento da cobertura. O anel de corte da máquina de proteção mecanizada pode acomodar vários equipamentos de escavação especializados. Nas blindagens de equilíbrio de pressão de ar local, pressão de lama e pressão de terra, a pressão na secção de corte é superior à pressão normal no interior do túnel, pelo que uma divisória selada deve separar o anel de corte do anel de suporte.

Secção do anel de suporte: O anel de suporte segue o anel de corte, localizado no meio da máquina de blindagem, formando uma estrutura circular rígida. O anel de suporte suporta a pressão do solo dos estratos, o impulso de todos os macacos e as cargas de construção transmitidas durante o corte, a operação da cauda da blindagem e a montagem do revestimento. Os macacos de propulsão da máquina de blindagem estão dispostos ao longo do bordo exterior do anel de suporte. Todos os equipamentos hidráulicos e eléctricos, sistemas de controlo e ferramentas de montagem do revestimento das grandes máquinas de proteção estão instalados no anel de suporte, enquanto as máquinas de proteção mais pequenas podem colocar alguns equipamentos na estrutura na parte traseira da máquina de proteção. Nas máquinas de proteção de pressão parcial frontal, quando a pressão no interior do anel de corte é superior ao normal, é instalada uma câmara de pressurização e despressurização manual no interior do anel de suporte.

Secção da cauda da blindagem: A cauda da blindagem é geralmente formada pela extensão das placas de aço do revestimento externo da máquina de blindagem, usada principalmente para cobrir a instalação de revestimentos de túneis. A extremidade da cauda da blindagem está equipada com um dispositivo de vedação para evitar que a água, o solo e os materiais de betumação entrem na blindagem através do espaço entre a cauda da blindagem e o revestimento. Se o dispositivo de vedação da cauda da blindagem estiver danificado, tem de ser substituído dentro da secção da cauda da blindagem, pelo que o comprimento da cauda da blindagem tem de cumprir os requisitos operacionais destas tarefas.

II. Sistema de Propulsão

O sistema de propulsão da máquina de blindagem é constituído por um equipamento hidráulico e por macacos, que accionam a máquina de blindagem através do controlo dos dispositivos hidráulicos para estender ou retrair os macacos, conforme necessário.

III. Sistema de montagem do revestimento

O sistema de montagem de revestimentos mais utilizado é o sistema de montagem por alavanca, constituído por um braço de elevação e uma secção de acionamento. O braço de elevação utiliza o princípio da alavanca, com uma extremidade equipada com uma pinça e a outra com um contrapeso ajustável. A função do braço de elevação é agarrar os segmentos ou componentes do revestimento e colocá-los na posição de instalação desejada. A secção de acionamento é constituída por um sistema hidráulico e macacos, com válvulas de controlo manual que accionam o braço de elevação para rotação plana e movimento radial. A maioria dos braços de elevação são instalados no anel de suporte da máquina de proteção, embora alguns sejam montados separadamente na estrutura.

Nos últimos anos, as montadoras rotativas circunferenciais têm sido amplamente utilizadas a nível internacional, com grandes mesas giratórias acionadas por motores a óleo para rotação circunferencial durante a montagem do revestimento e movimentos radiais e longitudinais controlados por macacos hidráulicos.

(3) Seleção do escudo

A seleção do tipo adequado de máquina de proteção de acordo com as diferentes condições geológicas e hidrogeológicas de engenharia, o ambiente de construção e o calendário do projeto é crucial para garantir a qualidade da construção, proteger as estruturas superficiais e subterrâneas e acelerar o progresso da construção.

A adequação da máquina de proteção selecionada só pode ser verdadeiramente determinada durante a construção. Uma máquina de proteção inadequada pode ter um impacto significativo tanto no calendário como no custo e, nessa altura, a substituição seria quase impossível. A base para a seleção da blindagem, por ordem de importância, é a seguinte:

- Condições geológicas e hidrogeológicas de engenharia
- Parâmetros de estratos
- Ambiente de superfície e estruturas subterrâneas
- Dimensões do túnel

3. Preparação da construção

As principais tarefas de preparação da construção do túnel de blindagem incluem a construção do poço de blindagem, a montagem e desmontagem da máquina de blindagem e a preparação de instalações auxiliares para a construção da blindagem.

(1) Construção do veio

A escavação de escudos é efectuada a uma determinada profundidade abaixo da superfície, devendo ser construído um poço no local de início da escavação para a montagem da máquina de escudos, designado por poço de montagem de escudos; no ponto final da construção de escudos, deve ser construído outro poço para desmontar e remover a máquina de escudos, designado por poço de chegada ou de desmontagem de escudos. Se o avanço da máquina de blindagem for muito longo, pode também ser necessário construir um poço de manutenção no ponto médio do túnel ou em locais com um pequeno raio de curva, designado por poço intermédio para a escavação de blindagens. O eixo de montagem da blindagem é mostrado na Figura 4.17.

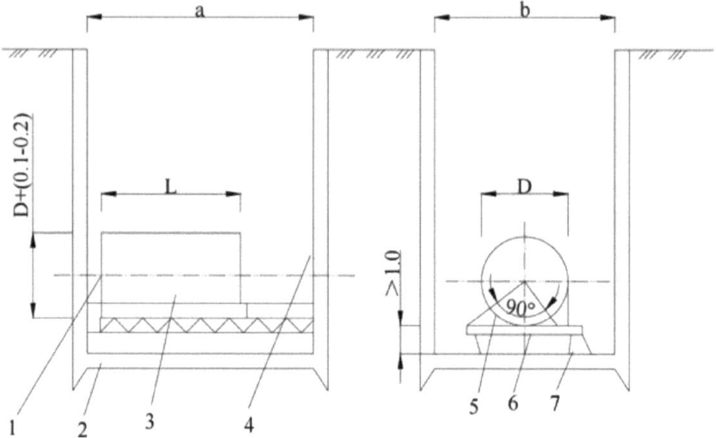

(1- Shield Machine Entrance, 2- Shaft, 3- Shield Machine, 4- Backstop, 5- Guide Rail, 6- Crossbeam, 7- Assembly Platform Foundation, D- Shield Machine Diameter, L- Shield Machine Length, a- Assembly Shaft Length, b- Assembly Shaft Width)

Figura 4.17 Eixo de montagem da blindagem (dimensões em metros).

A forma e as dimensões do eixo de montagem da máquina de proteção devem ser determinadas com base nos requisitos de montagem e construção da máquina de proteção. A forma do eixo de montagem é geralmente retangular, mas também pode ser circular. As dimensões devem acomodar o espaço necessário para a remoção de resíduos, transporte de material de revestimento e inspeção da montagem durante a fase inicial de montagem e avanço da máquina de proteção. Uma plataforma de montagem é instalada no interior do poço de montagem, normalmente feita de aço ou betão armado. São instaladas calhas de guia na plataforma de montagem para suportar o peso da máquina de proteção e outras cargas. As duas calhas de guia que suportam a máquina de proteção devem garantir uma direção precisa e evitar oscilações durante o avanço.

Quando a máquina de blindagem inicia a escavação, a reação de impulso é suportada pela parede do poço. É essencial que a parte de trás do poço (contra-ponto) seja perpendicular à linha central do túnel para evitar o desalinhamento axial durante o avanço inicial devido à inclinação da parede do poço. Os segmentos de revestimento descartados são muitas vezes utilizados como encosto entre a máquina de proteção e o contra recuo. As juntas escalonadas devem ser aparafusadas de forma segura e, após a saída da máquina de proteção do poço, devem ser colocadas cunhas de madeira entre a base da plataforma de montagem e o segmento de encosto para garantir estabilidade e segurança.

Normalmente, os segmentos de encosto são removidos depois de a máquina de proteção atingir o próximo eixo intermédio. Se o impulso da máquina de proteção puder ser equilibrado pelo atrito entre o revestimento do túnel e os estratos circundantes, os segmentos de encosto também podem ser removidos.

O método de construção do poço na escavação em túnel depende da escala do poço, das condições geológicas e hidrogeológicas dos estratos e das condições ambientais. Os métodos comuns de construção de poços incluem a escavação a céu aberto, o método do caixão e o método da parede diafragma.

(2) Inspeção da montagem

A montagem da máquina de proteção é geralmente efectuada na plataforma de montagem situada no fundo do poço de montagem. As pequenas máquinas de proteção também podem ser montadas à superfície e depois içadas como um todo para o poço. A montagem da máquina de proteção deve seguir o manual de instalação e a máquina de proteção montada deve ser submetida às seguintes inspecções técnicas. Só pode ser colocada em funcionamento depois de passar o controlo de aceitação.

- Inspeção do aspeto;
- Verificação das principais dimensões;
- Inspeção do equipamento hidráulico;
- Inspeção do ensaio de funcionamento sem carga;
- Inspeção de soldadura;
- Inspeção do desempenho do isolamento elétrico.

(3) Preparação do equipamento auxiliar

O equipamento auxiliar para a construção de escudos inclui principalmente equipamento de alimentação eléctrica e de iluminação, salas de ventilação e de compressores, salas de bombas de drenagem, estações de carregamento, sistemas de transporte ferroviário de remoção de lamas e sistemas de transporte vertical para poços de trabalho.

Se for utilizado o transporte por condutas, é também necessário um sistema de tratamento de lamas. Dependendo do tipo de máquina de proteção e das condições geológicas e hidrogeológicas, o equipamento de construção da proteção pode ser dividido em duas partes: equipamento dentro do túnel e equipamento fora do túnel.

I . Equipamento no túnel

O equipamento dentro do túnel deve ser equilibrado de acordo com as condições do solo e hidrogeológicas, os métodos de construção, os calendários de construção, a velocidade de escavação e o equipamento fora do túnel. Inclui, em geral, equipamento de drenagem, equipamento de ventilação, equipamento de transporte, equipamento de escavação, equipamento elétrico, equipamento de revestimento, equipamento de plataforma de trabalho e equipamento de betumação de enchimento.

II. Equipamento fora do túnel

O equipamento fora do túnel inclui geralmente equipamento elétrico, equipamento de comunicação e de ligação, equipamento de ar de baixa pressão, equipamento de ar de alta pressão e equipamento de transporte de lamas.

4. Avanço da máquina de escavação e blindagem

(1) Escavação

A escavação por máquina de proteção pode ser classificada em escavação aberta, escavação por corte mecânico, escavação por grelha e escavação por extrusão. Independentemente do método de escavação, antes da escavação com máquina de proteção, é essencial garantir a estabilidade do terreno exposto após a remoção da porta de entrada da máquina de proteção do poço. Se necessário, os estratos à volta do poço e das áreas de entrada/saída devem ser pré-reforçados.

Depois de a máquina de proteção passar pela porta, os espaços à volta do encosto do segmento e das paredes do poço devem ser preenchidos com betão para evitar a entrada de terra e areia. Para garantir que o impulso é transmitido uniformemente às paredes do poço durante o avanço da máquina blindada, deve ser efectuada imediatamente a betumação, se necessário, para evitar o afrouxamento e o assentamento do solo.

I . Escavação aberta

Em boas condições geológicas, em que a face da escavação pode manter a estabilidade durante o avanço ou pode ser estabilizada com medidas, a escavação a céu aberto é utilizada com máquinas de escavação manual ou semi-mecânicas. A sequência de escavação começa normalmente a partir do topo, escavando camada a camada para baixo.

Ⅱ. Escavação de corte mecânico

A utilização de um disco de corte rotativo de face inteira equivalente ao diâmetro da máquina de escudo, em conjunto com máquinas de terraplanagem, permite a mecanização da escavação e do transporte do solo.

Ⅲ. Escavação em grelha

A face da escavação é dividida em grelhas pela divisória frontal e pelas vigas transversais da máquina de proteção. À medida que a máquina de proteção avança, o solo é espremido para dentro da máquina em tiras através das grelhas. Este método de remoção de lama é altamente eficiente e é normalmente utilizado na construção de máquinas de proteção de média e grande escala na China.

Ⅳ. Escavação por extrusão

Os métodos de escavação por extrusão e extrusão parcial, pelo facto de não removerem o solo ou de o removerem apenas parcialmente, causam perturbações significativas nos estratos. Por conseguinte, é necessário um controlo cuidadoso da quantidade de solo removido durante a construção para minimizar a deformação da superfície.

(2) Avanços e correcções

Durante o avanço da máquina de proteção, o desvio do seu eixo em relação à linha central do projeto do túnel deve ser controlado dentro do intervalo especificado. Existem muitos factores que podem fazer com que a máquina de proteção se desvie da linha central do túnel, tais como condições irregulares do solo, obstáculos como pedregulhos nos estratos que causam uma resistência irregular à volta da face de escavação e um impulso inconsistente dos macacos da máquina de proteção. O centro de gravidade da máquina de proteção pode deslocar-se para um dos lados, a máquina de proteção de extrusão de face fechada pode sofrer uma flutuação significativa, ou a perda excessiva de solo sob a máquina de proteção pode fazer com que esta se afunde. Devido à compressão inconsistente do material impermeável de revestimento, que pode resultar numa superfície de encosto irregular após a compressão, estes factores podem fazer com que a trajetória de avanço da máquina de proteção se desvie lateral ou verticalmente. Por conseguinte, durante o avanço da máquina de proteção, devem ser efectuadas continuamente medições precisas para determinar o desvio e aplicar correcções atempadas. Atualmente, o funcionamento e a correção das máquinas de proteção envolvem principalmente as seguintes medidas de controlo abrangentes:

- Ajustar corretamente a combinação de trabalho dos macacos da máquina de proteção.
- Controlar a inclinação longitudinal e a curva de avanço da máquina de proteção.
- Ajustar atempadamente a resistência da face da escavação.
- Controlar a rotação da máquina de proteção.

5. Montagem do forro e impermeabilização

Para os túneis construídos em camadas de solo mole utilizando métodos de blindagem, são normalmente utilizados revestimentos pré-fabricados montados; nalguns casos, são utilizados revestimentos compostos, em que blocos pré-fabricados finos são primeiro montados e depois o revestimento interior é moldado.

(1) Montagem

Os conjuntos pré-fabricados são normalmente compostos por vários segmentos pré-fabricados em forma de arco, designados por "segmentos". Existem dois procedimentos de montagem: "primeiro o longitudinal, depois o anel" e "primeiro o anel, depois o longitudinal". No método "primeiro o anel, depois o longitudinal", todos os macacos são retraídos antes da montagem, os segmentos são primeiro montados num anel circular e, em seguida, os macacos são utilizados para ligar o anel completo longitudinalmente ao revestimento já instalado, formando o túnel. Este método de montagem assegura uma superfície lisa do anel e uma boa qualidade da junta longitudinal, mas pode provocar o recuo da máquina de proteção. No método "primeiro o longitudinal, depois o anel", uma vez que apenas os macacos da parte do segmento que está a ser montada são retraídos, enquanto os outros permanecem simetricamente apoiados ou pressurizados, pode impedir eficazmente o recuo da máquina de blindagem.

Na construção de escudos dentro de camadas de solo portadoras de água, o suporte do segmento de betão armado deve satisfazer não só os requisitos de resistência, mas também abordar questões de impermeabilização. As juntas dos segmentos são áreas críticas para a impermeabilização e a prática atual é a utilização de vedantes à prova de água nas juntas longitudinais e circunferenciais.

Os materiais impermeáveis devem ter propriedades antienvelhecimento e, quando sujeitos a várias forças externas que causam deformações cíclicas, devem possuir boa aderência, recuperação elástica e desempenho de impermeabilização. A borracha sintética especial é ideal e é amplamente utilizada na prática.

(2) Impermeabilização

Após a conclusão do revestimento, as lacunas de construção entre a cauda do escudo e o revestimento devem ser preenchidas atempadamente, normalmente utilizando betumação de aterro, para evitar o assentamento da superfície, melhorar o estado de tensão do revestimento e aumentar a capacidade de impermeabilização.

A injeção de calda de cimento divide-se em injecções primárias e secundárias. Quando as condições do estrato são fracas e instáveis, e o colapso ocorre assim que a lacuna da cauda do escudo aparece, deve ser utilizada a injeção primária. O material de injeção é composto principalmente por cimento e lama de argila, com uma resistência final não inferior a 0,2 MPa. A betumação secundária ocorre depois de a máquina de blindagem avançar um anel, injectando inicialmente areia de quartzo ou gravilha com um tamanho de partícula de 3 a 5 mm na abertura atrás do revestimento. Após o avanço contínuo de 5 a 8 anéis, a pasta de cimento é injectada na areia e na gravilha para a solidificar. O rejuntamento deve ser efectuado simetricamente em relação ao anel de revestimento e a pressão do rejuntamento é geralmente de 0,6 a 0,8 MPa.

6. Deformação da superfície e assentamento do túnel

Durante a construção da máquina de blindagem, a deformação da superfície ocorre tipicamente acima do túnel, um fenómeno que é especialmente pronunciado em estratos moles, com água ou outros estratos instáveis. A extensão da deformação superficial está intimamente relacionada com a profundidade do túnel, o diâmetro do túnel, as condições do solo, o método de construção da blindagem e os tipos de fundação das estruturas superficiais. Depois de o revestimento do túnel sair da cauda da blindagem, pode também ocorrer alguma deformação de assentamento, que está relacionada com as condições geológicas do estrato, os métodos de construção, as técnicas de betumação e os processos de impermeabilização do revestimento. No entanto, após a conclusão da escavação da máquina de blindagem, a reconsolidação dos estratos perturbados é um fator significativo que contribui para a deformação do assentamento do túnel.

(1) Causas de deformação

Ⅰ. Alteração do estado de tensão original do estrato

Em estratos originalmente num estado estável, qualquer método de escavação de túneis irá inevitavelmente perturbar o solo circundante. Durante o avanço da máquina de escudo, o afrouxamento e o colapso do solo da face de escavação, especialmente as alterações no nível das águas subterrâneas, conduzirão a alterações no estado de tensão original dos estratos e à destruição do equilíbrio final do solo, causando a deformação por subsidência da superfície.

Ⅱ. Perturbação de compressão pela máquina de proteção

As máquinas de proteção, independentemente do método de escavação, geram diferentes graus de perturbação da compressão das camadas do solo durante o avanço. Entre elas, a máquina de blindagem por extrusão de face totalmente fechada é a que causa a perturbação mais significativa. Além disso, quando a máquina de proteção avança através de curvas ou durante correcções horizontais ou verticais, o solo circundante sofre perturbações de compressão, levando à deformação da superfície. A extensão desta deformação está relacionada com o tipo de solo dos estratos e a profundidade do túnel.

Ⅲ. Impacto da desidratação

As medidas de desidratação são muitas vezes utilizadas quando a máquina de blindagem entra ou sai de um túnel, o que pode alterar o nível de água estático original nos estratos em torno do tubo do ponto do poço para uma curva em forma de funil, aumentando a tensão efectiva nos estratos que contêm água. Além disso, o reabastecimento contínuo de água subterrânea cria uma pressão dinâmica da água dentro de uma determinada gama de camadas do solo, aumentando ainda mais a tensão efectiva no solo, o que equivale a uma carga adicional nas camadas do solo, levando ao assentamento da consolidação. Por conseguinte, a área de deformação superficial causada pela desidratação deve ser alargada à gama da curva em funil, e a quantidade e a duração do assentamento estão relacionadas com o rácio de vazios e o coeficiente de permeabilidade do solo. Em solos coesivos com um baixo coeficiente de permeabilidade, o tempo de consolidação é mais longo, resultando num assentamento mais lento.

Ⅳ. Impacto de um preenchimento inadequado do intervalo da cauda da blindagem

As lacunas de construção por detrás da cauda do escudo devem ser preenchidas atempadamente, o que é especialmente importante quando se trabalha em estratos instáveis. O desempenho e a quantidade de material de injeção afectam a quantidade e a velocidade de assentamento da superfície. Durante a construção da blindagem, o excesso de escavação local durante a correção ou construção de curvas pode causar uma expansão irregular das aberturas de construção atrás da cauda da blindagem. A extensão desta expansão é difícil de estimar, e as lacunas não podem ser preenchidas a tempo, levando à deformação da superfície.

Ⅴ. Deformação de anéis de segmento

Depois de o revestimento do túnel sair da cauda da blindagem, a deformação dos anéis de segmento sob a pressão do solo pode também causar um pequeno assentamento da superfície.

(2) Controlo da deformação

Ⅰ. Minimizar a perturbação dos estratos da face de escavação

Durante a construção, deve ser utilizado um suporte flexível e adequado ou a aplicação de pressão de ar adequada para evitar o colapso do solo e manter a estabilidade da face da escavação. Quando as condições o permitirem, deve preferir-se a utilização de métodos de escavação mais avançados, tais como máquinas de proteção de lamas ou máquinas de proteção de equilíbrio da pressão da terra, para evitar alterar o nível das águas subterrâneas, reduzindo assim as perturbações do solo causadas por alterações do nível das águas subterrâneas.

Durante o avanço da máquina de proteção, controlar rigorosamente a quantidade de solo escavado para evitar a escavação excessiva. Mesmo com máquinas de proteção por extrusão locais que causam maior perturbação do solo, a deformação da superfície pode ser controlada desde que a quantidade de solo libertado seja rigorosamente controlada. De acordo com a experiência de construção de escudos em argila mole em Xangai, quando se utiliza uma máquina de escudo do tipo extrusão, o controlo da libertação do solo para 80% a 90% do volume teórico do solo pode evitar a elevação da superfície.

Controlar a quantidade de correção durante o avanço de um anel da máquina de proteção para reduzir a oscilação dentro dos estratos e minimizar a perturbação do solo. Simultaneamente, reduz a necessidade de sobre-escavação local na face para fins de correção.

Aumentar a velocidade e a continuidade da construção. A prática mostra que, quando a máquina de proteção pára de avançar, recua devido à pressão do solo frontal. Embora as medidas possam reduzir a quantidade de recuo, é difícil evitar o recuo por completo. Por conseguinte, aumentar a velocidade de construção do túnel e evitar a paragem da máquina de proteção é benéfico para reduzir a deformação da superfície. Se a máquina de proteção necessitar de manutenção a meio do processo ou tiver de fazer uma pausa por outras razões, devem ser tomadas medidas eficazes para evitar o recuo. Tanto a frente como a cauda devem ser hermeticamente fechadas para minimizar o impacto no assentamento da superfície durante a pausa.

Ⅱ. Assegurar o preenchimento adequado e o rejuntamento das lacunas de construção da cauda da blindagem

Assegurar a pontualidade dos trabalhos de betumação e minimizar o tempo de exposição do revestimento após a sua saída da cauda do escudo para evitar o colapso dos estratos.

Os materiais de betumação têm tendência a encolher, pelo que o volume de injeção deve exceder o volume teórico da fenda de construção, normalmente em cerca de 10%. A injeção excessiva de calda de cimento pode provocar a elevação da superfície, fugas locais de calda de cimento e afetar o estado de tensão dos segmentos. Devido à correção da máquina de proteção, à sobre-escavação local e aos vazios nos estratos, os intervalos de construção reais são muitas vezes difíceis de estimar com precisão. Por isso, o controlo da pressão da calda de cimento também deve ser utilizado como padrão para a adequação do enchimento. Quando a pressão aumenta rapidamente, isso indica que a lacuna está totalmente preenchida e a injeção deve ser interrompida. Tanto a quantidade como a pressão de injeção devem ser consideradas. Se a quantidade de injeção cumprir a norma especificada, mas a pressão for muito baixa, isso indica que a abertura é grande. Neste caso, a quantidade de betumação deve ser aumentada até a pressão atingir o valor especificado.

Durante a construção, a estação de betumação de superfície deve controlar rigorosamente a proporção de mistura dos materiais de betumação, melhorando continuamente o tempo de endurecimento, a resistência e a retração através de ensaios. O aumento da impermeabilidade dos materiais de betumação melhorará a impermeabilização do túnel e reduzirá correspondentemente o assentamento da superfície.

Ⅲ. Considerar totalmente o impacto do assentamento de

superfície em grupos de edifícios

Ao selecionar os percursos dos túneis para a construção de blindagens, devem ser consideradas as condições de construção à superfície, evitando, sempre que possível, aglomerados de edifícios ou assegurando que as estruturas se localizam em zonas de superfície uniformemente assentadas. No caso dos túneis de blindagem de tubo duplo, o assentamento secundário da superfície causado pela escavação inicial também deve ser antecipado. É aconselhável medir o assentamento e a elevação da superfície a uma distância adequada após a saída da máquina blindada do túnel para recolher dados que sirvam de base para o controlo da deformação da superfície.

(3) Assentamento de túneis

O assentamento do túnel começa depois de o revestimento formar um anel e se destacar da máquina de proteção. Inicialmente, o assentamento é significativo, mas diminui gradualmente ao longo do tempo e acaba por estabilizar. Em circunstâncias normais, as principais causas de assentamento do túnel são a perturbação dos estratos escavados pela máquina de proteção durante a escavação do túnel e a reconsolidação do solo de fundação.

Outra causa de assentamento do túnel é a fuga de água para o interior do túnel. Fugas graves de água e lama podem resultar na perda de solo e água à volta do túnel, pondo em risco a segurança estrutural do túnel. Por conseguinte, as fugas de água no túnel devem ser prontamente seladas.

Os diferentes métodos de escavação utilizados pela shield machine resultam em diferentes graus de perturbação do solo, afectando o assentamento final do túnel de forma diferente. Diferentes camadas de solo têm tempos de assentamento e consolidação variáveis, o que leva a diferenças no tempo necessário para que o túnel atinja um assentamento estável. Para evitar que o eixo do túnel se desvie para baixo da posição de projeto devido ao assentamento, é normalmente determinado um valor estimado de assentamento com base na experiência, e o eixo de construção da blindagem é levantado para assegurar que o túnel assente se alinhe estreitamente com o eixo de projeto.

4.2.4 Método de escavação coberta

O método de escavação coberta consiste em cobrir primeiro e

depois escavar, o que significa que é instalada uma superfície de estrada temporária ou uma laje de cobertura estrutural para manter o fluxo de tráfego à superfície antes de se iniciar a escavação. Com base na sequência de construção da estrutura principal, o método de escavação coberta pode ser dividido em método descendente, método ascendente e método semi-ascendente. Inicialmente, era frequentemente utilizado o método descendente, em que as vigas de aço eram erguidas sobre estacas de aço que suportavam o poço de fundação, era colocado um pavimento temporário para manter o tráfego à superfície e, após a escavação até ao fundo do poço, a laje de base era vertida em primeiro lugar, seguida das paredes laterais e, finalmente, da laje de cobertura. Mais tarde, o método ascendente tornou-se mais comum, em que uma estrutura de retenção mais rígida substituiu as estacas de aço e a laje de cobertura estrutural serviu de sistema viário e de suporte. A sequência de construção é feita de cima para baixo: após a escavação do solo, a laje de cobertura é vazada primeiro, seguida das paredes laterais e, finalmente, da laje de base. O método semi-bottom-up segue a seguinte sequência: estrutura de contenção → betonagem da laje de cobertura → escavação do solo até ao fundo do poço de fundação → betonagem da laje de base e das suas paredes laterais → betonagem da laje intermédia e das suas paredes laterais.

As vantagens do método de escavação coberta incluem o deslocamento horizontal mínimo da estrutura; as lajes estruturais servem de suporte para a escavação do poço de fundação, reduzindo a necessidade de apoio temporário; o tempo de ocupação da estrada é reduzido, minimizando assim a perturbação da superfície; e o impacto reduzido das condições climáticas externas. As desvantagens incluem a dificuldade de remoção do solo escavado durante a construção; a impermeabilização é necessária nas juntas de construção das paredes da laje e dos pilares; a baixa eficiência e a velocidade de construção lenta; e a necessidade de pilares centrais para suportar a carga superior antes da formação da estrutura. O método de escavação coberta é habitualmente utilizado em projectos de metropolitano urbano e outros projectos de transporte ferroviário, especialmente para a construção de estações subterrâneas.

(1) Método Top-Down

O método top-down pode ser utilizado na construção de uma estação ferroviária subterrânea sob uma estrada onde o tráfego de superfície não pode ser interrompido por um período prolongado. Este método envolve a conclusão de uma estrutura de retenção à superfície de acordo com a largura necessária e a colocação de uma estrutura de cobertura pré-fabricada normalizada (incluindo vigas longitudinais e transversais e painéis rodoviários) sobre a estrutura de retenção para manter o tráfego. A escavação e a instalação de vigas são então efectuadas repetidamente para baixo até ser atingida a profundidade de projeto. A estrutura principal e as medidas de impermeabilização são construídas sequencialmente de baixo para cima, seguindo-se o aterro e a restauração ou instalação de condutas. Finalmente, as partes expostas da estrutura de retenção podem ser removidas conforme necessário, e a estrada é restaurada. Para as etapas de construção detalhadas do método de escavação de cima para baixo, consulte a Figura 4.18.

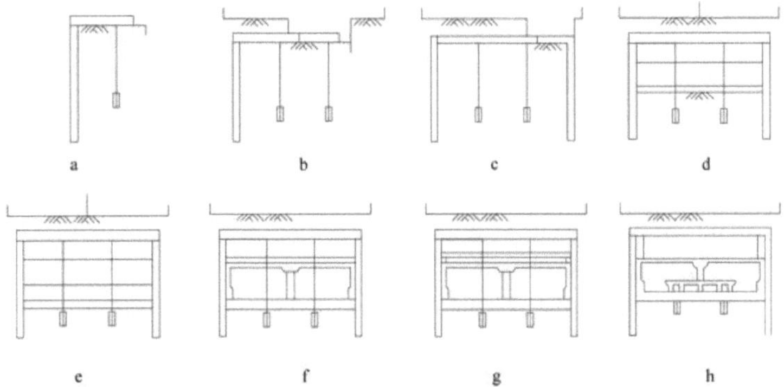

Figura 4.18 Etapas de construção do método de escavação de cima para baixo

Na figura, a representa a construção do muro contínuo e das estacas de apoio intermédias, b representa a construção de estacas de apoio intermédias adicionais, c mostra a construção da laje de cobertura, d ilustra a escavação e a instalação de apoios, e envolve a construção da laje de base, f representa a construção das paredes laterais, dos pilares e das lajes de pavimento, g mostra a construção das paredes laterais e da laje de topo, e h representa a construção das estruturas internas e a recuperação do pavimento da estrada.

O método descendente baseia-se principalmente numa estrutura de retenção robusta, que pode ser construída utilizando estacas perfuradas de betão armado ou paredes diafragma, dependendo das condições do local, do nível das águas subterrâneas, da profundidade da escavação e da proximidade de edifícios próximos. Para estratos saturados e fracos, as paredes diafragma com elevada rigidez e bom desempenho em termos de retenção de água devem ser a solução preferida. À medida que a tecnologia de construção avança, a qualidade da engenharia e a precisão da construção tornaram-se mais fáceis de gerir, pelo que a estrutura de retenção no método descendente é frequentemente utilizada como parte ou a totalidade das paredes laterais da estrutura principal.

Se a largura da escavação for grande, as estacas intermédias podem ser construídas em simultâneo com a estrutura de retenção para encurtar o comprimento livre das escoras horizontais, evitar a instabilidade das escoras e suportar as forças verticais geradas pela inclinação das escoras, as cargas dos veículos na estrutura de cobertura e o peso das condutas suspensas por baixo desta. As estacas intermédias podem ser estacas de betão armado (perfuradas), estacas pré-fabricadas cravadas a uma profundidade especificada, ou estacas sub-cavadas ou expandidas sob pressão.

A estrutura de cobertura pré-fabricada normalizada consiste geralmente em vigas longitudinais e transversais de aço e painéis rodoviários compostos de aço-betão. Os painéis rodoviários têm normalmente 200 mm de espessura, 300-500 mm de largura e 1500-2000 mm de comprimento. Para facilitar a instalação e a remoção, existem orifícios de elevação nos painéis rodoviários.

(2) Método ascendente

Se a área de escavação for demasiado grande, a cobertura for demasiado superficial, ou se os edifícios próximos estiverem demasiado perto, o método ascendente pode ser utilizado para evitar que a escavação do poço da fundação provoque o afundamento dos edifícios adjacentes ou se o tráfego tiver de ser restabelecido mais cedo, mas não existe uma estrutura de cobertura normalizada disponível. As etapas de construção são as seguintes: primeiro, a estrutura de retenção e as estacas intermédias para o poço de fundação são construídas para baixo a partir da superfície. Tal como no método descendente, a estrutura de retenção é geralmente uma parede diafragma, estacas perfuradas ou estacas escavadas manualmente. As estacas intermédias servem frequentemente como pilares centrais da própria estrutura principal para reduzir os custos de construção.

A camada superficial de solo é então escavada até ao nível da laje superior da estrutura principal, utilizando o solo não escavado como cofragem para moldar a laje superior. A laje superior também serve como um forte suporte horizontal para evitar que a estrutura de retenção se deforme para dentro do poço. Após o enchimento, a estrada é reposta no seu estado original e o tráfego é retomado. Os trabalhos subsequentes são efectuados sob a cobertura da laje superior, com a escavação e a construção da estrutura principal a prosseguir de cima para baixo, camada a camada, até que a laje de base esteja concluída. Em estratos particularmente fracos, as escoras horizontais temporárias perto da superfície devem ser pré-esforçadas a pelo menos 70% a 80% da sua força axial de projeto.

Para uma compreensão pormenorizada do método de escavação de baixo para cima, consulte a Figura 4.19, que descreve as seguintes etapas de construção: A etapa a envolve a construção da estrutura de retenção. A etapa b segue-se com a construção dos pilares intermédios da estrutura principal. Na etapa c, é construída a laje de cobertura. A etapa d inclui o aterro do solo e a restauração da superfície da estrada. Posteriormente, na etapa e, a camada intermédia do solo é escavada, permitindo a etapa f, onde é construída a camada superior da estrutura principal. O processo continua com a etapa g, que envolve a escavação da camada inferior do solo, e termina com a etapa h, em que a camada inferior da estrutura principal é concluída.

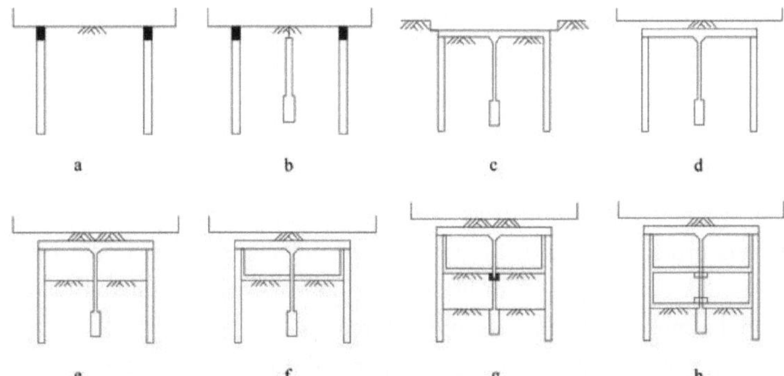

Figura 4.19 Etapas de construção do método de escavação de baixo para cima

Para reduzir a profundidade de penetração da estrutura de contenção e das estacas intermédias no solo, as vigas longitudinais de base por baixo destas podem ser construídas antecipadamente através do método de túnel, aumentando assim a área de suporte de carga. Naturalmente, isto só é possível quando as condições geológicas permitem a abertura de túneis. Além disso, antes da escavação da camada inferior do solo e da colocação da laje de base, devem ser tomadas medidas como a instalação de escoras horizontais para aumentar a estabilidade da estrutura de retenção e das estacas intermédias, uma vez que estas não penetram profundamente no solo.

Ao utilizar o método ascendente, é difícil instalar corretamente a camada impermeável se for utilizada uma parede simples ou composta. Só com a utilização de paredes duplas, em que a estrutura de retenção está completamente separada das paredes da estrutura principal, sem qualquer vergalhão de ligação, é possível instalar uma camada impermeável completa entre elas. No entanto, deve ser dada especial atenção à estabilidade e resistência da laje de nível médio durante a construção, devido aos potenciais problemas causados pelo facto de estar suspensa. Isto pode geralmente ser resolvido através da instalação de suspensões entre a laje superior e a laje de pavimento.

Na construção de baixo para cima, a laje superior é normalmente ligada à estrutura de retenção para aumentar a resistência ao cisalhamento entre a laje superior e a estrutura de retenção e facilitar a instalação da camada impermeável. Por conseguinte, as partes expostas da estrutura de retenção devem ser removidas, ou a estrutura de retenção deve ser construída apenas até à altura da junta da laje superior, sendo a altura restante fechada por uma estrutura de retenção temporária que seja fácil de remover.

(3) Método Semi-Bottom-Up

O método semi-bottom-up é semelhante ao método bottom-up, exceto que, após a conclusão da laje superior e a restauração da superfície da estrada, o solo é escavado até à cota de projeto e, em seguida, a laje de base é construída primeiro, seguida das paredes laterais e das lajes de pavimento, em sequência, de baixo para cima. Durante a construção semi-bottom-up, as escoras horizontais devem normalmente ser instaladas e pré-esforçadas.

Para uma compreensão pormenorizada do método de escavação semi-bottom-up, consultar a Figura 4.20. A sequência de construção é a seguinte: Na etapa a, são construídos o muro contínuo, as estacas de suporte intermédias e as estruturas de retenção temporárias. A etapa b envolve a construção da laje superior. A etapa c inclui a instalação de estacas intermédias, estruturas de retenção temporárias e a continuação da construção da laje de cobertura. Na fase d, tanto o muro contínuo como a laje de topo são desenvolvidos. A fase e envolve uma escavação sequencial para baixo, com a instalação de apoios horizontais em cada camada. A fase f inclui a continuação da escavação e a construção da laje de base. A etapa g centra-se na construção das paredes laterais, pilares e lajes de pavimento, enquanto a etapa h completa o processo com a construção das restantes estruturas internas, incluindo as paredes laterais.

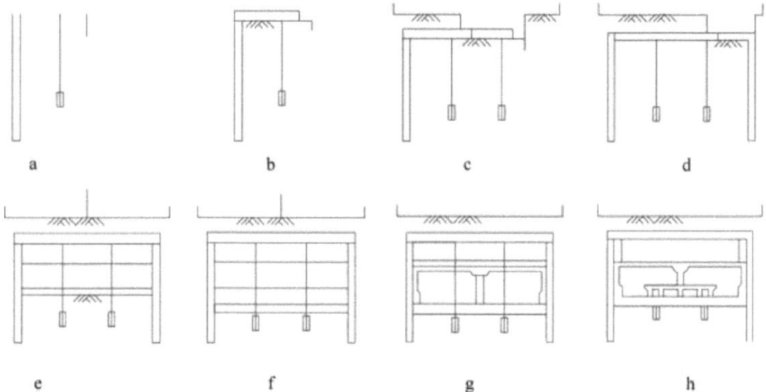

Figura 4.20: Etapas de construção do método de escavação semi-enterrada

Quando se utiliza o método bottom-up ou semi-bottom-up, deve prestar-se atenção ao tratamento das juntas de construção no betão, uma vez que o betão é vertido para baixo depois de a parte superior ter atingido a sua resistência de projeto. Devido ao encolhimento do betão e à extração de água, é inevitável que apareçam lacunas de 3-10 mm de largura nas juntas de construção, o que pode afetar negativamente a resistência estrutural, a resistência ao desgaste e a impermeabilização.

Na construção de baixo para cima e semi-baixo para cima, se os pilares centrais da estrutura principal forem pilares de betão com tubo de aço e a fundação por baixo dos pilares for uma estaca moldada no local em betão armado, a ligação entre os dois deve ser devidamente tratada. Geralmente, a coluna de tubo de aço é inserida cerca de 1,0 m no betão, com vários orifícios uniformemente distribuídos na parte inferior do tubo de aço para facilitar o fluxo de betão e melhorar a ligação entre a estaca e a coluna. Por vezes, pode ser inserida uma viga H entre a coluna de tubos de aço e a estaca moldada no local para os ligar.

4.2.5 Método do tubo imerso

O método do tubo imerso, também conhecido como método imerso, é uma técnica de construção utilizada para construir túneis subaquáticos ou metropolitanos que atravessam rios. O processo de construção do método do tubo imerso inclui os seguintes passos: Primeiro, pré-fabricar os segmentos do túnel numa doca seca temporária perto do local do túnel; depois, os segmentos pré-fabricados são selados com anteparas temporárias e flutuados para a posição designada no local do túnel. Uma vala é pré-escavada no local e, após o posicionamento dos segmentos, são adicionados água e lastro para os afundar até à posição projectada. Uma vez colocados, os segmentos são ligados debaixo de água aos segmentos adjacentes, seguindo-se o tratamento da fundação e o enchimento, completando a construção do túnel subaquático. O método do tubo submerso utilizado para túneis de travessia de rios é apresentado na Figura 4.21.

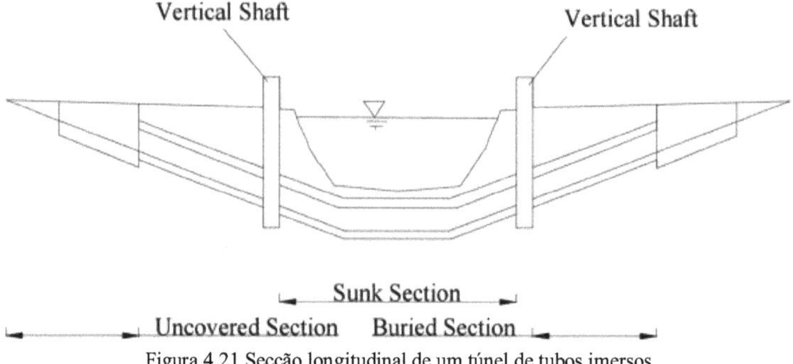

Figura 4.21 Secção longitudinal de um túnel de tubos imersos

1. Caraterísticas de construção

- Forte adaptabilidade às condições geológicas e hidrológicas.
- O túnel está enterrado a uma profundidade reduzida, o que facilita a ligação com as estradas de ambas as margens.
- O desempenho à prova de água de um túnel tubular imerso é excelente.
- Período de construção curto.
- Custo mais baixo.
- Melhores condições de construção.
- O túnel de tubos imersos pode ser construído com uma grande área de secção transversal.

2. Pré-fabricação de segmentos

(1) Pré-fabricação de segmentos de betão armado

Na pré-fabricação de segmentos de betão armado, o aspeto mais importante é garantir que os segmentos não tenham fugas quando submersos e que tenham caraterísticas adequadas de flutuação e transporte após a pré-fabricação. Assim, durante a moldagem do betão dos segmentos, é essencial garantir a homogeneidade e a estanquidade do betão.

Para garantir a homogeneidade dos segmentos pré-fabricados, as dimensões dos segmentos devem ser verificadas regularmente durante a produção, com um controlo rigoroso da densidade e uniformidade do betão. O molde estrutural deve ser um grande carro deslizante com elevada rigidez, precisão e velocidade micro-ajustável. Durante o processo de fundição, é necessário um controlo rigoroso para evitar a deformação do molde, e a produção e instalação do molde devem atingir uma precisão milimétrica.

Para garantir a estanquidade dos segmentos, a tónica é colocada na prevenção da fissuração do betão estrutural, sendo tomadas medidas especiais para controlar a largura da fissura. São quatro as principais medidas anti-fissuração e de impermeabilização dos segmentos de betão armado: impermeabilização intrínseca do segmento, impermeabilização externa do segmento, impermeabilização das juntas de construção e utilização de pré-esforço para aumentar a resistência à fissuração.

(2) Paredes de extremidade

Após a conclusão da betonagem do segmento e a remoção da cofragem, devem ser instaladas paredes de extremidade a 50-100 cm de distância das extremidades do segmento para permitir que o segmento flutue na água. As paredes de extremidade podem ser feitas de chapas de aço ou de betão armado. A vantagem das paredes de extremidade de betão armado é a deformação mínima, o que garante a estanquidade, mas são mais difíceis de remover. As paredes de extremidade em chapa de aço são constituídas por chapas ortotrópicas formadas por chapas de aço de extremidade, vigas principais e nervuras transversais. As instalações de conexão hidráulica também são instaladas nas paredes das extremidades, incluindo principalmente uma porta de aço em forma de V, válvula de entrada de ar, válvula de drenagem, suportes de sela e uma estrutura de travamento. Todos os dispositivos devem ser equipados com vedantes de alto desempenho para garantir a estanquidade.

(3) Instalações de lastro

Os segmentos pré-fabricados do túnel tubular imerso têm flutuabilidade própria. Após o reboque e o posicionamento, os segmentos precisam de ser submersos até ao fundo, o que não pode ser conseguido sem lastro adicional. Para a submersão, podem ser utilizados materiais de lastro como pedra, escória ou cascalho, mas atualmente os tanques de água são mais utilizados por serem simples, convenientes, seguros e práticos.

3. Escavação de trincheiras

(1) Requisitos básicos para a escavação de valas

Na construção de túneis tubulares imersos, é necessário escavar uma vala no local dentro da faixa onde os segmentos ficarão submersos. Os segmentos e a vala são mostrados na Figura 4.22.

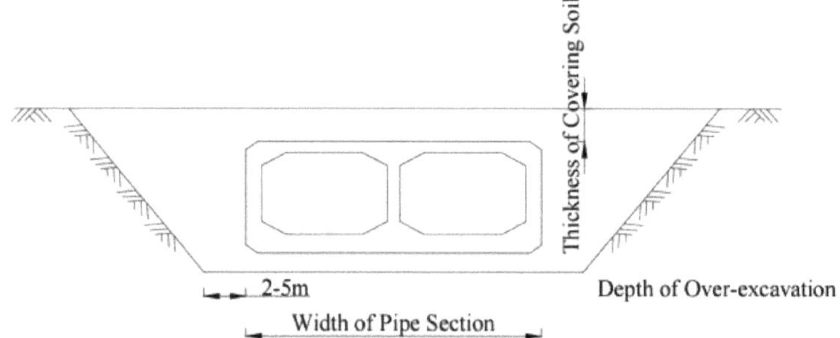

Figura 4.22 Requisitos para a escavação da vala para tubos imersos

Os requisitos básicos para a escavação de valas são os seguintes:

- A inclinação longitudinal do fundo da vala deve corresponder à inclinação projectada dos segmentos.
- As dimensões da secção transversal da vala devem ser determinadas de acordo com as dimensões da secção transversal do segmento e as condições geológicas.

(2) Métodos de escavação de valas

Geralmente, as dragas de sucção são utilizadas para dragar a vala debaixo de água, sendo a lama transportada por barcaças. As trincheiras lamacentas são normalmente escavadas em duas fases: escavação grosseira até cerca de 1 metro acima do nível projetado e escavação precisa imediatamente antes de submergir os segmentos para evitar o assoreamento. Depois de atingir o nível de fundo da vala projectada, o solo flutuante e o lodo devem ser removidos. Se a camada de solo da vala for dura e a profundidade da água for superior a 20-25 metros, podem ser utilizadas dragas de garra com pequenas dragas de sucção e explosões; para camadas de solo duro, pode também ser utilizada uma draga de balde único. No caso de trincheiras rochosas, começa-se por remover a sobrecarga acima da superfície da rocha, depois escava-se com recurso a jato de areia subaquático e, por fim, limpa-se a rocha.

4. Segmentos pré-fabricados flutuantes e submersos

(1) Flutuação de segmentos pré-fabricados

A flutuação envolve normalmente duas etapas: rebocar os segmentos para fora da doca e fazê-los flutuar até ao local do túnel. Depois de completar a pré-fabricação dos segmentos na doca seca, a água é bombeada para a doca para fazer flutuar os segmentos. Durante o processo de flutuação, os segmentos são ancorados utilizando pontos de ancoragem pré-definidos em torno da doca seca, e guinchos colocados no topo da doca são utilizados para puxar gradualmente os segmentos para fora.

Depois de deixarem a doca, os segmentos têm de ser transportados para o local do túnel, normalmente por rebocadores ou guinchos fixados em terra. Para longas distâncias de transporte sobre grandes superfícies de água, são geralmente utilizados rebocadores para rebocar os segmentos. A dimensão e o número de rebocadores são determinados pelo comprimento, largura, altura, velocidade de reboque e condições de navegação do segmento (forma do canal, profundidade da água, caudal), com base numa análise mecânica.

(2) Submergir e posicionar os segmentos pré-fabricados

Após a flutuação dos segmentos para a posição designada, estes devem ser submersos na vala e ligados aos segmentos adjacentes. O processo de submersão e posicionamento é diretamente afetado pelas dimensões do segmento, clima, fluxo de água, terreno e também por certas condições de navegação. Assim, durante a construção, deve ser selecionado um método de submersão adequado com base nestas condições específicas, e deve ser desenvolvido um plano prático de operação subaquática para posicionar os segmentos de forma segura e estável.

Atualmente, existem dois métodos principais para submergir segmentos de túneis tubulares imersos: o método de elevação e o método de tração, sendo o método de elevação o mais comum. O método de elevação pode ainda ser dividido em elevação por grua, elevação por tanque de flutuação ou pontão, elevação por plataforma auto-elevatória à base de água e métodos de elevação de grupos de navios ou de grupos de tanques de flutuação.

5. Ligações subaquáticas e tratamento de fundações

(1) Ligação subaquática de segmentos

Depois de os segmentos terem sido submersos, devem ser ligados aos segmentos anteriormente submersos ou ao veio vertical para formar uma estrutura contínua. Este processo é conhecido como ligação subaquática de segmentos. Existem dois métodos para ligações subaquáticas: ligação subaquática de betão e ligação por pressão hidráulica.

Ⅰ. Método de ligação subaquática de betão

Quando se utiliza o método de ligação de betão subaquático, as estacas-pranchas (pré-instaladas nos segmentos) devem primeiro ser colocadas nas extremidades das juntas dos segmentos. Depois de o segmento ter sido submerso, são instaladas estacas-pranchas em forma de arco nos lados esquerdo e direito das estacas-pranchas na água, formando uma ensecadeira circular de aço. O betão subaquático é então vertido na ensecadeira, criando a ligação subaquática entre os segmentos. O método de ligação subaquática de betão é complexo, envolve um trabalho subaquático extenso e o betão nas juntas dos segmentos é propenso a fissuras e fugas. Por conseguinte, este método é raramente utilizado atualmente, exceto em circunstâncias especiais.

Ⅱ. Método de ligação da pressão hidráulica

A ligação por pressão hidráulica utiliza a pressão significativa da água nos segmentos para comprimir uma junta de borracha instalada à volta do bordo frontal do segmento, criando uma vedação estanque altamente fiável na junção do segmento. O processo de construção específico envolve puxar o segmento recém-submerso em direção ao segmento já instalado até que estejam em contacto próximo, fazendo com que a junta sofra uma compressão inicial, o que proporciona uma vedação preliminar à água. De seguida, a água entre a parede da extremidade traseira do segmento previamente instalado e a parede da extremidade dianteira do segmento recém-instalado (agora isolado da água do rio exterior) é drenada. Após a drenagem, a pressão do ar na parede da extremidade traseira do segmento recém-instalado desce para 1 atmosfera, enquanto a pressão significativa da água que actua na parede da extremidade traseira empurra o segmento recém-colocado para a frente, fazendo com que a junta sofra uma segunda compressão, garantindo assim uma ligação estanque muito fiável.

O desempenho e a forma da junta utilizada na ligação de pressão hidráulica têm um impacto significativo no efeito de vedação. São utilizados dois tipos comuns de juntas: uma é uma junta de borracha com nervuras afiadas e a outra é uma placa de borracha em forma de "W" ou "Ω", normalmente instalada na direção horizontal da junta de segmento.

(2) Tratamento da fundação do tubo submerso

O tratamento da fundação é o passo final na construção de um túnel de tubo imerso subaquático. Após a escavação da vala, a submersão do segmento, o tratamento da fundação e o enchimento, o fator de flutuabilidade do tubo imerso (a razão entre o peso total do segmento e o seu deslocamento) é de apenas 1,1 a 1,2. Assim, a carga na fundação é geralmente menor do que antes da escavação, e o assentamento devido à consolidação do solo ou falha de cisalhamento é improvável. No entanto, após a escavação da vala, existem frequentemente muitas lacunas irregulares entre a superfície do fundo da vala e o tubo imerso, o que pode levar a tensões irregulares na fundação e a falhas localizadas. Isto, por sua vez, pode causar um assentamento irregular da fundação, sujeitando a estrutura do tubo imerso a uma tensão local significativa e causando fissuras. Assim, o tratamento da fundação é necessário nos túneis de tubos imersos para nivelar e compactar os espaços entre a superfície inferior do segmento e a fundação, eliminando assim os vazios prejudiciais que podem comprometer a estrutura.

O principal método de tratamento das fundações dos túneis tubulares imersos é o nivelamento do fundo da vala. Podem ser utilizadas várias técnicas, categorizadas em dois tipos principais com oito métodos diferentes: métodos de pré-estruturação, incluindo o método de espalhamento de areia e o método de espalhamento de pedra; e métodos de pós-estruturação, incluindo o método de injeção de areia, o método de pulverização de areia, o método de injeção em saco, o método de injeção, o método de compactação de areia e o método de fundação por estacas.

4.3 Carris de luz

4.3.1 Caraterísticas da engenharia de estruturas elevadas

Os sistemas de transporte ferroviário urbano, como os metropolitanos e os metropolitanos ligeiros, devem ser selecionados com base em factores como o ambiente da cidade, o planeamento da rede rodoviária e a variação do terreno urbano ou dos aglomerados de edifícios. O sistema pode funcionar acima do solo, formando estruturas elevadas, ou no subsolo, formando túneis, e pode também funcionar ao nível do solo. Quando se utilizam linhas elevadas, a engenharia estrutural inclui tanto as secções elevadas como as estações elevadas, que são estruturas urbanas permanentes. Estas estruturas devem ser concebidas de forma económica e duradoura, em conformidade com o planeamento da cidade e integradas na paisagem urbana.

4.3.2 Formas estruturais

As estruturas elevadas devem ser simples, normalizadas, seguras, económicas, duradouras e práticas, satisfazendo simultaneamente os requisitos da paisagem urbana e harmonizando-se com o ambiente circundante.

A superestrutura deve utilizar preferencialmente betão pré-esforçado, seguido de estruturas de aço, e deve ter uma rigidez vertical e horizontal suficiente. A colocação dos pilares deve respeitar os requisitos de planeamento urbano.

Os painéis laterais das pontes elevadas devem ser firmemente ligados à estrutura principal, com disposições para barreiras acústicas e sua eventual instalação. Devem ser colocados guarda-corpos ao longo dos bordos das passagens para peões. Deve também ser tido em conta o espaço e as instalações necessárias para a inspeção e manutenção durante o funcionamento.

A largura do tabuleiro da ponte nas secções curvas e nas zonas de desvio deve ser aumentada com base no raio da curva e no projeto do cruzamento.

1. Formas estruturais de vão de viga

(1) Sistemas estruturais

As pontes urbanas com vãos pequenos e médios utilizam frequentemente sistemas de vigas simplesmente apoiadas ou sistemas de vigas contínuas. Em zonas especiais, podem também ser utilizados outros sistemas estruturais, como pontes estaiadas ou pontes de estrutura rígida com pernas inclinadas.

(2) Formas das vigas

A seleção das formas das vigas para as secções normalizadas de pontes elevadas deve ter em conta factores como o desempenho estrutural, a eficiência económica e a viabilidade de construção, tendo também em atenção a linearidade das vigas e dos pilares para fins estéticos. As estruturas adequadas incluem vigas em caixão de betão pré-esforçado (vigas em caixão duplo de célula única, vigas em caixão simples de célula única, vigas em caixão simples de célula dupla), vigas em laje de betão pré-esforçado (vigas em laje oca, vigas em laje de baixa altura), vigas em T de betão pré-esforçado pós-tensionado e vigas em U sob o tabuleiro.

Ⅰ. Vigas-caixão de betão pré-esforçado

As secções fechadas de paredes finas em forma de caixa têm uma elevada rigidez à torção e um bom desempenho global, o que as torna amplamente utilizadas. Os tipos de secção transversal incluem principalmente vigas de caixa dupla de célula única e vigas de caixa única de célula única e de caixa única de célula dupla. A Figura 4.23 mostra uma viga de caixa dupla de célula simples à esquerda e uma viga de caixa simples de célula dupla à direita.

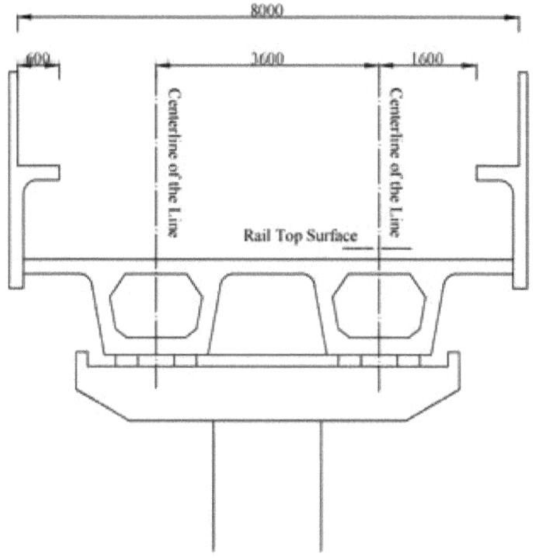

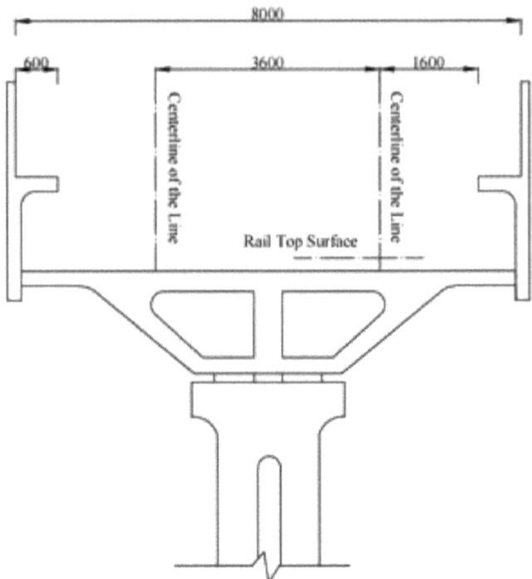

Figura 4.23 Viga de caixa dupla de célula simples e viga de caixa simples de célula dupla (dimensões em mm)

Ⅱ. Vigas de laje de betão pré-esforçado

As secções transversais das vigas de laje incluem principalmente lajes ocas, lajes de baixa altura e lajes com formas especiais. As vigas de laje com formas especiais têm uma vantagem estética e são geralmente construídas como vigas de um só vão, normalmente moldadas no local. Na Figura 4.24, a imagem da esquerda mostra uma viga de laje oca e a imagem da direita mostra uma viga de laje de baixa altura.

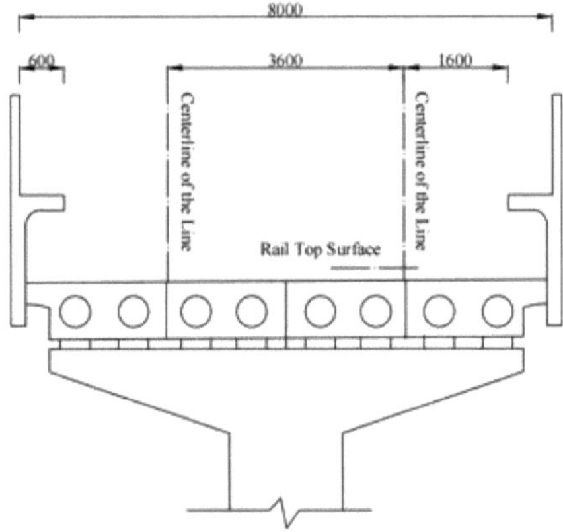

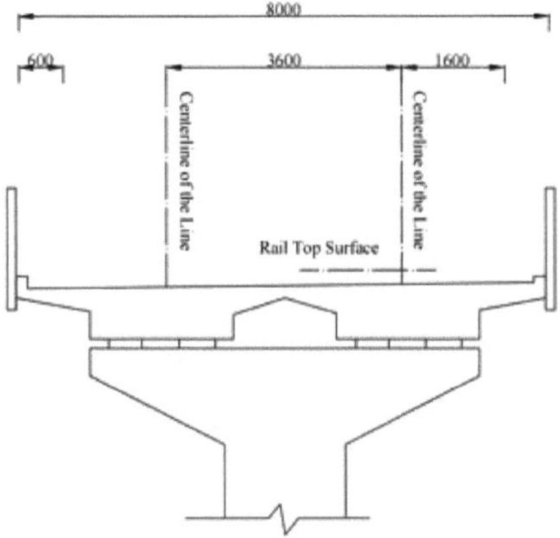

Figura 4.24 Viga de laje oca e viga de laje de baixa altura (dimensões em mm)

Ⅲ. Vigas em T de betão pré-esforçado

As vigas em T (Figura 4.25) são estruturas nervuradas como as vigas-caixão, combinando a elevada rigidez das vigas-caixão com a eficiência do material. Cada vão é formado pela ligação de várias vigas principais pré-fabricadas, com pesos de elevação reduzidos, facilidade de reparação ou substituição de componentes e evitando as dificuldades de remoção dos moldes internos das vigas em caixão.

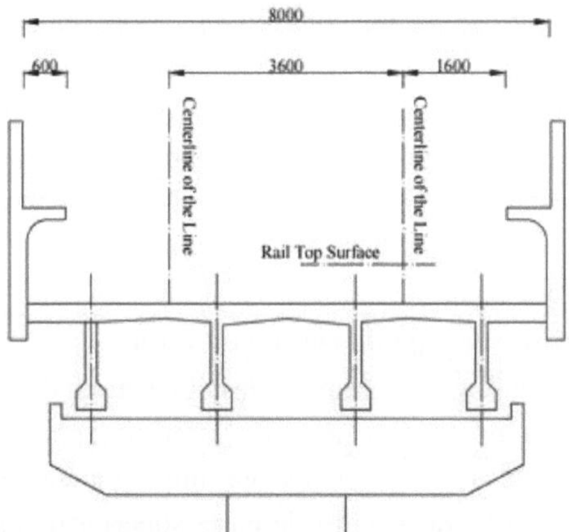

Figura 4.25 Viga em T (Dimensões em mm)

Ⅳ. Viga em caixão compósita

Uma viga em caixão mista de betão pré-esforçado é formada pelo fabrico de vigas em U utilizando o método de pré-tensão numa fábrica de pré-fabricados. Após a montagem destas vigas, um tabuleiro contínuo de betão armado é lançado sobre elas, ligando as vigas em U numa única estrutura em caixão composta.

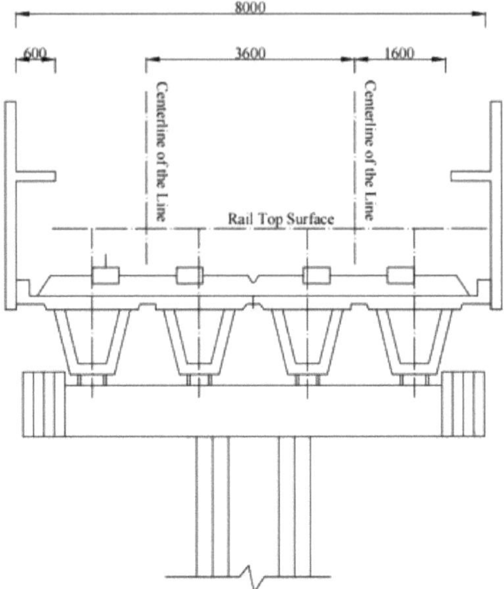

Figura 4.26 Viga em caixão mista (dimensões em mm)

Na secção, a viga caixão mista é tipicamente composta por quatro vigas simplesmente apoiadas, com um vão económico de cerca de 23 metros e um peso de elevação de aproximadamente 25 toneladas. Esta conceção combina as vantagens da boa integridade global da viga caixão e da elevada rigidez à torção. Para além disso, o tabuleiro contínuo moldado no local supera os inconvenientes das juntas múltiplas nas vigas simplesmente apoiadas, melhorando assim as condições de condução.

V. Estrutura de viga de coluna elevada

A estrutura da viga longarina é classificada em dois tipos: a corda superior (apoiada no topo) e a corda inferior (apoiada na base). A estrutura de corda superior apresenta uma grande consola (braço pendente) que se estende a partir da parte superior de uma única viga caixão, enquanto a estrutura de corda inferior tem uma grande consola que se estende a partir do tabuleiro inferior da viga de coluna, como mostra a Figura 4.27. A maioria dos sistemas urbanos de transporte ferroviário adopta este último tipo. Esta estrutura baseia-se principalmente na viga longarina para suportar os momentos flectores longitudinais, com a laje em consola a servir de laje de via que transfere as cargas do comboio para a viga longarina. As paredes laterais servem de barreiras acústicas e de proteção contra o capotamento dos veículos. Estes muros também podem ser integrados como parte da estrutura, funcionando como vigas de bordadura para melhorar a distribuição de tensões na consola.

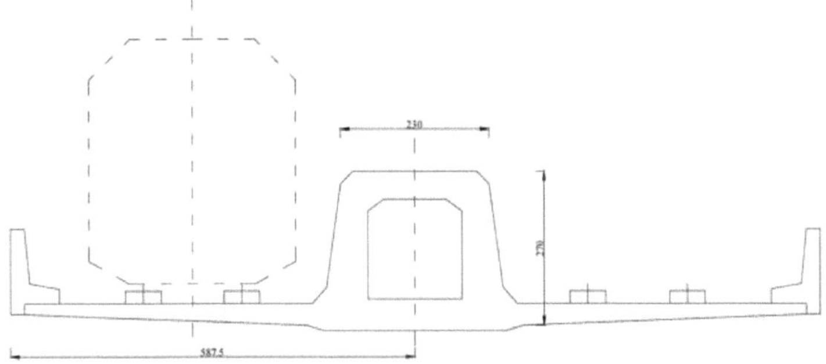

Figura 4.27 Estrutura em caixão da viga de lombada (dimensões em mm)

Outro componente crítico da estrutura da laje da viga de sustentação inferior é a laje em consola. A forma estrutural da laje em consola pode ser uma laje contínua longitudinal, uma laje oca ou várias vigas em consola.

2. Formas de cais elevadas

Na conceção global das pontes, a subestrutura da ponte deve ter resistência e estabilidade suficientes para evitar deslocações e rotações excessivas sob carga. Uma escolha razoável pode harmonizar a superestrutura e a subestrutura, resultando num projeto leve e esteticamente agradável. Isto é particularmente importante para as linhas elevadas de metropolitano ou de metropolitano ligeiro, que servem frequentemente como estruturas de pontes de passagem superior e são limitadas pela topografia, pelo uso do solo e pelo tráfego. A forma da subestrutura está também intimamente relacionada com a arquitetura urbana e o ambiente, o que torna a sua conceção especialmente importante. Uma subestrutura bem concebida pode fazer com que a ponte elevada se integre perfeitamente no ambiente urbano, criando uma sensação de harmonia e simetria que agrada aos peões.

Além disso, devido à necessidade de intercâmbios de tráfego, os pilares devem ser projectados para minimizar a obstrução visual, garantindo boas linhas de visão para os veículos. As formas mais comuns de pilares elevados são as seguintes.

(1) Cais em forma de T

Os pilares em forma de T são leves, poupam materiais de construção e reduzem a utilização do solo. O eixo do cais pode ser circular, retangular, hexagonal, etc., com elevada resistência e rigidez. A transição entre a subestrutura e a superestrutura é suave e lógica, o que a torna adequada para pontes elevadas e situações em que a ponte intersecta as estradas de terra em ângulo, como mostra a Figura 4.28. O cais é constituído por uma sapata, um poço de cais e uma viga de cobertura.

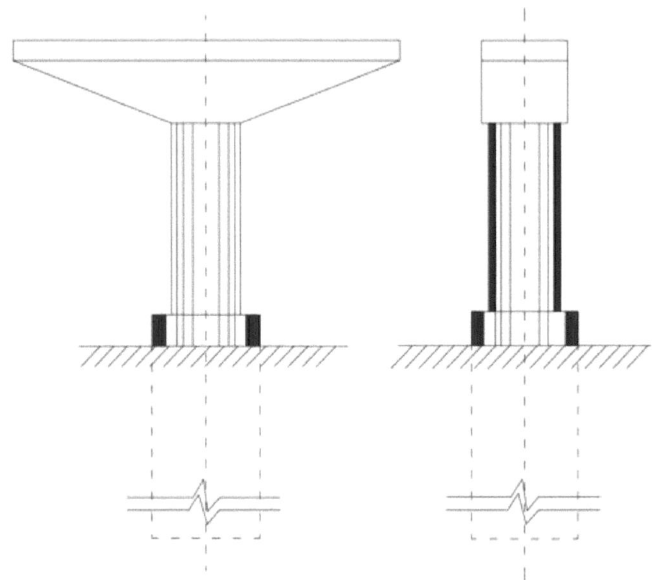

Figura 4.28 Cais em forma de T

(2) Cais de pilar duplo

Os pilares de coluna dupla formam uma estrutura de betão armado na direção transversal, com uma transmissão de força clara e boa estabilidade. As condições de trabalho da viga de cobertura são mais favoráveis em comparação com os pilares em forma de T, eliminando a necessidade de pré-esforço durante a construção. Estes pilares são normalmente utilizados para alturas inferiores a 30 metros, como se mostra na Figura 4.29 (esquerda). No caso dos pilares fluviais, para evitar que os detritos fiquem presos entre os pilares e afectem a segurança da ponte, é utilizado um pilar em forma de haltere, como se mostra na Figura 4.29 (meio). Nos nós urbanos, os pilares em forma de haltere podem suportar maiores forças de impacto lateral. Em alternativa, os pilares podem ser separados em dois acima do nível máximo de água ou da altura de impacto, formando a parte inferior um pilar sólido de extremidade arredondada, como mostra a Figura 4.29 (direita).

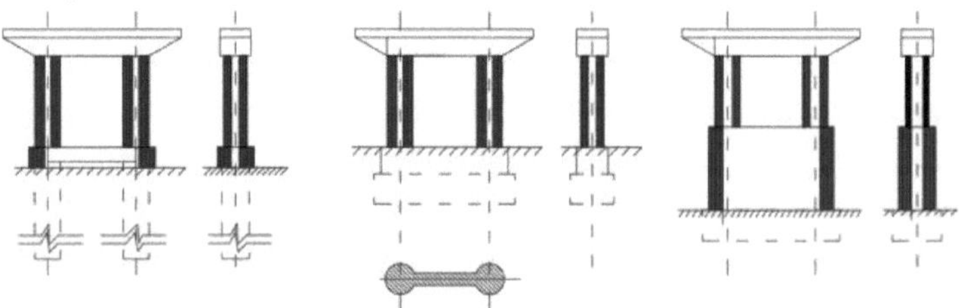

Figura 4.29 Cais de coluna dupla (esquerda), cais em forma de haltere (meio), cais maciço de extremidade arredondada (direita)

(3) Cais em forma de Y

O cais em forma de Y combina as vantagens dos cais em forma de T e de coluna dupla, como mostra a Figura 4.30. A parte inferior é uma coluna única, que ocupa menos terreno e é benéfica para o tráfego sob a ponte, proporcionando boa visibilidade. A parte superior é um pilar duplo, o que melhora as condições de trabalho da viga de cobertura sem necessidade de pré-esforço. Esta conceção é leve, esteticamente agradável e estruturalmente eficiente, embora a sua construção seja mais complexa.

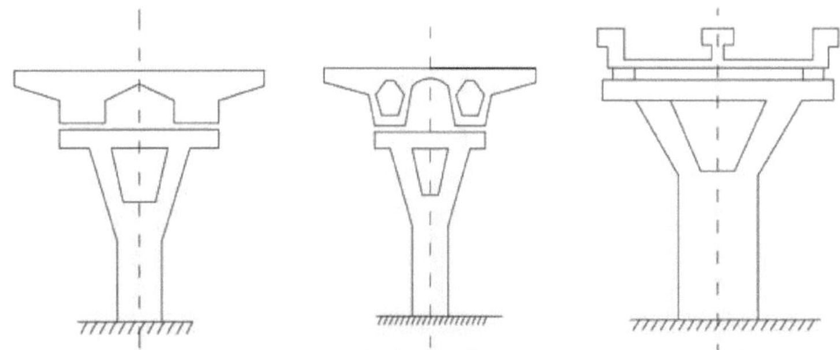

Figura 4.30 Cais em forma de Y

3. Estruturas de estações elevadas

O projeto das estruturas das estações elevadas deve ter em conta o impacto dos assentamentos irregulares nas direcções longitudinal e transversal, incluindo os seus efeitos na estrutura da estação e na elevação da plataforma, quando a ponte estaiada está disposta de forma independente. Quando a ponte estaiada está totalmente separada da estrutura da estação, a conceção sísmica deve respeitar as normas nacionais em vigor, como o "Code for Seismic Design of Railway Engineering". Com base na forma estrutural, as estações elevadas podem ser classificadas em três tipos principais.

(1) Separação de estações e pontes

Como mostra a Figura 4.31, a ponte elevada passa através da estação sem qualquer ligação estrutural aos componentes da estação. Esta conceção tem caminhos claros de transmissão de forças, um impacto mínimo de vibração e ruído no ambiente circundante, boa durabilidade estrutural e facilidade em lidar com a interface com secções adjacentes. No entanto, a presença de grandes secções de cais ao nível do átrio da estação pode tornar a disposição arquitetónica menos flexível.

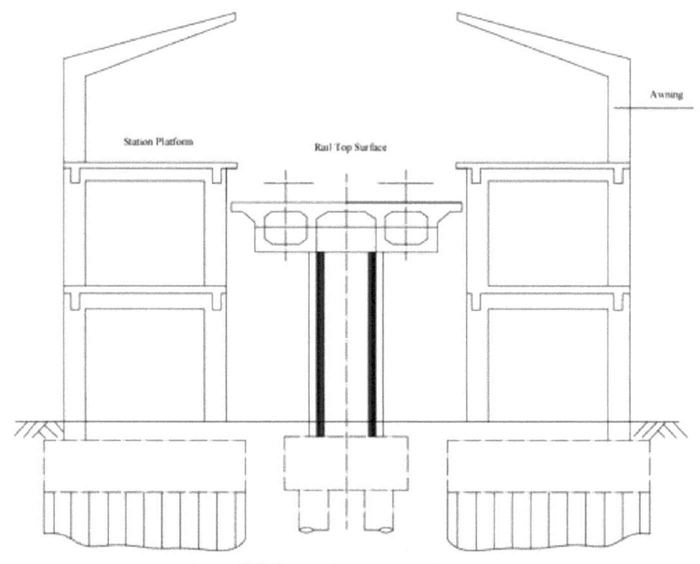

Figura 4.31 Separação entre estações e pontes

(2) Combinação de estação e ponte

Como se mostra na Figura 4.32, é instalada uma viga de deslocação no local da faixa de rodagem, que é simplesmente apoiada nas vigas de estrutura da estação, com medidas de redução das vibrações nos pontos de apoio. Esta forma tem trajectórias claras de transmissão de forças e boa integridade estrutural, mas tem um certo nível de vibração e impacto sonoro no ambiente. A interface com as secções adjacentes é difícil de gerir, a construção é complexa e é um desafio construir o tabuleiro da ponte e a estrutura por baixo dele.

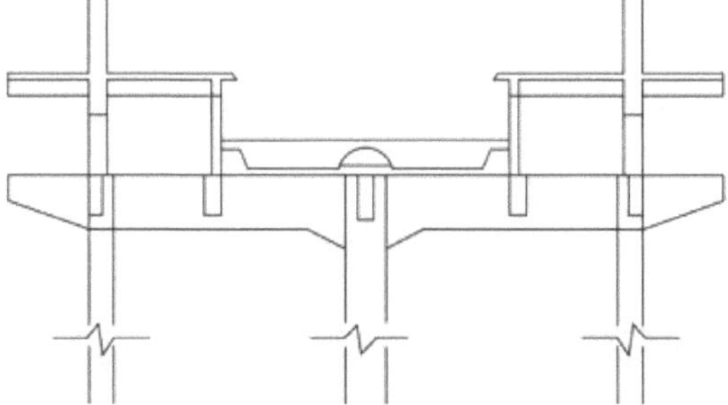

Figura 4.32 Combinação de estação e ponte

(3) Integração de estações e pontes

Como mostra a Figura 4.33, a própria estrutura da estação serve como via de circulação, com os comboios a circularem diretamente sobre as vigas e lajes da estrutura. Esta conceção permite uma disposição arquitetónica sem restrições, uma construção fácil e uma boa integridade estrutural. No entanto, a transmissão de forças não é tão clara, a interface com as secções adjacentes é difícil de gerir e a conceção tem um impacto significativo no ambiente em termos de vibrações e ruído, com uma durabilidade estrutural inferior, exigindo medidas especiais de redução das vibrações.

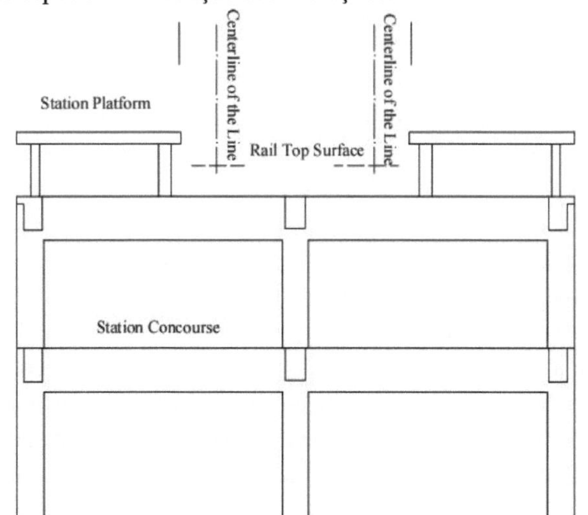

Figura 4.33 Integração da estação e da ponte

4.3.3 Construção de projectos elevados

1. Construção de fundações

A construção de fundações de pilares de pontes elevadas sobre carris ligeiros e de pilares de estruturas de estações é crítica devido a requisitos rigorosos de assentamento. Por conseguinte, são frequentemente utilizados blocos de estacas independentes nas fundações por estacas e são adicionadas vigas de ligação para as estruturas de suporte das estações.

(1) Construção de fundações por estacas

As fundações por estacas podem ser classificadas em dois tipos principais com base no método de construção: estacas pré-fabricadas e estacas moldadas no local.

Ⅰ. Estacas pré-fabricadas

Os tipos mais comuns são as estacas de betão pré-esforçado (PHC) e as estacas pré-fabricadas de betão armado. As estacas PHC são geralmente pré-fabricadas em fábricas, embora seja possível o fabrico no local de estacas de betão armado, se o espaço o permitir. As estacas pré-fabricadas são normalmente divididas em secções superior e inferior, sendo a secção superior feita de betão C40 e a secção inferior de betão C35. O betão deve atingir 85% da sua resistência de projeto antes da elevação e 100% antes da cravação, com um período de cura não inferior a 28 dias. A cravação das estacas deve ser interrompida quando a ponta da estaca atinge a cota de projeto e a penetração cumpre as especificações exigidas. Caso contrário, o plano de construção deve ser reavaliado em consulta com a equipa de projeto.

Ⅱ. Estacas moldadas no local

Estas são frequentemente estacas perfuradas ou escavadas, com diâmetros tipicamente de 800mm, 1200mm ou 1500mm. Os furos são geralmente feitos com uma sonda de perfuração adequada e um método de circulação positiva com lama de solo nativo. Para estacas com um diâmetro de 1500mm, depois de atingir a profundidade desejada, pode ser utilizada uma bomba de circulação inversa para limpeza. Se a ponta da estaca assentar numa camada de areia fina, deve ser utilizada uma lama mais densa durante a perfuração para manter a estabilidade do furo e evitar o colapso. Antes de deitar o betão, a densidade da lama deve ser ajustada para cumprir as especificações padrão. Uma vez atingida a profundidade final, é efectuada uma dessilagem contínua e a substituição da lama por uma lama menos densa, utilizando o sistema de circulação inversa da plataforma de perfuração.

(2) Construção de estacas

A disposição das estacas utiliza o método de coordenadas polares, com pontos de controlo definidos em telhados de edifícios altos próximos e projectados para baixo, permitindo uma grande área de controlo e evitando longas linhas de visão. Após a calibração, os pontos de controlo temporários são finalizados. A escavação em torno do bloco de estacas até ao topo das estacas deve ser efectuada manualmente para evitar danificar as cabeças das estacas.

Para evitar o colapso do solo, são utilizadas medidas de proteção, tais como inclinação, estacas-prancha ou contraventamento de madeira. Se o bloco de estacas estiver dentro de um canal e a sua base for mais alta do que o fundo do canal, o lodo remanescente é removido, a área é preenchida com cascalho e a água é drenada antes de se deitar o betão.

2. Construção de cais e pontes

Para garantir superfícies lisas e planas e acabamentos de elevada qualidade, acelerando simultaneamente a construção, é normalmente utilizada uma cofragem metálica integrada de grandes dimensões, fácil de montar e desmontar. A cofragem metálica é pré-montada no local e, uma vez cumpridas as especificações, é içada para o local com uma grua. Antes da elevação, as juntas são seladas e a superfície interior da cofragem é revestida duas vezes com um agente desmoldante. O vazamento de betão para os pilares é supervisionado por pessoal dedicado para manter uma taxa de fornecimento consistente, evitando juntas frias devido a atrasos.

Para pilares de pilares duplos com vigas de ligação, uma vez que as dimensões modulares da cofragem podem não ser exactas, os pilares de betão são frequentemente formados em primeiro lugar e a viga de ligação é adicionada mais tarde. As barras de aço são pré-embutidas nas vigas e são utilizados acopladores para ligar as barras.

3. Construção de vigas

(1) Método de pré-fabricação e de elevação

Para vigas de laje oca de betão pré-esforçado com vãos de cerca de 20 metros, as vigas são normalmente pré-fabricadas numa fábrica e depois transportadas para o local de instalação. As vigas podem ser pré-tensionadas ou pós-tensionadas. Devido ao seu comprimento, peso e altura a que têm de ser levantadas, são frequentemente utilizadas operações com gruas duplas. A chave para as operações com grua dupla é selecionar as posições ideais para as gruas e coordenar os seus movimentos, normalmente posicionando-as em vãos adjacentes ou dentro do mesmo vão. As direcções de transporte e de instalação da viga são geralmente paralelas.

As vigas em forma de T e em forma de I, que têm uma estabilidade lateral fraca, devem ser ligadas de forma segura aos primeiros componentes instalados para evitar a inclinação. A diferença de período de cura entre vigas instaladas no mesmo vão não deve exceder 10 dias. Para vigas com condutas pré-formadas, as linhas centrais devem alinhar-se com uma tolerância de 4 mm. As vigas de ponte curvas, inclinadas ou oblíquas devem ser instaladas de acordo com as especificações de projeto relativas à posição do plano, à elevação e ao alinhamento geométrico.

Além disso, o pré-fabrico, a deslocação, o armazenamento e o transporte das vigas devem respeitar as normas aplicáveis.

(2) Método do andaime moldado no local

Para vigas em caixão de betão moldado no local com vãos que variam tipicamente entre 30 e 40 metros, é geralmente utilizado um andaime completo. A superfície da fundação do andaime deve ser plana e ter sistemas de drenagem instalados. Se estiver localizada num declive, a fundação deve ser em socalcos. O andaime deve ser estável e seguro, com capacidade de carga suficiente. Se o andaime for montado sobre um solo mole, este deverá ser tratado de modo a satisfazer as exigências de capacidade de carga. Para os andaimes montados na água, recomenda-se a utilização de fundações de estacas.

A pré-carga dos andaimes de pontes moldados no local deve ser determinada com base no tipo e na estrutura do andaime, no assentamento da fundação, na capacidade de suporte e na dimensão da carga. O betão deve ser vazado longitudinalmente da extremidade inferior para a superior da ponte e transversalmente de forma simétrica. Durante o vazamento, devem ser controladas as deformações, os deslocamentos, as juntas e a compressão dos andaimes, bem como o assentamento da fundação. Se as deformações ou deslocamentos excederem os valores admissíveis, devem ser tomadas imediatamente medidas corretivas.

(3) Método de construção em consola

Quando os vãos das pontes atravessam rios ou têm grandes vãos, é utilizado o método de construção em consola. As formas em consola habitualmente utilizadas incluem as formas deslizantes, as formas estaiadas pré-esforçadas, as formas em diamante e as formas autoportantes.

A relação entre o peso da cofragem em consola e o betão do segmento de viga deve ser controlada entre 0,3 e 0,5, com um limite máximo de 0,7 em casos especiais. O fator de segurança contra o tombamento durante a construção ou o movimento da cofragem não deve ser inferior a 2, com uma deformação máxima admissível de 20 mm. O fator de segurança para os sistemas de auto-ancoragem e os sistemas de contraventamento lateral também não deve ser inferior a 2.

A construção do consolo deve ser feita de forma simétrica e equilibrada, com a secção transversal completa a começar na extremidade do consolo e a progredir em direção aos segmentos anteriormente concluídos. O desvio real da carga desequilibrada entre os dois consolas não deve exceder os limites de projeto. A construção deve seguir os princípios de controlo duplo, centrando-se no controlo da deformação. Durante a construção do cantilever, o desvio do eixo central da viga deve ser mantido dentro de 5mm, e o desvio de elevação deve ser de ±10mm. Ao mover a forma cantilever para a frente, devem ser colocados dispositivos de controlo ou de travagem atrás dela para evitar o deslizamento. Uma vez em posição, os pontos de ancoragem traseiros devem ser imediatamente bloqueados para evitar o capotamento.

4.4 Estações

A construção de estações de metro envolve condições geológicas complexas e é significativamente influenciada pelo ambiente circundante e pela segurança dos projectos de fundações profundas, o que torna difícil garantir a qualidade da construção. Em contrapartida, as estações de metropolitano ligeiro estão maioritariamente localizadas ao nível do solo, o que torna a sua construção relativamente mais simples.

4.4.1 Tecnologia de construção de estações de metro

1. Escavação de terraplenagem

(1) Método de corte a céu aberto e aterro

O método de corte e aterro a céu aberto é simples, envolvendo várias frentes de trabalho e custos de construção relativamente baixos, o que pode efetivamente garantir a qualidade da construção. Os gestores de projeto devem avaliar cuidadosamente as condições do local de construção e criar estruturas de apoio razoáveis ou adotar métodos de corte e aterro a céu aberto com base no ambiente local e nas condições geológicas. Para poços de fundação profundos e projectos localizados em áreas movimentadas com más condições geológicas, são normalmente utilizadas paredes diafragma combinadas com suportes internos (tais como suportes de betão armado ou suportes de aço). Em zonas com melhores condições geológicas, pode ser utilizada uma combinação de suportes de betão armado, cortinas de água de estacas misturadoras de veio triplo e estacas de retenção.

Se a profundidade da escavação for pouco profunda e o local for aberto, a escavação em taludes escalonados pode ser empregue para melhorar a qualidade da construção. No entanto, quando o local de construção é restrito e o declive da escavação não cumpre as especificações do projeto, é necessário utilizar medidas de reforço ou melhorar as estruturas de retenção de baixo custo, como os muros de pregagem do solo, para melhorar a segurança e a estabilidade globais.

Para estações de metro em áreas urbanas, onde são comuns desafios como escavações profundas e espaço limitado, são normalmente utilizadas paredes diafragma combinadas com apoios internos. As principais contramedidas incluem:

- Garantir a qualidade da construção das paredes diafragma, utilizando uma lama de alta qualidade, assegurando uma escovagem suficiente das paredes e reduzindo as fugas nas juntas.
- Reforçar a formação do pessoal em matéria de gestão e de segurança e efetuar inspecções regulares do poço de fundação.
- Escavação do poço de fundação em camadas, segmentos, simetricamente, e dentro dos limites de tempo, enquanto se fornece apoio à medida que a escavação progride para minimizar a deformação das estruturas de apoio.
- Proibição de qualquer carga num raio de 2 metros à volta do poço da fundação e limitação das cargas a 20 kPa para além deste intervalo.
- Comparar as camadas de solo efetivamente expostas durante a escavação com o relatório geotécnico e contactar imediatamente os inspectores e projectistas se forem encontradas discrepâncias antes de prosseguir com a escavação.
- Aplicar rapidamente a pré-tensão aos apoios internos e reaplicar a pré-tensão se ocorrerem perdas. Dentro dos limites de projeto

permitidos, o aumento da pré-tensão pode ajudar a controlar a deformação das estruturas de suporte.

- Reforçar o controlo dos poços das fundações e assegurar práticas de construção baseadas na informação. Analisar os motivos e tomar medidas atempadas para eliminar os riscos quando surgem alertas.

(2) Método de escavação coberta

Para além do método de corte e aterro a céu aberto, o método de escavação coberta é frequentemente utilizado na construção de estações de metro, incluindo o método descendente e o método ascendente. O método de cima para baixo é o mais comum.

As caraterísticas do método top-down de corte e cobertura para estações de metro são apresentadas na Tabela 4.3.

Quadro 4.3 Caraterísticas do método descendente

Não.	Vantagens	Desvantagens
1	A laje superior, a laje intermédia, etc., servem de apoio lateral, proporcionando uma elevada rigidez.	Para o transporte de terra e areia, é necessário fazer vários furos de remoção de terra na laje superior, o que exige um reforço à volta desses furos.
2	Adequado para quaisquer formas planas irregulares ou grandes.	As gaiolas de armadura dos pilares permanentes entram em conflito com as armaduras principais das vigas e lajes da estrutura principal.
3	As estruturas abaixo da laje superior e a restauração do tráfego rodoviário de superfície podem prosseguir simultaneamente, encurtando efetivamente a duração do projeto.	O trabalho subterrâneo abaixo da laje superior cria um espaço confinado, dificultando a entrada de equipamento de grandes dimensões, aumentando a dificuldade e o custo da escavação subterrânea.
4	As lajes estruturais actuam como suporte lateral e plataformas de trabalho, reduzindo a necessidade de grandes instalações temporárias e diminuindo os custos de construção.	As lajes estruturais funcionam como apoio lateral e plataformas de trabalho, reduzindo a necessidade de grandes instalações temporárias e diminuindo os custos de construção. As estações de metro são geralmente longas, exigindo pilares com capacidade de carga suficiente para evitar o assentamento irregular da estrutura da estação.

2. Construção de impermeabilização

A impermeabilização na construção de estações é uma tarefa sistemática que requer uma cooperação estreita entre a estrutura e a impermeabilização, combinando a impermeabilização com a durabilidade. Os componentes estruturais principais e as estruturas auxiliares da estação utilizam uma combinação de camadas de betão auto-impermeabilizantes e camadas flexíveis de impermeabilização, complementadas por camadas adicionais de reforço para aumentar a eficácia da impermeabilização. Deve ser dada especial atenção às medidas de impermeabilização nas juntas de construção, juntas induzidas, penetrações nas paredes, peças embutidas, ligações de passagem reservada, junções de estações, ligações túnel-estação, cabeças de estacas, cantos e outros pormenores críticos.

Para conseguir uma gestão eficaz da impermeabilização, a unidade de construção deve desenvolver um plano de construção de impermeabilização adaptado à estação, identificar com precisão os pontos-chave e as dificuldades de impermeabilização e implementar as medidas preventivas correspondentes.

A divisão razoável da estrutura da estação em unidades de construção (ou seja, segmentos de fluxo de construção) é crucial para evitar deixar juntas de construção em áreas com forças de cisalhamento significativas.

Os gestores de projectos devem adotar técnicas de impermeabilização científicas e razoáveis, tais como juntas induzidas, tiras pós-fabricadas e juntas de construção, e pré-instalar tubos de betumação em áreas propensas a riscos de fugas. Se ocorrerem fugas, devem ser prontamente tomadas medidas de betumação para as selar. As juntas de construção longitudinais não devem ser colocadas nas posições da laje inferior e da laje superior da estrutura da estação principal, e o espaçamento das juntas de construção transversais deve ser controlado num raio de 20 metros, assegurando que a posição de colocação está sob tensão mínima.

4.4.2 Métodos de Construção de Estações de Metro Ligeiro

- As estações de metro ligeiro estão normalmente localizadas ao nível do solo, o que torna a sua construção relativamente simples. Os principais métodos de construção incluem:
- Engenharia de fundações: A fundação é tratada para assegurar que a capacidade de suporte cumpre os requisitos do projeto, seguindo-se a construção da fundação.
- Estrutura principal: A estrutura principal é construída em aço ou betão armado, incluindo a plataforma, as salas de espera, as escadas e outras instalações auxiliares.
- Instalação dos carris: Após a conclusão da estrutura principal, os carris são instalados, garantindo a sua planura e estabilidade.
- Instalação de equipamentos: Trata-se da instalação de sistemas como energia, sinalização, ventilação, drenagem, entre outros.

- Acabamento e decoração: A estação é acabada e decorada de forma a garantir a estética, a funcionalidade e a conformidade com os requisitos de utilização.
- Testes e aceitação: Após a conclusão de toda a construção, são efectuados testes e aceitação para garantir o funcionamento normal de todos os sistemas.

Questões para debate

Exercício 1:

Quais são as principais diferenças entre o método de escavação a céu aberto e aterro e o método de escavação subterrânea na construção de túneis de metro?

Exercício 2:

Em que é que a escavação inclinada difere da escavação com estruturas de retenção quando se utiliza o método de corte a céu aberto na construção do metro?

Exercício 3:

Descreva o papel das estruturas de retenção de estacas-pranchas metálicas na construção de túneis de metropolitano. Como é que contribuem para a estabilidade da escavação?

Exercício 4:

Quais são as vantagens da utilização de estruturas de contenção por estacas escavadas em relação a outros métodos de contenção na construção de túneis de metropolitano?

Exercício 5:

Como é que o método de estrutura de retenção de parede de pregagem do solo melhora a estabilidade das escavações do túnel do metro?

Exercício 6:

Discutir o método de construção de paredes diafragma em túneis de metro. Como é que este método ajuda a gerir a pressão da água e do solo?

Exercício 7:

Quais são os princípios fundamentais do Novo Método Austríaco de Abertura de Túneis (NATM) na escavação subterrânea? Em que é que o NATM difere de outros métodos de escavação de túneis?

Exercício 8:

Descreva o método de escavação subterrânea enterrada a pouca profundidade. Em que cenários é que este método é mais eficaz para a construção de metropolitanos?

Exercício 9:

Quais são as principais vantagens da utilização do método da shield tunneling machine na construção do metro em relação a outros métodos de escavação de túneis?

Exercício 10:

Como é que a classificação e a estrutura das máquinas de proteção afectam a sua eficácia em diferentes condições de solo durante a construção do metro?

Exercício 11:

Quais são as principais etapas envolvidas na preparação para as operações da shield tunneling machine na construção do metro?

Exercício 12:

Como é que o processo de escavação funciona na escavação de túneis com escudo e quais são os desafios enfrentados durante o avanço da máquina com escudo?

Exercício 13:

Que técnicas são utilizadas na montagem e impermeabilização dos revestimentos dos túneis durante as operações de escavação de túneis blindados na construção do metropolitano?

Exercício 14:

Explicar a importância de monitorizar a deformação da superfície e o assentamento do túnel durante as operações de escavação de túneis com blindagem. Como é que estes problemas podem ser atenuados?

Exercício 15:

Quais são as principais etapas do método de escavação coberta para túneis de metro? Em que é que este método difere dos métodos de escavação a céu aberto e de aterro?

Exercício 16:

Em que é que o método do tubo imerso difere de outros métodos de construção de túneis em sistemas de metropolitano e quais são as suas caraterísticas únicas de construção?

Exercício 17:

Discuta o processo de pré-fabricação de segmentos no método do tubo imerso. De que forma é que este processo influencia o calendário global de construção?

Exercício 18:

Quais são os principais desafios associados à escavação de valas e à flutuação e submersão de segmentos pré-fabricados no método do tubo imerso?

Exercício 19:

Como são geridas as ligações subaquáticas e os tratamentos da fundação no método do tubo imerso para garantir a estabilidade da estrutura do túnel?

Exercício 20:

Quais são as caraterísticas únicas da engenharia de estruturas elevadas na construção de metropolitano ligeiro e como é que essas caraterísticas influenciam a escolha das formas estruturais?

Exercício 21:

Descreva as diferentes formas estruturais de vãos de vigas utilizadas em projectos de metropolitano ligeiro elevado. Como é que contribuem para a estabilidade global da estrutura?

Exercício 22:

Quais são as várias formas de pilares elevados utilizadas na construção de metropolitano ligeiro e qual o seu impacto na conceção e construção de projectos elevados?

Exercício 23:

Quais são as principais etapas envolvidas na construção das fundações de projectos de metropolitano ligeiro elevado e quais são os desafios normalmente encontrados?

Exercício 24:

Quais são as diferenças entre as técnicas de construção de pilares e pontes nos projectos de metropolitano ligeiro e nos projectos de metropolitano? Que considerações específicas são necessárias?

Exercício 25:

Descreva os métodos de escavação de terras e de impermeabilização utilizados na construção das estações de metro. Como é que estes métodos garantem a durabilidade e a segurança das estações?

Capítulo 5:
Gestão da Construção de Metro e Metro Ligeiro

5.1 Gestão da segurança

A gestão da segurança envolve um sistema abrangente que assegura que o ambiente de trabalho, as instalações e os comportamentos operacionais cumprem as normas de segurança da produção através de actividades de planeamento, organização, direção, coordenação e controlo. Este sistema tem como objetivo prevenir acidentes, minimizar perdas e proteger a segurança do pessoal.

Durante as primeiras fases de desenvolvimento dos sistemas de metropolitano e de metropolitano ligeiro, como o London Underground (1863) e o New York Subway (1904), a gestão da segurança centrava-se essencialmente na prevenção de incêndios, de explosões e da segurança eléctrica. No período de revitalização e expansão do pós-guerra, a gestão da segurança passou a centrar-se na sistematização e normalização, incluindo a formulação de regulamentos de segurança e planos de emergência. Na era moderna, os avanços na tecnologia da informação e no controlo automatizado permitiram que a gestão da segurança se tornasse cada vez mais inteligente e em tempo real, melhorando ainda mais a segurança e a eficiência global do sistema.

Para compreender e implementar plenamente a gestão da segurança, devem ser considerados vários aspectos fundamentais, incluindo a gestão da segurança da produção, a gestão do equipamento mecânico, a gestão da segurança da exploração e a educação e formação em matéria de segurança. Estas áreas serão descritas em pormenor para ilustrar a forma como os conceitos de gestão da segurança são aplicados a vários níveis e fases para construir um sistema de gestão da segurança abrangente e multifacetado, garantindo o funcionamento seguro dos sistemas de metropolitano e metropolitano ligeiro.

5.1.1 Produção

1. Requisitos e objectivos

Os requisitos de gestão da produção de segurança para a construção do transporte ferroviário incluem

- Segurança em primeiro lugar: Dar prioridade à segurança como preocupação principal, colocando sempre a vida e a saúde humanas em primeiro lugar.

- Verde e civilizado: Foco na proteção ambiental e na construção civilizada, minimizando o impacto ambiental e melhorando a imagem geral da área de construção.
- Prevenção: Identificar e eliminar potenciais riscos de segurança através de uma avaliação científica dos riscos e de medidas preventivas.
- Governação abrangente: Integrar os recursos e os esforços de todas as partes para fazer avançar plenamente a gestão da segurança e garantir a segurança em todas as fases.
- Desenvolvimento científico: Melhorar continuamente os níveis de gestão da segurança através de tecnologia avançada e métodos de gestão científica para alcançar um desenvolvimento sustentável.

Os objectivos da gestão da produção de segurança na construção do transporte ferroviário são estabelecer e melhorar os mecanismos e sistemas de produção de segurança que se adaptem às realidades do metropolitano e do metropolitano ligeiro, assegurando o carácter sistemático e científico da gestão da segurança. O objetivo é construir um sistema global e sistemático de gestão da produção de segurança que abranja todas as fases, desde o planeamento, conceção, construção e exploração até à manutenção.

Trata-se de reforçar o trabalho de base a nível das bases para garantir as medidas "cinco no local": clarificar as responsabilidades em matéria de segurança, assegurar um investimento suficiente na segurança, realizar regularmente acções de formação em matéria de segurança, reforçar a gestão básica da segurança e estabelecer um sistema sólido de resposta a emergências. Estas medidas visam prevenir acidentes graves, reduzir significativamente os acidentes menores e manter uma situação estável de produção de segurança nos projectos de construção.

2. Sistemas de gestão

(1) Sistema de responsabilidade pela segurança com participação plena

O sistema de responsabilidade de segurança de participação plena é o sistema fundamental de gestão da segurança. As unidades participantes devem estabelecer e melhorar um sistema de responsabilidade pela segurança caracterizado pela "dupla responsabilidade, gestão conjunta e responsabilização", assegurando que as responsabilidades pela segurança são implementadas a todos os níveis, incluindo a direção, os departamentos funcionais e os cargos individuais.

O sistema está estruturado da seguinte forma:

- Responsabilidade pela segurança da unidade.
- Responsabilidade organizacional.
- Responsabilidade individual pela segurança.

As unidades participantes devem avaliar regularmente o desempenho de cada trabalhador no que respeita às responsabilidades de segurança.

(2) Sistema de reuniões de produção de segurança

As unidades participantes devem estabelecer um sistema de reuniões de produção de segurança, realizando reuniões mensais regulares de produção de segurança e mantendo registos detalhados. Estes registos devem mencionar os participantes, os debates, as decisões e os requisitos e implementações do trabalho de produção de segurança. Em circunstâncias especiais, podem ser realizadas reuniões adicionais de produção de segurança para abordar, implementar e implementar tarefas de produção de segurança.

(3) Sistema de gestão das despesas de produção de segurança

As unidades de construção devem estabelecer um sistema de gestão das despesas de produção de segurança para garantir o financiamento adequado da produção de segurança. Isto inclui a preparação de um plano de utilização das despesas de produção de segurança e de um livro de registo. O empreiteiro geral deve especificar as despesas de produção de segurança nos subcontratos e gerir esses fundos de forma uniforme, garantindo o pagamento atempado aos subcontratantes. Os fundos de produção de segurança devem ser utilizados nos seguintes domínios

- Melhoria, atualização e manutenção das instalações e equipamentos de proteção da segurança.
- Aquisição, manutenção e reparação de equipamento de salvamento de emergência e realização de simulacros de emergência.
- Avaliar, monitorizar e retificar os principais perigos e potenciais acidentes.

- Realização de inspecções de segurança, avaliações (excluindo avaliações de segurança para projectos novos, modificados ou alargados), consultoria e esforços de normalização.
- Fornecimento e atualização do equipamento de proteção individual para os trabalhadores no local.
- Financiar a publicidade, a educação e a formação no domínio da produção de segurança.
- Promover a utilização de novas tecnologias, normas, processos e equipamentos relacionados com a produção de segurança.
- Ensaio das instalações de segurança e dos equipamentos especiais.
- Outras despesas diretamente relacionadas com a produção de segurança.

(4) Sistema de informação sobre a produção de segurança

As unidades participantes devem estabelecer um sistema de comunicação da produção de segurança. Em conformidade com os requisitos provinciais e municipais de comunicação da produção em matéria de segurança, devem afixar painéis informativos em locais de destaque nos estaleiros de construção, com números de telefone, endereços de correio eletrónico e códigos QR para comunicação. Isto incentiva os denunciantes a identificarem e comunicarem prontamente potenciais riscos de segurança, eliminando os riscos numa fase inicial. Para garantir a eficácia deste sistema, cada unidade deve designar uma pessoa responsável pelo tratamento dos relatórios, seguindo um procedimento normalizado para registar, verificar, tratar, supervisionar, responder e comunicar estes relatórios.

As unidades devem tratar, registar e arquivar cuidadosamente os problemas e incidentes de segurança comunicados pelos organismos reguladores de segurança superiores. Devem ser designados departamentos e indivíduos específicos para investigar estas questões. Os problemas confirmados requerem medidas de retificação imediatas, seguindo o princípio das "cinco determinações" para garantir que o problema é totalmente resolvido. Além disso, as unidades devem proteger legalmente os direitos e interesses dos denunciantes, impedindo quaisquer acções de retaliação contra eles. Qualquer comportamento retaliatório identificado dará origem a um processo penal.

(5) Sistema de avaliação e recompensa da produção de

segurança

As unidades participantes devem estabelecer um mecanismo de avaliação da produção de segurança e um sistema de recompensa. Isto inclui a definição de objectivos de avaliação, normas, ciclos e outros conteúdos relacionados. Os alvos da avaliação devem incluir gestores-chave a todos os níveis, departamentos funcionais relevantes, pessoal de gestão de projectos e trabalhadores da construção. A avaliação deve abranger o cumprimento dos objectivos de segurança, a implementação das responsabilidades de segurança, o comportamento de segurança e o desempenho de segurança, assegurando uma avaliação abrangente do desempenho da gestão de segurança de cada cargo.

Para reforçar a gestão da produção de segurança, as unidades participantes devem implementar um sistema de "veto com um voto" para acidentes de produção de segurança significativos e outros indicadores de segurança críticos. Este sistema garante a seriedade e a eficácia da gestão da segurança, incentivando os gestores e os trabalhadores a todos os níveis a assumirem seriamente as suas responsabilidades em matéria de segurança, promovendo um ambiente de colaboração na gestão da segurança e melhorando o desempenho global da segurança.

(6) Sistema de comunicação de incidentes

As unidades participantes devem estabelecer um sistema de comunicação de incidentes para garantir que todos os acidentes ou quase-acidentes de segurança da produção sejam imediata e corretamente comunicados de acordo com a regulamentação aplicável. Nos projectos com um empreiteiro geral, o empreiteiro é responsável pela comunicação dos incidentes. O conteúdo do relatório de incidente deve ser abrangente e detalhado, incluindo a hora e o local do incidente, os nomes das unidades envolvidas, um breve relato do incidente, o número de vítimas (incluindo pessoas desaparecidas) e estimativas preliminares de perdas económicas diretas, a causa inicial do incidente, as medidas tomadas após o incidente e o estado do controlo do incidente. Quaisquer novos desenvolvimentos devem ser prontamente comunicados.

(7) Sistema de reunião matinal de segurança

As unidades participantes devem estabelecer um sistema de reunião matinal de segurança, organizado e implementado pelo diretor de segurança ou pelo chefe do departamento de gestão da produção de segurança. A reunião matinal deve ser presidida pelo supervisor de serviço ou chefe de equipa e realizada numa sala designada ou num centro de controlo, dentro da área de vigilância para garantir o acompanhamento. Todos os trabalhadores devem participar na reunião e assinar o registo de presenças, assegurando que estão cientes das considerações de segurança do dia e das disposições de trabalho.

3. Estrutura de gestão

(1) Configuração organizacional

As unidades de construção devem estabelecer uma estrutura de gestão da produção de segurança do projeto, definindo claramente as responsabilidades de cada cargo e implementando um sistema abrangente de responsabilidade pela produção de segurança. Isto assegura que a responsabilidade primária pela produção de segurança é totalmente assumida por todos os trabalhadores, com uma definição clara do pessoal responsável, do âmbito da responsabilidade e das normas de avaliação. O empreiteiro geral (ou a unidade de gestão no local) deve integrar todos os subempreiteiros no sistema de gestão organizacional ao estabelecer a estrutura de gestão. Esta estrutura organizacional deve ser composta pelo diretor do projeto, diretor técnico, diretor de segurança, diretor-adjunto, pessoal de gestão da produção de segurança a tempo inteiro e outro pessoal relevante das unidades envolvidas.

(2) Afetação do pessoal

As unidades de construção devem nomear um diretor de segurança, tal como previsto, e incluí-lo como membro da equipa de liderança. Além disso, as unidades de construção devem criar um departamento dedicado à gestão da segurança da produção. De acordo com os requisitos do contrato de construção, deve ser atribuído o número adequado de pessoal de gestão da segurança, incluindo engenheiros de segurança registados. O número, a especialização e a competência profissional do pessoal de gestão da segurança a tempo inteiro devem satisfazer as necessidades de produção de segurança da unidade. Os requisitos específicos para a afetação de pessoal estão descritos no quadro 5.1.

Quadro 5.1 Normas de afetação de pessoal de gestão da segurança no local para unidades de construção

Número de efectivos	Projeto de unidade		Responsável pela segurança
	Estação padrão	Escavação de encabeçamento cego	1

		Exploração mineira	1
		Elevado	1
	Secção	Escavação a céu aberto (e cobertura)	1
		Exploração mineira (calculada por poço)	1
		Escavação de túneis com escudo (por máquina)	2
		Elevado	2
		Engenharia Rodoviária (Por Quilómetro)	1

(3) Responsabilidades da instituição

As responsabilidades da instituição de gestão da produção de segurança incluem a organização ou participação na elaboração dos regulamentos e procedimentos operacionais da unidade de produção de segurança e a supervisão da sua aplicação. A instituição deve também participar nas decisões empresariais que envolvam a produção de segurança, dar sugestões de melhoria e supervisionar outras instituições e pessoal no cumprimento das suas responsabilidades de produção de segurança. É responsável pela organização da formulação do plano de trabalho e dos objectivos anuais de gestão da produção de segurança, bem como pela realização de avaliações.

Além disso, a instituição de gestão da produção de segurança deve organizar ou participar na publicidade, educação e formação da produção de segurança da unidade, mantendo registos precisos da formação. Deve controlar a atribuição de fundos para a produção de segurança, a aplicação de medidas técnicas e a aquisição, distribuição, utilização e gestão do equipamento de proteção individual.

Além disso, a instituição de gestão da produção de segurança é responsável pela inspeção do estado da produção de segurança da unidade, identificando e tratando prontamente os potenciais riscos de segurança e apresentando sugestões de melhoria. Deve também realizar verificações pontuais e supervisão das operações no local que envolvam trabalhos a quente, eletricidade temporária, espaços confinados, trabalhos a grande altitude e terraplanagem, prevenindo e corrigindo comandos inseguros, operações de risco forçado e violações dos procedimentos operacionais. A instituição deve desenvolver regulamentos de gestão de segurança para operações de construção externas, assegurando que as unidades de contratação e aluguer cumprem as suas responsabilidades de produção de segurança e supervisionando as suas qualificações e supervisão.

Por último, a instituição de gestão da segurança da produção deve estabelecer e implementar um sistema de avaliação do desempenho da responsabilidade pela segurança da produção, participar ou organizar a elaboração de planos de resposta de emergência para acidentes de segurança da produção e realizar simulacros, cumprindo ainda outras responsabilidades pela segurança da produção, tal como previsto nas leis, regulamentos e normas internas da unidade.

5.1.2 Equipamento mecânico

1. Inspeção e aceitação da entrada no local

A unidade utilizadora das máquinas e equipamentos deve criar um sistema de gestão global, aplicar sistemas de responsabilidade e assegurar o funcionamento normal dos equipamentos. As máquinas recebidas devem ser acompanhadas de um certificado de produto, de um manual de instruções e de documentação técnica pertinente, com equipamento em bom estado técnico e dispositivos de segurança completos. Os painéis de inspeção e os procedimentos operacionais de segurança devem ser afixados de forma bem visível no equipamento. Os equipamentos devem ser inspeccionados e aceites conjuntamente pela unidade utilizadora, pela unidade de instalação, pela unidade de aluguer e pela unidade de supervisão, e só podem ser utilizados depois de passarem pela análise da unidade de supervisão. Antes de entrar no local, o equipamento deve ser submetido a avaliações relevantes, receber um código de proteção ambiental de máquinas não rodoviárias emitido pelos departamentos governamentais relevantes e ter o código afixado através de tinta em spray. Isto garante que o equipamento está em boas condições, e devem ser estabelecidos registos do equipamento. É estritamente proibida a utilização de máquinas que tenham sido explicitamente proibidas pelo Estado ou que tenham atingido a norma nacional de desmantelamento.

2. Gestão da utilização

Os operadores devem conhecer os procedimentos operacionais de segurança da máquina antes do trabalho e devem ser objeto de uma formação técnica de segurança. Antes da operação, as condições do equipamento devem ser verificadas, sendo estritamente proibido operar com equipamento defeituoso. Os operadores devem também ter conhecimento das condições específicas das várias instalações terrestres e subterrâneas na zona de operação. Durante a operação, os operadores devem cumprir rigorosamente os procedimentos operacionais, preparar-se para tarefas como o nivelamento do local, o reforço mecânico e a proteção de segurança, de acordo com as condições de trabalho do equipamento e os requisitos de utilização, sendo estritamente proibido violar os procedimentos.

3. Gestão da instalação e desmontagem de equipamentos especiais

(1) Gestão da instalação e desmontagem de máquinas de elevação

A unidade de construção deve criar um dossier técnico de segurança para as máquinas de elevação, incluindo contratos de compra (aluguer) de equipamento, licenças de fabrico, certificados de produto, certificados de supervisão e inspeção do fabrico, instruções de instalação e certificados de registo. As informações sobre o equipamento físico devem corresponder à documentação técnica de segurança e, se necessário, deve ser obtido um certificado de registo do equipamento. O equipamento não pode ser instalado sem um certificado de registo. Antes da instalação, a unidade de construção deve apresentar à unidade de supervisão, para análise, o plano especial de construção para a instalação das máquinas de elevação, as qualificações e a licença de produção de segurança da unidade de instalação, a lista do pessoal de instalação e os respectivos certificados de qualificação. Uma vez aprovado, a unidade de construção deve notificar o departamento de administração de construção relevante. Os detalhes da implementação da supervisão de segurança para a instalação, utilização e desmontagem da grua são apresentados na Figura 5.1.

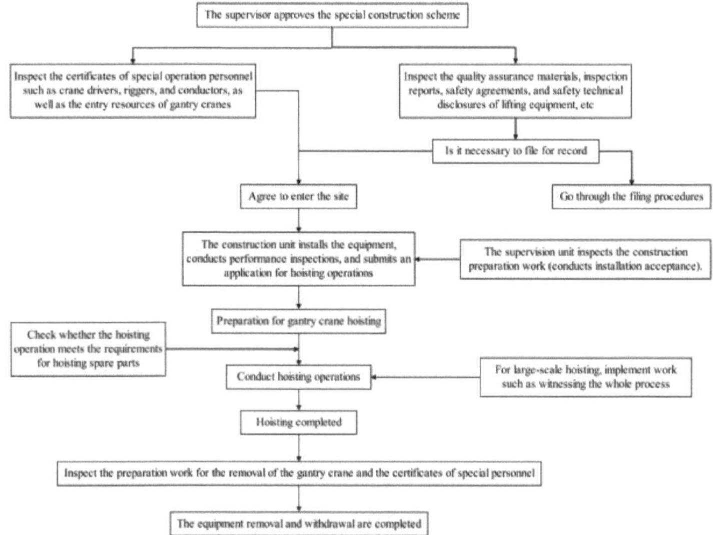

Figura 5.1 Diretrizes de implementação da supervisão de segurança para a instalação, utilização e desmontagem de gruas

Após a instalação, a unidade de construção deve encarregar uma organização de inspeção e teste qualificada para realizar a inspeção. Se a inspeção for aprovada, a unidade de construção deve organizar uma aceitação conjunta com o proprietário do equipamento, a unidade de instalação e a unidade de supervisão. O equipamento só pode ser colocado em funcionamento depois de passar na inspeção de aceitação; caso contrário, não pode ser utilizado.

(2) Gestão da instalação e desmontagem da máquina blindada/TBM

A unidade de construção deve elaborar um plano especial de construção para a instalação e desmontagem da máquina de blindagem/TBM, que deve ser assinado pelo diretor técnico da unidade de construção e apresentado à unidade de supervisão para aprovação. O plano especial deve ser exaustivo, orientado e estar em conformidade com as normas de conceção e construção. A máquina blindada/TBM ou o seu equipamento de apoio devem ser acompanhados de certificados de qualidade, certificados de aceitação e manuais de utilização. Antes de a máquina blindada/TBM entrar no estaleiro, a unidade de supervisão deve organizar o pessoal de aceitação para efetuar uma aceitação de fábrica com base nas funções principais do projeto e nos requisitos de utilização, quer na base da máquina blindada quer no fabricante. Para as máquinas blindadas/TBM existentes, a unidade de construção deve organizar a análise e avaliação do equipamento antes de a máquina entrar no estaleiro, e só pode ser utilizada depois de passar a aceitação pelo fabricante ou por uma agência de avaliação autorizada. Ao utilizar uma grua de lagartas, o pessoal de instalação e desmontagem (com certificados) deve seguir rigorosamente o plano de instalação e desmontagem e as disposições relevantes do manual de operações. Engenheiros de supervisão, engenheiros de equipamento e engenheiros de segurança devem estar presentes para supervisionar. Depois de passar a auto-inspeção, a instalação deve ser testada por uma unidade de inspeção de terceiros e o local de trabalho deve cumprir os requisitos do manual de operações da máquina. Após a montagem da máquina de blindagem/TBM, cada sistema deve ser submetido primeiro a um teste sem carga, seguido de um teste completo da máquina sem carga. Os vedantes da chumaceira principal, os vedantes da articulação e os vedantes da cauda da blindagem devem ser inspeccionados e aceites, com registos feitos; as máquinas blindadas/TBM modificadas devem ter novas peças instaladas e ser novamente inspeccionadas para aceitação. Após a instalação e a entrada em funcionamento, a unidade de supervisão deve organizar uma aceitação no local de acordo com as principais funções do projeto e os requisitos de utilização. O plano especial de segurança para o levantamento e a desmontagem da máquina de blindagem é apresentado na Figura 5.2.

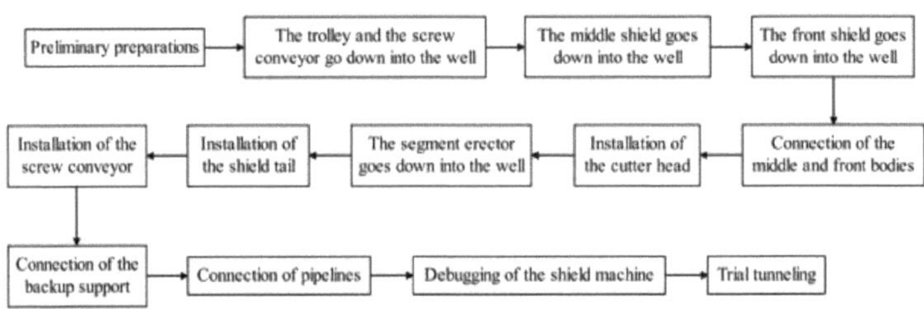

Figura 5.2 Plano de segurança especial para elevação e desmontagem de máquinas blindadas

5.1.3 Fluxo de trabalho da operação

1. Gestão de trabalhos a quente

O trabalho a quente é classificado em grau especial, primeiro grau e segundo grau. Antes de cada operação de trabalho a quente, o chefe de equipa deve apresentar um pedido ao diretor do local, e o pessoal de aprovação deve analisar rigorosamente as qualificações dos operadores, o equipamento, o ambiente e o estado da certificação.

Deve ser obtida uma "Autorização de Trabalho a Quente" para trabalhos a quente e, se estes forem efectuados no interior de equipamentos ou em alturas, devem também ser seguidos os regulamentos relevantes.

Antes de começar, inspecionar as ferramentas de soldadura eléctrica e a gás para garantir a sua segurança e fiabilidade; todas as ferramentas e equipamentos devem estar em boas condições, com acessórios de segurança completos. O trabalho a quente ao nível do solo deve envolver a remoção de materiais inflamáveis do local e das áreas circundantes ou a implementação de outras medidas de segurança eficazes, e deve ser fornecido equipamento adequado de combate a incêndios; para o trabalho a quente elevado, devem ser tomadas medidas para evitar a queda de faíscas. Ao efetuar a soldadura oxiacetilénica, a distância entre as garrafas de oxigénio e de acetileno não deve ser inferior a 5 metros e ambas devem estar a pelo menos 10 metros de distância do local de trabalho a quente e não devem ser expostas à luz solar direta. Os contentores, o equipamento e as condutas que contêm ou já contiveram produtos químicos perigosos devem ser limpos e purgados antes do trabalho a quente, e a concentração de gases inflamáveis deve ser testada por pessoal qualificado para garantir a segurança antes de prosseguir. O trabalho a quente ao ar livre é proibido em ventos de nível 5 ou superior; se o trabalho a quente for necessário devido a necessidades de produção, a direção deve ser elevada. Se houver qualquer alteração no pessoal, conteúdo ou localização do trabalho a quente, deve ser apresentado e aprovado um novo pedido antes de prosseguir. Uma autorização de trabalho a quente só é válida para o turno em curso; se o trabalho for interrompido ou continuar no dia seguinte, é necessária uma nova aprovação.

2. Gestão do trabalho em altura

Qualquer trabalho efectuado a uma altura igual ou superior a 2 metros da linha de base, em que haja risco de queda, é considerado trabalho em altura. As medidas de segurança para os trabalhos em altura devem ser claramente especificadas no projeto de construção. Os trabalhadores em alturas elevadas devem fixar os arneses de segurança de acordo com o princípio "alta ancoragem, baixa utilização", e a seleção e utilização dos arneses de segurança devem cumprir a norma nacional em vigor para arneses de proteção contra quedas. Durante a construção, devem ser utilizadas redes de segurança com malha fina para cercar o edifício ou devem ser implementadas medidas de proteção dos bordos, e deve ser aplicada uma proteção eficaz a várias aberturas no estaleiro de construção e no edifício, fixando-as firmemente. Para trabalhos em altura, devem existir plataformas de trabalho fiáveis e estáveis e vias de acesso para o pessoal, e devem ser efectuados controlos de aceitação antes da construção para garantir a conformidade com os requisitos de utilização. Devem ser instaladas coberturas de proteção por cima das zonas de concentração de actividades do pessoal e das entradas/saídas, e estas coberturas devem ser suficientemente resistentes para uma utilização segura em condições meteorológicas adversas. Os trabalhadores que executam tarefas a grande altitude devem possuir as certificações adequadas e submeter-se a exames médicos regulares; os indivíduos com doenças mentais, epilepsia, hipertensão ou doenças cardíacas não devem ser afectados a esse tipo de trabalho. Em caso de chuva ou neve, devem ser tomadas medidas fiáveis de proteção antiderrapante, anticongelante e contra o frio para os trabalhos a grande altitude, devendo estes trabalhos ser interrompidos em caso de ventos fortes.

3. Gestão das operações em espaços confinados

Os espaços confinados em projectos de metropolitano incluem equipamentos fechados ou semi-fechados, tais como máquinas de blindagem, tanques de cimento, tanques de água de incêndio, caldeiras, condutas e condutas; os espaços confinados subterrâneos incluem condutas de águas pluviais e de esgotos, câmaras de defesa civil, valas de cabos, poços de inspeção, poços de drenagem, condutas subterrâneas, caves e armazéns subterrâneos. Antes de trabalhar em espaços confinados, deve ser desenvolvido um plano de construção de segurança, implementando rigorosamente os requisitos básicos de "ventilar primeiro, testar depois e trabalhar por último", e deve ser obtida uma "Autorização de Trabalho em Espaço Confinado". Antes das operações, deve ser ministrada formação específica de segurança aos supervisores, monitores, trabalhadores e pessoal de emergência no local, abrangendo factores perigosos e precauções de segurança, procedimentos operacionais de segurança, utilização adequada de instrumentos de deteção e equipamento de proteção individual e medidas de resposta a emergências. Devem ser afixados sinais de aviso adequados no local para impedir a entrada de pessoal não autorizado na área de trabalho. Os monitores devem ter métodos de comunicação claros e manter um contacto eficaz, e o pessoal que trabalha em espaços particularmente confinados deve estar protegido com uma corda de segurança fiável.

Deve ser utilizada ventilação natural ou forçada para manter o ar fresco nos espaços confinados, e os níveis de oxigénio, poeiras, gases inflamáveis/explosivos e tóxicos/perigosos devem ser monitorizados para garantir que as concentrações cumprem as normas relevantes. As operações em espaços confinados devem ter iluminação suficiente, utilizando uma tensão de segurança de 36V ou inferior e, em ambientes particularmente húmidos ou contentores metálicos, deve ser utilizada uma tensão de segurança de 12V. Quando estão presentes gases inflamáveis e poeiras explosivas, o equipamento de ventilação, deteção, iluminação e comunicação deve cumprir os requisitos à prova de explosão e os trabalhadores devem utilizar ferramentas à prova de explosão e estar equipados com alarmes de gases combustíveis.

4. Gestão de trabalhos eléctricos temporários

Os equipamentos eléctricos temporários com cinco ou mais unidades, ou uma potência total igual ou superior a 50 kW no estaleiro, necessitam de um projeto de organização eléctrica; para menos de cinco unidades ou uma potência total inferior a 50 kW, devem ser estabelecidas medidas de segurança e de proteção contra incêndios eléctricos. A elaboração e a modificação dos projectos de organização eléctrica temporária devem seguir os procedimentos de "conceção, análise e aprovação". O projeto de organização eléctrica deve ser preparado pelo pessoal de engenharia eléctrica, revisto e assinado pelo diretor técnico da unidade de construção e aprovado por um engenheiro supervisor profissional e pelo engenheiro supervisor chefe antes da implementação. Após a conclusão do projeto elétrico temporário, este deve ser inspeccionado e aceite conjuntamente pelos departamentos de conceção, revisão e aprovação, bem como pela unidade utilizadora, e só após aprovação pode ser colocado em funcionamento. A unidade de construção deve elaborar separadamente os desenhos do projeto elétrico temporário e realizar a construção de acordo com os desenhos; ao modificar o desenho da organização eléctrica, devem ser fornecidos materiais de desenho suplementares.

A unidade de construção deve criar um arquivo técnico de segurança eléctrica, incluindo planos eléctricos temporários, divulgações técnicas, formulários de inspeção e aceitação de engenharia eléctrica, resistência de ligação à terra e resistência de isolamento, registos de medição de parâmetros de ação de dispositivos de proteção contra fugas e registos de instalação, inspeção, manutenção, desmontagem e trabalhos de retificação de riscos efectuados por electricistas. A unidade de construção também deve estabelecer um sistema de inspeção de patrulha, realizar inspecções regulares e irregulares da utilização eléctrica do local e garantir que os sistemas de fornecimento e distribuição de energia, a proteção de energia externa, a proteção contra incêndios e a proteção contra raios cumprem os requisitos das "Especificações técnicas para a segurança eléctrica temporária em locais de construção" e do "Código de segurança para o fornecimento e utilização de energia em locais de construção".

5. Gestão das operações de elevação e de elevação

Antes do início dos trabalhos, os operadores de grua, os sinaleiros e os slingers devem estar certificados e o equipamento deve estar em boas condições, sendo dada preferência a equipamento que tenha sido fabricado recentemente, que não tenha estado envolvido em acidentes ou que não tenha sofrido grandes reparações. O equipamento deve ser inspeccionado e aceite pelo pessoal de gestão mecânica do projeto e pelo pessoal de gestão da segurança, e só depois de aprovado pode ser utilizado. Deve ser elaborado um plano de construção especial para as operações de elevação e aprovado de acordo com os procedimentos; deve ser efectuada uma elevação experimental antes da elevação e a carga deve ser amarrada de forma segura; é estritamente proibido colocar ou pendurar objectos soltos na carga. As operações de elevação e de içamento devem respeitar rigorosamente os procedimentos operacionais de segurança e o princípio "Ten No-lift" para as máquinas de elevação, sendo estritamente proibida a simplificação dos procedimentos operacionais. É proibido conduzir com uma carga sobre um camião-grua ou operar sem baixar os estabilizadores; é estritamente proibida a sobrecarga das máquinas de elevação; são proibidas as elevações inclinadas, as elevações por tração e a elevação de objectos enterrados no subsolo ou de objectos de peso desconhecido.

No caso de componentes grandes e compridos, devem ser utilizados cabos de suspensão para puxar, quando necessário, e o pessoal de tração deve manter-se numa posição segura. Após as operações, a lança e o gancho da grua devem ser arrumados na posição designada, o manípulo de controlo deve ser colocado em ponto morto e o interrutor de alimentação das máquinas de elevação controladas eletricamente deve ser desligado.

A grua deve estar estacionada na posição designada e devidamente ancorada; quando uma grua de pórtico pára de funcionar, os cabos de sustentação devem ser fixados e as sapatas de ferro instaladas; as gruas de torre não devem bloquear a rotação. Durante as paragens de trabalho e as pausas, as cargas, os contentores, os dispositivos de elevação e as lingas não devem ser deixados suspensos no ar; após as operações de elevação, as lingas e os dispositivos de elevação devem ser recuperados e inspeccionados, mantidos e reparados. Durante as operações por turnos, o pessoal que chega deve ser informado de quaisquer condições anormais ou problemas não resolvidos com o equipamento.

5.1.4 Educação e formação

1. Requisitos de formação

Os gestores de projeto primários e o pessoal de gestão da segurança devem ser avaliados quanto aos seus conhecimentos de segurança e competências de gestão pelo departamento de supervisão responsável pela supervisão da produção de segurança e só depois de passarem esta avaliação é que podem assumir os seus cargos. O pessoal de operações especiais deve receber formação especializada em segurança, de acordo com os regulamentos nacionais, obter legalmente um certificado de operações especiais e receber, pelo menos, 24 horas anuais de formação específica em segurança ou de formação contínua.

As unidades que empregam trabalhadores expedidos devem integrar estes trabalhadores na gestão global da força de trabalho da empresa e proporcionar educação e formação sobre procedimentos e competências de segurança específicos do posto de trabalho. As unidades de expedição de mão de obra também devem fornecer a educação e a formação necessárias em matéria de produção de segurança aos trabalhadores expedidos. Além disso, quando as unidades de construção recebem estudantes do ensino profissional ou universitário para estágios, devem proporcionar a correspondente educação e formação em matéria de segurança, com as escolas a apoiarem as unidades de produção na realização desta tarefa.

2. Educação para a segurança de três níveis antes do trabalho

O pessoal de gestão e operacional recém-admitido deve ser submetido a uma formação em segurança a "três níveis": nível da empresa, nível do projeto e nível da equipa. O conteúdo da formação inclui leis e regulamentos de segurança, políticas de segurança da empresa, regras de gestão da segurança no estaleiro de construção, procedimentos operacionais técnicos de segurança e medidas de resposta a emergências, e o pessoal só pode começar a trabalhar depois de passar a formação. Os novos trabalhadores devem receber, pelo menos, 32 horas de formação em segurança, com um mínimo de 20 horas de reciclagem anual. O pessoal que não tenha recebido formação em matéria de segurança não pode começar a trabalhar.

3. Divulgação técnica de segurança

Todas as unidades participantes devem implementar rigorosamente o sistema de divulgação técnica de segurança para garantir o cumprimento do requisito de gestão da segurança "divulgação antes da operação". O conteúdo das informações técnicas de segurança deve ser direcionado, instrutivo e operacional. Ambas as partes devem assinar os documentos de divulgação, sendo estritamente proibida a assinatura por procuração, e os documentos devem ser imediatamente arquivados. Se as condições de trabalho (incluindo ambiente externo, processos de trabalho, técnicas, etc.) se alterarem, a divulgação deve ser refeita.

4. Gestão dos registos de formação

Cada unidade participante deve criar arquivos de educação e formação em matéria de segurança e afetar pessoal dedicado à sua gestão. Os arquivos de educação e formação em matéria de segurança devem registar com precisão a hora, o conteúdo, os participantes e os resultados da avaliação da educação e formação em matéria de segurança. Estes registos ajudam a acompanhar e avaliar a eficácia da formação em segurança, garantindo que todos os trabalhadores recebem continuamente a formação mais recente em segurança.

5.2 Gestão dos riscos

5.2.1 Prevenção dupla

1. Requisitos gerais

O controlo hierárquico dos riscos de segurança é a premissa e a base da investigação e da gestão dos riscos ocultos, enquanto a investigação e a gestão dos riscos ocultos são o reforço e o aprofundamento do controlo hierárquico dos riscos de segurança; os dois são complementares e organicamente integrados. Com base nas caraterísticas dos projectos de transporte ferroviário urbano, os riscos são classificados em quatro tipos: riscos intrínsecos do projeto, riscos ambientais circundantes, riscos geológicos adversos típicos e riscos de operação da construção. De acordo com o grau de perigo (probabilidade e gravidade), os riscos são classificados em quatro níveis, do mais alto ao mais baixo: Nível I, Nível II, Nível III e Nível IV. O controlo dos riscos dos projectos de transporte ferroviário de passageiros divide-se em três fases: planeamento preliminar, conceção e construção, correspondendo cada fase a um nível de risco específico (nível inicial, nível de conceção e nível de construção).

A unidade de construção deve estabelecer um mecanismo de prevenção dupla para o controlo hierárquico dos riscos de segurança e a investigação e gestão dos perigos ocultos, formular sistemas e normas de gestão, organizar e implementar o controlo dos riscos de segurança e a investigação dos perigos, supervisionar a implementação por todas as unidades, realizar avaliações trimestrais e avaliações das unidades participantes e implementar o controlo dos riscos com base na informação. A unidade de inquérito deve concluir o inquérito de engenharia conforme necessário, apresentar os resultados do inquérito e efetuar a divulgação; realizar inquéritos especiais para condições geológicas especiais, efetuar a investigação e a gestão dos perigos e realizar regularmente auto-avaliações mensais como parte do mecanismo de prevenção dupla.

A unidade de projeto deve concluir o projeto de engenharia, conforme necessário, apresentar os resultados do projeto específicos do risco, efetuar a identificação, classificação e avaliação do risco, determinar o nível inicial do risco de segurança, formular medidas de controlo do risco e prestar apoio técnico à investigação e gestão do risco de acidente no local.

A unidade de construção deve reidentificar, reanalisar e reavaliar os riscos de segurança do projeto com base nas normas relevantes e nas condições reais do local, e comunicar prontamente quaisquer questões à unidade de projeto; simultaneamente, identificar, analisar e classificar de forma abrangente os riscos da operação de construção, desenvolver projectos de organização da construção, compilar planos especiais de construção e planos de resposta a emergências, implementar um controlo dinâmico dos riscos, estabelecer listas e registos de investigação de perigos de acidentes, aceitar a supervisão e a gestão por todas as partes e realizar regularmente auto-avaliações mensais como parte do mecanismo de prevenção dupla.

A unidade de supervisão é responsável pela supervisão e gestão abrangentes da gestão de riscos de segurança no local e pela investigação e gestão de perigos, preparando planos de supervisão de projectos, compilando detalhes de implementação de supervisão de produção de segurança especial para projectos de grande risco, organizando a revisão de medidas técnicas de segurança e planos de construção especiais na conceção da organização da construção, implementando verificações pré-condições para a construção de nós-chave, supervisionando o trabalho de monitorização de engenharia, organizando a comparação e análise de dados de monitorização, realizando inspecções de risco, revendo a retificação de perigos de segurança de qualidade no local e participando na construção baseada em informações, resposta e tratamento de avisos e resposta a emergências, realizando regularmente auto-avaliações mensais como parte do mecanismo de prevenção dupla.

A unidade de monitorização de terceiros deve preparar um plano de monitorização de terceiros e submeter-se a uma análise de peritos, realizar trabalhos de monitorização e inspeção conforme necessário, fornecer relatórios de monitorização atempados, organizar, resumir e analisar regularmente os dados de monitorização e as informações de inspeção, emitir informações de pré-alarme, acompanhar e participar no tratamento de pré-alarme e realizar investigações de perigos através do trabalho de monitorização e inspeção, realizando regularmente auto-avaliações mensais como parte do mecanismo de prevenção dupla.

Estas medidas garantem a aplicação global do duplo mecanismo de prevenção, melhorando efetivamente o nível de gestão da segurança dos projectos de transporte ferroviário urbano.

2. Classificação e controlo dos riscos

(1) Identificação de pontos de risco e reconhecimento de fontes

Na construção de projectos de trânsito ferroviário urbano, os pontos de risco são as unidades fundamentais para o controlo dos riscos de segurança e a sua divisão deve refletir a uniformidade e a coerência da gestão do projeto, correspondendo normalmente às unidades de aceitação do projeto. Para garantir uma gestão e um controlo eficazes dos pontos de risco, a divisão deve seguir uma abordagem conveniente e prática, evitando uma complexidade excessiva, e o número total de pontos de risco deve ser moderado para facilitar a gestão.

Durante as fases de conceção e construção, os pontos de risco são normalmente divididos com base em projectos de subunidades, tais como a estrutura principal da estação, as entradas da estação e os poços de ventilação; esta divisão deve estar estreitamente alinhada com as unidades de aceitação. No entanto, quando um projeto de subunidade se depara com alterações significativas na geologia das rochas circundantes, alterações nos métodos de construção, diferentes unidades de construção ou proximidade de grandes fontes de risco ambiental circundantes, pode ser subdividido em múltiplos pontos de risco para uma gestão e controlo mais refinados. Por exemplo, se uma estação ou secção de escavação subterrânea tiver condições geológicas adversas típicas que exijam uma conceção especial, pode ser dividida em vários pontos de risco independentes para controlo.

Além disso, para facilitar a gestão, quando vários projectos de subunidades estão a ser executados simultaneamente no mesmo local de construção, podem ser combinados num único ponto de risco. Do mesmo modo, quando os projectos de vários pontos de risco estão interligados e a escavação e o apoio são realizados em simultâneo, podem ser fundidos num único ponto de risco para melhorar a eficiência e a precisão da gestão.

Todas as unidades participantes devem utilizar métodos de identificação adequados para identificar exaustivamente as fontes de risco em cada ponto de risco, incluindo equipamento, instalações e actividades operacionais, tendo em conta o impacto de diferentes condições e ambientes, criando assim uma lista detalhada das fontes de risco. O processo de identificação deve abranger as fases de planeamento preliminar, conceção e construção.

Durante a fase de planeamento preliminar, as unidades de levantamento e conceção devem concentrar-se na análise dos riscos associados ao alinhamento do traçado, à localização das estações, à seleção do traçado e à seleção do local do projeto, em particular as condições geológicas adversas significativas e os riscos ambientais circundantes. A identificação de riscos durante a fase de conceção deve incluir riscos relacionados com o próprio projeto, o ambiente circundante, o ambiente natural e a geologia de engenharia, resultando num registo sistemático de identificação de riscos. Na fase de construção, os resultados da avaliação de riscos da fase de conceção devem ser utilizados para verificar os riscos específicos do projeto e os riscos da operação de construção, bem como para analisar os riscos do ambiente natural, assegurando que todos os riscos potenciais são efetivamente identificados e geridos.

(2) Avaliação e classificação dos riscos

A avaliação dos riscos deve ser efectuada em conjunto com a lista de fontes de risco identificadas, realizando avaliações qualitativas e quantitativas de cada fonte de risco para determinar o seu nível de risco. As etapas da avaliação de riscos devem corresponder às etapas do controlo de riscos, incluindo as fases de planeamento preliminar, conceção e construção.

As unidades de levantamento e de projeto devem avaliar o nível inicial das fontes de risco em cada ponto de risco durante a fase de planeamento preliminar, enquanto a unidade de projeto deve avaliar os riscos de segurança globais após a implementação de medidas de controlo do projeto durante a fase de projeto para determinar o nível de projeto. Durante a fase de construção, a unidade de construção deve avaliar o nível de construção com base no nível de projeto e nas condições reais de gestão da construção.

Com base na probabilidade de ocorrência e na potencial gravidade dos eventos de risco, os riscos de segurança são classificados em quatro níveis: Nível I (Vermelho), Nível II (Laranja), Nível III (Amarelo) e Nível IV (Azul). As fontes ou pontos de risco de nível I são altamente perigosos e difíceis, com acidentes que podem levar a incidentes catastróficos; as fontes de risco de nível II apresentam riscos significativos, podendo causar acidentes graves; as fontes de risco de nível III apresentam menos riscos, podendo causar acidentes gerais; as fontes de risco de nível IV são controladas, podendo levar a determinadas perdas económicas ou impactos sociais.

(3) Controlo e notificação dos riscos

A compilação de uma lista de verificação de classificação e controlo de riscos é um passo fundamental na gestão de riscos. Na fase de planeamento preliminar, a unidade de conceção compila a lista de verificação do nível inicial, que é revista por peritos organizados pela unidade de construção; durante a fase de conceção, a lista de verificação do nível de conceção é compilada e são formuladas medidas de controlo dos riscos; durante a fase de construção, a lista de verificação do nível de construção é complementada e aperfeiçoada com base na lista de verificação do nível de conceção e nos desenhos de construção, com as pessoas responsáveis claramente identificadas. Cada unidade deve estabelecer e manter uma lista de verificação sólida de classificação e controlo dos riscos e actualizá-la de forma dinâmica.

Para diferentes níveis de risco, as unidades de conceção e construção devem desenvolver medidas de controlo adequadas, incluindo principalmente medidas técnicas de engenharia, medidas de gestão, medidas de formação e educação, medidas de proteção pessoal e medidas de resposta a emergências. A unidade de construção deve também compilar planos de construção especiais e planos de resposta a emergências, organizar simulacros antes da construção e armazenar material de emergência.

(4) Aviso de risco e desobstrução

Os avisos de risco são classificados em avisos de monitorização, avisos de controlo, avisos de patrulha e avisos globais. Os avisos devem ser emitidos em três níveis: amarelo, laranja e vermelho. Uma vez iniciado um aviso, a unidade de supervisão deve organizar uma reunião de análise de incidentes no local e desenvolver um plano de resposta. Depois de o aviso ter sido tratado, a unidade de construção pode solicitar uma autorização e a unidade de supervisão deve organizar uma reunião de autorização, sendo a autorização confirmada após aprovação. Os avisos e as autorizações devem ser integrados em sistemas inteligentes para aumentar a eficiência e a precisão da gestão dos avisos

3. Identificação e gestão dos riscos

(1) Classificação e graduação

Com base nas diferentes fases de construção e nas diferentes entidades participantes, os perigos podem ainda ser subdivididos em categorias de levantamento, conceção, monitorização e construção. A gravidade dos perigos é classificada com base na dificuldade de retificação, gestão e eliminação, bem como nas potenciais consequências e no âmbito do impacto dos incidentes resultantes, em perigos gerais e perigos graves. Os perigos graves devem cumprir as normas relevantes da Occupational Safety and Health Administration (OSHA) e da Federal Railroad Administration (FRA). Os perigos gerais são ainda classificados em perigos de nível I, nível II e nível III, com base nas caraterísticas dos projectos de transporte ferroviário, na gravidade do perigo e na facilidade ou dificuldade de correção.

Os perigos de nível I são altamente perigosos, podendo causar acidentes graves de segurança da produção ou perturbações funcionais significativas, podendo ter um impacto social negativo a nível nacional ou local, ou são difíceis de retificar com uma elevada probabilidade de acidentes, exigindo uma paragem parcial ou total do trabalho para retificação. Os perigos de nível II são moderadamente perigosos, podendo conduzir a acidentes gerais de segurança da produção, a problemas de qualidade ou a incidentes de segurança e qualidade socialmente preocupantes, ou são moderadamente difíceis de retificar. Os perigos de nível III são menos perigosos e mais fáceis de retificar, exigindo normalmente uma correção imediata após a sua identificação.

(2) Inspeção e gestão

Cada unidade deve elaborar a sua lista de verificação de inspeção de perigos com base nos regulamentos da OSHA e da FRA, tendo em conta as listas de verificação de inspeção de entidades de nível superior e as suas condições reais. A lista de verificação da inspeção de perigos deve ser compilada em conjunto com a lista de verificação do nível de construção do ponto de risco, considerando minuciosamente o impacto das várias fontes de risco nos perigos potenciais. A lista de verificação de inspeção de perigos deve incluir, mas não se limitar a, itens de inspeção, conteúdo e normas de inspeção, frequência de inspeção e unidades responsáveis (departamentos/pessoal). As unidades responsáveis devem ser identificadas de acordo com a gravidade e o tipo de perigo.

As inspecções de riscos são normalmente classificadas em sete tipos: inspecções diárias, inspecções exaustivas, inspecções especiais, inspecções sazonais, inspecções pré-eventos importantes e feriados, inspecções analógicas pós-acidente e inspecções pré-retoma. As inspecções diárias envolvem a passagem de turno e patrulhas a meio do turno por parte das equipas de construção e dos trabalhadores, bem como inspecções de rotina por parte do responsável pela segurança do projeto e do pessoal técnico, com uma frequência de pelo menos uma vez por dia.

As inspecções globais centram-se na verificação exaustiva da aplicação das responsabilidades de segurança, dos sistemas de gestão profissional e dos sistemas de gestão da produção de segurança, com uma frequência de, pelo menos, uma vez por mês. As inspecções especiais visam subprojectos mais perigosos, com uma frequência de, pelo menos, uma vez por semestre. As inspecções sazonais são realizadas com base nas caraterísticas sazonais. As inspecções antes de grandes eventos e feriados são realizadas antes de grandes eventos e feriados, para garantir a presença da liderança durante os feriados e a disponibilidade dos materiais necessários. As inspecções de analogia pós-acidente são realizadas após um acidente para identificar riscos semelhantes. As inspecções pré-retoma são realizadas antes do reinício dos trabalhos após uma suspensão prolongada das actividades de construção.

Após a conclusão da inspeção de perigos, a unidade inspetora deve comunicar os perigos identificados ao nível seguinte e emitir um aviso de retificação de perigos à unidade (departamento) onde o perigo existe, indicando claramente a responsabilidade, as medidas sugeridas e os prazos de conclusão. Tanto o inspetor como a pessoa responsável da unidade onde existe o perigo devem assinar a confirmação. Antes de retificar um perigo, a unidade responsável deve analisar a causa do perigo e desenvolver e implementar medidas de correção fiáveis. No caso de perigos graves, a unidade responsável deve interromper imediatamente o trabalho, desenvolver um plano de correção e implementá-lo.

Os perigos de nível II e III devem ser tratados imediatamente e, se a eliminação imediata não for possível, devem ser planeadas e implementadas acções corretivas dentro de um determinado prazo. Os perigos de nível I devem ser tratados de acordo com as "cinco medidas de gestão dos perigos" e devem ser adoptadas medidas de segurança adequadas para evitar acidentes. Após a conclusão dos trabalhos de correção, a unidade responsável deve organizar pessoal técnico e peritos relevantes para avaliar a correção dos principais perigos.

(3) Comunicação de perigos graves

Quando a unidade de fiscalização identifica um perigo grave, o engenheiro-chefe de fiscalização deve emitir imediatamente uma "ordem de suspensão dos trabalhos", suspendendo parte ou a totalidade da construção em curso, e ordenar a eliminação do perigo dentro de um prazo especificado, informando imediatamente a unidade de construção. Se a unidade de construção se recusar a retificar ou a parar a construção, a agência de supervisão do projeto deve comunicar imediatamente o facto às autoridades de supervisão competentes.

Os perigos graves devem ser comunicados segundo o princípio "quem inspecciona, quem identifica, quem comunica". A unidade que identifica o perigo deve comunicá-lo através da unidade de construção ou diretamente à FRA, que o comunicará ao Comité Federal de Segurança através do "Federal Diret Reporting System for Safety Hazards and Accidents". Em situações críticas, é permitida a comunicação direta a um nível superior.

5.2.2 Principais riscos

No contexto dos projectos de construção de alto risco, os Estados Unidos impõem uma gestão global dos grandes riscos, que inclui planos de construção especializados, gestão no local, gestão de emergências, aceitação e gestão de registos, com especial ênfase na identificação de pontos críticos e na verificação do estado antes da construção.

As empresas de construção devem compilar um livro de registo dos projectos de alto risco e dos que excedem uma determinada escala antes do início dos trabalhos, em conformidade com os regulamentos federais e estatais. Este registo deve ser gerido de forma dinâmica ao longo de todo o processo de construção, com actualizações e melhorias regulares baseadas no progresso do projeto e nas alterações de conceção.

1. Gestão de projectos de alto risco

(1) Âmbito dos projectos de alto risco

Os projectos de alto risco incluem actividades de construção que envolvem perigos significativos, tais como escavação de fundações profundas, trabalhos em altura e operações de elevação pesada. O âmbito específico destes projectos é apresentado em pormenor no Quadro 5.2.

Quadro 5.2: Projectos de alto risco

Não.	Projeto	Âmbito de aplicação
1	Engenharia de fundações	Escavação, suporte e desaguamento de poços de fundação (trincheiras) com uma profundidade de 3 metros (incluindo 3 metros) ou mais. Escavação, suporte e desaguamento de poços de fundação (trincheiras) com condições geológicas complexas, ambientes circundantes ou condutas subterrâneas, ou que afectem a segurança de edifícios e estruturas adjacentes, mesmo que a profundidade seja inferior a 3 metros.
2	Engenharia de cofragem e sistemas de apoio	Todos os tipos de engenharia de cofragem: incluindo cofragem deslizante, cofragem trepante, cofragem voadora, cofragem para túneis, etc. Engenharia de suporte de cofragem de betão com uma altura igual ou superior a 5 metros, um vão igual ou superior a 10 metros, uma carga total (valor de projeto) igual ou superior a 10 kN/m², uma carga de linha concentrada (valor de projeto) igual ou superior a 15 kN/m, ou em que a altura excede a largura da projeção horizontal do suporte e é relativamente independente sem componentes ligados. Sistemas de suporte de carga para instalação de estruturas de aço e outros sistemas de suporte à escala real.

3	Engenharia de elevação e içamento	Projectos de elevação e de elevação que utilizem equipamentos ou métodos de elevação não convencionais, com um peso único de elevação igual ou superior a 10 kN. Projectos de instalação com máquinas de elevação. Instalação e desmontagem de máquinas de elevação.
4	Engenharia de andaimes	Projectos de andaimes de tubos de aço com uma altura igual ou superior a 24 metros (incluindo poços de iluminação e andaimes de poços de elevador). Projectos de andaimes de elevação fixos. Projectos de andaimes cantileveres. Plataformas de trabalho suspensas. Plataformas de descarga e plataformas de operação. Projectos de andaimes com formas especiais.
5	Engenharia de demolição	Projectos de demolição que possam afetar a segurança dos peões, o tráfego, as instalações eléctricas, as instalações de comunicação ou outros edifícios e estruturas.
6	Engenharia de escavação subterrânea	Túneis e cavernas construídos segundo o método de extração mineira, o método do escudo ou o método de elevação de tubos.
7	Outros projectos	Instalação de paredes cortina de edifícios. Instalação de estruturas de aço, estruturas de grelha e estruturas de membrana de cabos. Operações subaquáticas. Instalação de componentes de betão pré-fabricados em edifícios modulares. Subprojectos que utilizem novas tecnologias, processos, materiais ou equipamentos que possam afetar a segurança da construção e para os quais não existam normas técnicas nacionais, industriais ou locais.

Os projectos de alto risco que excedem uma determinada escala são enumerados no quadro 5.3 do seguinte modo

Quadro 5.3 Projectos de alto risco que ultrapassam uma determinada escala

Não.	Projeto	Âmbito de aplicação
1	Engenharia de poços de fundações profundas	Escavação, suporte e desidratação de poços de fundação (trincheiras) com uma profundidade de 5 metros (incluindo 5 metros) ou mais.
2	Engenharia de cofragem e sistemas de apoio	1. Vários tipos de engenharia de cofragem: incluindo cofragem deslizante, cofragem trepante, cofragem voadora, cofragem para túneis, etc. 2. Engenharia de suporte de cofragem para betão: quando a altura é igual ou superior a 8 metros, o vão é igual ou superior a 18 metros, a carga total de construção (valor de projeto) é igual ou superior a 15 kN/m² ou a carga concentrada na linha (valor de projeto) é igual ou superior a 20 kN/m. 3. Sistemas de suporte de carga: utilizados para a instalação de estruturas de aço com sistemas de suporte à escala real que suportam uma carga concentrada num único ponto igual ou superior a 7 kN.
3	Engenharia de elevação e elevação e instalação/desmontagem de máquinas de elevação	1. Projectos de elevação e de elevação que utilizem equipamentos ou métodos de elevação não convencionais, com um peso único de elevação igual ou superior a 100 kN. 2. Instalação e desmontagem de máquinas de elevação com uma capacidade de elevação igual ou superior a 300 kN, uma altura total de montagem igual ou superior a 200 metros ou uma altura de fundação igual ou superior a 200 metros.
4	Engenharia de andaimes	1. Projectos de andaimes de tubos de aço apoiados no solo com uma altura igual ou superior a 50 metros. 2. Projectos de andaimes de elevação fixos ou plataformas de operação de elevação fixas com uma altura de elevação igual ou

		superior a 150 metros. 3. Projectos de andaimes em consola com uma altura de armação de 20 metros ou mais.
5	Engenharia de demolição	1. Demolição de docas, pontes, estruturas elevadas, chaminés, torres de água ou outras estruturas em que a demolição possa provocar a propagação de gases tóxicos ou nocivos (líquidos) ou poeiras, ou causar acidentes com inflamáveis e explosivos. 2. Demolição de estruturas dentro da zona de influência de edifícios históricos protegidos, edifícios históricos ou zonas históricas e culturais.
6	Engenharia de escavação subterrânea	Túneis e cavernas construídos segundo o método de extração mineira, o método do escudo ou o método de elevação de tubos.
7	Outros	1. Projectos de instalação de paredes-cortina de edifícios com uma altura de construção igual ou superior a 50 metros. 2. Projectos de instalação de estruturas de aço com um vão igual ou superior a 36 metros, ou projectos de instalação de estruturas de grelha e membrana de cabos com um vão igual ou superior a 60 metros. 3. Operações subaquáticas. 4. Operações de elevação, translação ou rotação de grandes estruturas com um peso igual ou superior a 1000 kN. 5. Subprojectos que utilizem novas tecnologias, processos, materiais ou equipamentos que possam afetar a segurança da construção e para os quais não existam normas técnicas nacionais, industriais ou locais.

(2) Plano especial de construção

Antes de iniciar a construção de projectos de alto risco, a unidade de construção deve organizar o pessoal técnico para compilar um plano de construção especial. Para os projectos de contratação geral, o plano de construção especial deve ser preparado pelo empreiteiro geral; para os projectos subcontratados, o plano pode ser preparado pelo subcontratante especializado relevante.

O plano deve incluir uma visão geral do projeto, a base para a preparação, o calendário de construção, a tecnologia do processo de construção, as medidas de garantia da construção, a gestão da construção e a atribuição de pessoal, os requisitos de aceitação, as medidas de emergência, as folhas de cálculo e os desenhos de construção relacionados. O plano deve estar em conformidade com os regulamentos da OSHA e com as "Diretrizes para a elaboração de planos especiais de construção para subprojectos de alto risco".

Após a conclusão do plano, a unidade de construção deve organizar uma revisão pelos departamentos relevantes (qualidade, segurança, técnico) e obter a assinatura do diretor técnico. No caso de projectos de empreitadas gerais, o plano especial de construção deve ser revisto e assinado conjuntamente pelo diretor técnico do empreiteiro geral e pelo diretor técnico do subempreiteiro. Uma vez concluídos estes passos, o plano deve ser apresentado à unidade de fiscalização para revisão, devendo o engenheiro chefe de fiscalização assiná-lo e carimbá-lo com o seu selo profissional.

Para os projectos de alto risco que excedam uma determinada escala, o plano especial deve ser revisto pela unidade de construção e pelo engenheiro-chefe de supervisão. Além disso, a unidade de construção deve organizar uma reunião de análise de peritos para avaliar o plano. Os peritos devem ser selecionados a partir de uma base de dados de profissionais qualificados, com um mínimo de cinco peritos a participar, e não devem estar presentes indivíduos com conflitos de interesses. A análise deve abranger a exaustividade, a viabilidade e a conformidade do plano, bem como o seu alinhamento com as condições reais do local e a sua capacidade para garantir a segurança da construção.

(3) Gestão da segurança no local

Antes de implementar o plano especial de construção, os preparadores do plano ou o diretor técnico do projeto devem informar o pessoal de gestão do local sobre o plano. O pessoal de gestão da obra deve então realizar uma reunião de segurança para os trabalhadores, com ambas as partes e o pessoal de gestão da segurança do projeto a assinar a reunião. A unidade de construção deve afixar de forma bem visível o nome do projeto de alto risco, o calendário de construção, os riscos potenciais, os planos de emergência, as medidas preventivas e o pessoal responsável no local de construção, e colocar sinais de aviso de segurança nas zonas perigosas.

A unidade de construção deve registar todo o pessoal envolvido no projeto de alto risco. O chefe de projeto e o engenheiro chefe de supervisão devem estar presentes no local de construção para garantir o cumprimento rigoroso do plano de construção especial, não sendo permitidas modificações não autorizadas. O pessoal dedicado à gestão da segurança do projeto deve supervisionar a implementação do plano no local. Se ocorrerem quaisquer desvios ao plano, devem exigir imediatamente a retificação e comunicar o facto ao chefe de projeto. A organização de gestão de segurança da unidade de construção deve realizar pelo menos duas inspecções especiais por mês e a unidade de supervisão deve desenvolver diretrizes de monitorização detalhadas com base no plano de construção especial, realizando inspecções especiais de projectos de alto risco e implementando supervisão a tempo inteiro para projectos que excedam uma determinada escala.

(4) Aceitação de projectos de alto risco

Tanto as unidades de construção como as de supervisão devem aplicar rigorosamente o controlo de qualidade e a aceitação oculta de trabalhos em projectos de alto risco, devendo cada processo ser certificado antes de se avançar para o seguinte. Em fases críticas, como a conclusão da primeira secção de escavação do poço da fundação profunda ou a instalação da primeira secção de suporte da cofragem, deve ser realizada uma aceitação provisória. Os participantes na aceitação devem incluir o diretor técnico ou o pessoal técnico autorizado do empreiteiro geral e do subempreiteiro, o chefe de projeto, a pessoa que preparou o plano especial de construção, o pessoal dedicado à gestão da segurança, o pessoal relevante, o engenheiro chefe de supervisão, os engenheiros profissionais de supervisão e, pelo menos, dois dos peritos originais que reviram o plano especial de construção.

Uma vez concluída a receção, a unidade de construção deve colocar um sinal de receção num local bem visível do estaleiro, indicando a hora da receção e o pessoal responsável.

(5) Gestão de emergências

A unidade de construção deve monitorizar os projectos de alto risco e realizar inspecções de segurança, conforme necessário, e se surgirem situações de emergência que ameacem a segurança pessoal, deve evacuar imediatamente o pessoal da zona de perigo. Em caso de perigo ou acidente durante um projeto de alto risco, a unidade de construção deve implementar prontamente medidas de emergência e informar os organismos de supervisão relevantes. As unidades de construção, inspeção, projeto e supervisão devem cooperar com a unidade de construção nos esforços de salvamento de emergência. Após a conclusão da resposta de emergência, a unidade de construção deve organizar as unidades relevantes para desenvolver um plano de restauração do projeto e realizar uma avaliação pós-incidente da resposta de emergência.

(6) Arquivos de projectos de alto risco

A unidade de construção deve incluir nos arquivos do projeto todos os materiais relevantes, tais como o plano especial de construção, a sua revisão, a avaliação por peritos, as instruções, as inspecções no local, a aceitação e as rectificações. A unidade de supervisão também deve incluir nos seus arquivos os materiais relacionados com as orientações de supervisão, a revisão do plano especial de construção, as inspecções especiais, a supervisão no local, a aceitação e as rectificações. Além disso, a unidade de monitorização de terceiros deve incluir nos seus arquivos os planos e relatórios de monitorização.

2. Verificações do estado de pré-construção dos nós críticos

(1) Lista de classificação dos nós críticos

A classificação e gestão dos nós críticos é um passo fundamental para garantir a qualidade e a segurança da construção. Com base na complexidade e nos riscos potenciais do projeto, os nós críticos são divididos em duas categorias: Nós críticos de categoria 1 e de categoria 2.

Os nós críticos de categoria 1 incluem:

- Escavação inicial de poços de fundação profundos e de grandes dimensões, tais como estações e poços a céu aberto.
- Escavação de passagens transversais ou de túneis principais a partir de poços, utilizando o método de extração mineira, nomeadamente quando atravessam ambientes complexos.
- Lançamento, chegada e travessia de máquinas de proteção (pipe jacking) em ambientes complexos.
- Escavação de passagens transversais (túneis de derivação) através de ambientes complexos.
- Primeiro segmento de sistemas de suporte de cofragem para edifícios altos.
- Levantamento do primeiro lote de vigas pré-fabricadas para pontes elevadas.
- Primeira mudança de cabeça de corte para uma máquina de proteção.

Estes nós implicam actividades de alto risco, como a operação de equipamentos, o levantamento de pesos e o trabalho em altura, que exigem uma atenção especial e controlos técnicos de segurança pormenorizados.

Os nós críticos de categoria 2 incluem:

- Escavação de poços de fundação profundos e grandes para estações e poços (exceto a primeira escavação).
- Betonagem em sistemas de suporte de cofragem para edifícios altos (excluindo o primeiro segmento).
- Movimento de lançadores de vigas de ponte e cestos suspensos.

Dependendo das condições reais de gestão da qualidade e da

segurança no estaleiro de construção, podem ser acrescentados nós críticos adicionais que exijam verificações de estado, ou os nós críticos da categoria 2 podem ser melhorados para a categoria 1. No entanto, os nós críticos da categoria 1 não devem ser rebaixados para a categoria 2. O quadro 5.4 apresenta uma lista de classificação de referência dos nós críticos.

Tabela 5.4 Lista de referência das classificações dos nós críticos

Não.	Categoria	Nome do nó crítico
1	Corte a céu aberto e aterro	Escavação de poços de fundação profundos (estações, obras auxiliares, poços de ventilação)
2	Escavação subterrânea	Escavação de poços
3		Escavação do Forepoling
4		Escavação em arco de túnel com várias guias (primeira instância)
5		Remoção do suporte temporário da secção transversal grande (primeira secção)
6		Escavação da secção de alargamento
7		Escavação invertida e ascendente (primeiro ciclo)
8		Método de escavação "Drill-and-Blast" (primeira instância)
9		Escavação através de grandes riscos ou ambientes complexos
10		Escavação em pontos de mudanças bruscas no grau da rocha circundante
11		Construção de aberturas de túneis de acesso
12	Túnel de proteção	Escavação de poços de fundação profundos (poço de lançamento, poço de receção)
13		Lançamento do escudo
14		Chegada do escudo
15		Abertura da câmara de blindagem
16		Levantamento de máquinas de proteção
17		Segmento de impulso de ar
18		Escavação através de grandes riscos ou ambientes complexos
19		Construção com grandes riscos
20		Construção de aberturas de túneis de acesso
21	Estruturas elevadas	Instalação de vigas pré-fabricadas para cruzamentos ferroviários ou rodoviários
22		Construção de betão em consola com a utilização de viajantes de formas
23		Instalação e deslocação de lançadores de vigas de ponte (primeira instância)
24	Operações de elevação	Instalação/remoção de pórticos, gruas de torre
25		utilização de equipamentos e métodos de elevação não convencionais
26	Cofragem e sistemas de suporte	Colocação de betão para sistemas de suporte de cofragem em grande escala
27	Enchimento de tubos	Lançamento/Receção para operações de elevação de tubos
28	Outros	Substituição das estacas da fundação (primeira estaca)
29		Remoção da estrutura principal da estação operacional existente

(2) Verificações do estado da pré-construção dos nós críticos

Antes de se proceder à verificação do estado dos nós críticos, deve assegurar-se que as instruções de investigação e de conceção foram concluídas, que os planos especiais de construção e as diretrizes de supervisão foram aprovados e que os preparativos no local foram executados de acordo com o plano especial de construção. Devem ser efectuadas instruções técnicas de segurança. O pessoal de gestão do projeto, o pessoal técnico e os trabalhadores envolvidos no projeto devem obter as certificações relevantes e completar os procedimentos de inspeção. Devem ser efectuadas investigações aos edifícios, estruturas, estradas, condutas subterrâneas, etc. circundantes e devem ser tomadas medidas de proteção. Os sistemas ou estruturas de apoio, reforço e reforço devem cumprir os requisitos de conceção, os testes de matérias-primas devem ser aprovados e o equipamento deve ter as certificações necessárias e os documentos de conformidade dos testes e procedimentos de inspeção completos. Para os projectos que requerem monitorização, o plano de monitorização deve ser aprovado, devem ser estabelecidos limiares de alarme e pontos de medição claros, e devem ser concluídos os planos de identificação de riscos e de emergência.

As verificações do estado dos nós críticos da categoria 1 antes da construção são organizadas pelo chefe de projeto da unidade de construção, com a participação das unidades de investigação, conceção, construção, supervisão e monitorização por terceiros. Devem participar os chefes de projeto de todas as unidades. As verificações das condições dos nós críticos da Categoria 2 antes da construção são organizadas pelo engenheiro supervisor chefe da unidade de supervisão, com a participação da unidade de construção, da unidade de monitorização de terceiros e de outras unidades relevantes. Devem participar o chefe de projeto, o chefe técnico e outro pessoal de gestão importante da unidade de construção, bem como o chefe técnico da unidade de monitorização de terceiros.

O processo de verificação das condições de pré-construção dos nós críticos inclui a compilação, pela unidade de construção, de uma lista de identificação dos nós críticos, especificando os nós críticos que requerem a verificação das condições de pré-construção, a classificação dos nós e as condições a verificar. A unidade de construção deve efetuar auto-inspecções e avaliações com base na lista de identificação de nós críticos aprovada e, se os requisitos forem cumpridos, apresentá-la à unidade de supervisão. Depois de passar a inspeção preliminar pela unidade de supervisão, deve ser submetida à unidade de construção. A unidade de construção ou a unidade de supervisão organiza então a verificação das condições de pré-construção dos nós críticos de acordo com os regulamentos e normas relevantes. Após a aprovação da verificação, é criado um formulário de registo de verificação das condições de pré-construção para fins de arquivo, permitindo que a construção do nó crítico prossiga. Se a verificação não for aprovada, as unidades relevantes devem retificar os problemas de acordo com os comentários da inspeção e reorganizar a verificação.

5.3 Gestão civilizada da construção

5.3.1 Requisitos básicos e gestão no local

A gestão civilizada da construção é crucial nos projectos de engenharia. As unidades de construção devem cumprir rigorosamente os regulamentos federais e estatais de proteção ambiental, promover práticas de construção ecológica e melhorar a sua capacidade de gerir a construção civil. O dono da obra deve proporcionar o ambiente necessário para a construção civil, pagar prontamente as taxas relacionadas e supervisionar a implementação dos regulamentos de construção civil no local. Nos casos em que várias unidades de construção operam no mesmo local, o proprietário da construção deve coordenar efetivamente a gestão da construção civil.

A unidade de construção deve incluir medidas e requisitos relacionados com a construção civil no seu projeto de organização da construção e nos planos de construção, e preparar um plano especializado para a construção civil. Este plano deve estabelecer um sistema de gestão abrangente para a construção civil e implementar um sistema de responsabilidade pós-objetivo. O plano deve ser aprovado pela unidade de supervisão antes de ser implementado. A unidade de supervisão deve monitorizar a implementação da construção civil pela unidade de construção e resolver prontamente quaisquer problemas que surjam.

Em termos de disposição do local, deve ser praticada a filosofia de construção "Quatro Conservações e Uma Proteção Ambiental", garantindo uma disposição razoável, uma construção conveniente, segurança, civismo e conservação ambiental. O estaleiro deve estar equipado com um sistema de monitorização de poeiras em linha para monitorizar a pressão atmosférica, PM10, velocidade do vento, ruído, temperatura, humidade e outros dados em tempo real, com funções de visualização e transmissão sem fios para garantir dados precisos e estáveis.

A instalação de equipamento de construção deve seguir os princípios da segurança e da razoabilidade. As máquinas móveis não rodoviárias devem ser comunicadas e marcadas com códigos ambientais. Durante a construção, os regulamentos de proteção ambiental devem ser rigorosamente seguidos, com medidas eficazes para controlar poeiras, gases de escape, águas residuais, resíduos sólidos, ruído e vibrações que possam prejudicar o ambiente. É proibida a queima de combustíveis altamente poluentes e a incineração de materiais tóxicos ou nocivos. O estaleiro de construção deve minimizar a utilização do solo, promover a utilização de instalações temporárias modulares e reutilizáveis e implementar o endurecimento do local, os declives de drenagem e as valas de drenagem. O estaleiro deve ser dividido em zonas de escritórios, zonas de habitação e zonas de trabalho, com sinalização clara para assegurar uma separação adequada.

5.3.2 Medidas de proteção do ambiente

1. Controlo das poeiras

Os estaleiros de construção devem afixar "Quadros informativos sobre o controlo das poeiras de transporte de terras" e "Quadros informativos sobre a proteção do ambiente", com uma listagem pública das medidas de prevenção da poluição por poeiras e dos dados de contacto do pessoal responsável, para permitir a supervisão pública. O estaleiro de construção deve seguir o princípio "Seis Obrigações, Quatro Não, e Uma Garantia": deve encerrar as operações, endurecer as estradas do estaleiro, criar instalações de lavagem, implementar trabalho húmido, equipar o pessoal de limpeza e limpar regularmente o estaleiro; não atirar resíduos das alturas e não incinerar resíduos; garantir que as medidas de prevenção de poeiras são efetivamente implementadas.

O estaleiro de construção deve estabelecer um plano de resposta de emergência para condições meteorológicas de poluição intensa e ativar prontamente a resposta ao receber um aviso. Os restos de terra nas principais vias urbanas e nas zonas densamente povoadas devem ser imediatamente limpos, e os terrenos de construção que não possam começar a trabalhar devem cobrir as superfícies expostas, procedendo se à sua ecologização, pavimentação ou cobertura se o atraso for superior a três meses. O estaleiro deve estar equipado com canhões de nevoeiro, aspersores e outro equipamento de supressão de poeiras e deve regar regularmente para reduzir as poeiras.

Os materiais armazenados no local devem ser planeados racionalmente, categorizados por especificação e tipo e colocados em áreas protegidas com medidas à prova de humidade, chuva, deformação, poluição e poeira, tais como abrigos de proteção ou lonas. A areia e outros materiais susceptíveis de gerar poeiras não devem ser armazenados ao ar livre e devem ser armazenados em contentores fechados com as portas fechadas.

2. Terraplenagem e gestão dos detritos

Os trabalhos de terraplanagem e os detritos de construção devem ser prontamente removidos. As áreas de armazenamento temporário devem ser equipadas com caixas e redes de controlo de poeiras, e os detritos que não forem removidos no prazo de 24 horas devem ser cobertos. Situações especiais que exijam pontos de armazenamento temporário devem controlar rigorosamente a altura da pilha e tomar medidas para evitar a erosão da água da chuva e a erosão do solo.

O transporte de detritos deve respeitar estritamente as normas "Seis por cento": gestão do recinto do estaleiro, endurecimento das estradas do estaleiro, cobertura dos detritos, rega e limpeza para controlo das poeiras, transporte de materiais selados e lavagem dos veículos antes de deixarem o estaleiro. As unidades de construção devem utilizar veículos de transporte inteligentes conformes, equipados com condições de transporte totalmente fechadas e dispositivos de monitorização de posicionamento por satélite. Os estaleiros de construção devem instalar plataformas de lavagem e os veículos devem ser cuidadosamente limpos antes de deixarem o estaleiro para garantir que não é transportada qualquer sujidade para as estradas.

3. Tratamento de águas residuais

As unidades de construção devem canalizar as águas residuais para a rede de drenagem da cidade, assegurando que as águas descarregadas cumprem as normas nacionais e industriais. O estaleiro deve dispor de um bom sistema de drenagem com manutenção regular para garantir o bom escoamento da água. O equipamento de tratamento de águas residuais deve ser selecionado para filtração por pressão, separação centrífuga e tratamento integrado para garantir que a qualidade da água cumpre as normas de descarga.

O tratamento das lamas deve utilizar dispositivos de purificação das lamas ou centrífugas para evitar a contaminação do ambiente durante o transporte externo. Os resíduos de lamas transportados para fora do local devem utilizar veículos especializados com inspecções seladas, sendo estritamente proibidas quaisquer descargas a meio do transporte.

As águas residuais das cantinas dos estaleiros devem ser tratadas em caixas de gordura, que devem ser limpas regularmente para evitar entupimentos e contaminação ambiental. Os óleos usados recolhidos devem ser entregues a entidades qualificadas para eliminação.

As fossas sépticas devem ser construídas com revestimento de betão e as águas residuais devem ser tratadas através de fossas sépticas de três câmaras antes de serem descarregadas no sistema de esgotos municipal. A desinfeção e a limpeza regulares das fossas sépticas devem ser efectuadas para manter a saúde ambiental.

4. Controlo da poluição sonora e luminosa

As unidades de construção devem desenvolver planos de controlo da poluição sonora, utilizando técnicas de construção pouco ruidosas e equipamento com manutenção regular. Devem ser tomadas medidas para minimizar o ruído produzido pelo homem durante a construção, devendo ser evitado o uso de equipamento muito ruidoso durante a noite e o meio-dia.

Nas zonas sensíveis ao ruído, os estaleiros de construção devem instalar barreiras acústicas ou abrigos fechados, e o equipamento altamente ruidoso deve ser colocado em caixas de proteção, posicionadas o mais longe possível das zonas residenciais. As operações de detonação devem implementar medidas de insonorização.

Os estaleiros de construção devem estar equipados com medidores de ruído para monitorizar e registar o ruído no limite do estaleiro, assegurando que as emissões de ruído cumprem as normas relevantes. Em zonas sensíveis, devem ser instalados sistemas automáticos de monitorização do ruído e os registos de monitorização devem ser preservados.

A iluminação de construção deve ser inclinada para baixo para evitar que a luz direta incida em áreas não construídas. A soldadura e os materiais reflectores devem ser protegidos para evitar interferências com o ambiente circundante.

A construção nocturna exige a obtenção de autorizações das autoridades competentes e a notificação ou informação dos residentes próximos. Devem ser aplicadas medidas de redução do ruído e da luz durante a construção e os trabalhos devem ser programados de modo a minimizar as perturbações externas.

Após a conclusão do projeto, o local de construção deve ser limpo de equipamentos, restos de materiais e resíduos, assegurando a sua limpeza. As vias urbanas escavadas devem ser restauradas, as instalações temporárias removidas e as áreas ocupadas devem voltar ao seu estado original.

Questões para debate

Exercício 1:

Quais são os principais requisitos e objectivos da gestão da segurança na fase de produção dos projectos de transporte ferroviário urbano e como é que estes influenciam o sucesso global do projeto?

Exercício 2:

Como é que os sistemas e estruturas de gestão contribuem para uma gestão eficaz da segurança no ambiente de produção da construção do transporte ferroviário urbano?

Exercício 3:

Quais são as etapas críticas envolvidas na inspeção à entrada do local e na aceitação do equipamento mecânico para projectos ferroviários urbanos e por que razão são importantes?

Exercício 4:

Descrever as estratégias de gestão da utilização de equipamentos mecânicos nos estaleiros de construção de carris urbanos.

Exercício 5:

Como gerir a instalação e o desmantelamento de equipamentos especiais nos estaleiros de construção de carris urbanos para garantir a segurança e o cumprimento da regulamentação?

Exercício 6:

Quais são as principais considerações na gestão de trabalhos a quente durante a construção de carris urbanos e como podem os riscos ser minimizados nestas operações?

Exercício 7:

Discuta os protocolos de segurança específicos para a gestão dos trabalhos em altura na construção de carris urbanos. Como é que estes protocolos protegem os trabalhadores e garantem o seu cumprimento?

Exercício 8:

Que desafios únicos estão associados às operações em espaços confinados em projectos ferroviários urbanos e como devem ser geridos para garantir a segurança dos trabalhadores?

Exercício 9:

Explicar a importância da gestão dos trabalhos eléctricos temporários nos estaleiros de construção ferroviária urbana. Que precauções devem ser tomadas para evitar acidentes?

Exercício 10:

Como é que a formação em segurança de três níveis antes da entrada em serviço prepara os trabalhadores para operações seguras em estaleiros de construção de carris urbanos e quais são os principais componentes desta formação?

Exercício 11:

Quais são os requisitos gerais para a dupla prevenção na gestão dos riscos em projectos ferroviários urbanos e como é que a classificação e o controlo dos riscos desempenham um papel neste processo?

Exercício 12:

Como devem ser geridos os projectos de alto risco no contexto da construção ferroviária urbana, nomeadamente no que respeita aos controlos prévios à construção dos nós críticos?

Exercício 13:

Que requisitos básicos devem ser cumpridos para garantir uma gestão civilizada da construção em projectos de transporte ferroviário urbano e como é que a gestão no local apoia estes requisitos?

Exercício 14:

Como podem ser aplicadas medidas eficazes de proteção ambiental, como o controlo de poeiras e o tratamento de águas residuais, nos estaleiros de construção de carris urbanos para minimizar o impacto ambiental?

Capítulo 6: Exploração e manutenção do metropolitano e do metropolitano ligeiro

6.1 Mecanismo de gestão da exploração do transporte ferroviário urbano

Após a conclusão do projeto, da construção e da instalação de várias instalações e equipamentos, bem como dos procedimentos de avaliação da segurança de todos os projectos do sistema, e da aprovação da inspeção de aceitação final, o sistema de transporte ferroviário urbano entra na fase de gestão da operação. Esta é a fase mais longa e mais complexa de todo o ciclo de vida. A unidade operacional tem de fornecer serviços de transporte seguros, fiáveis, eficientes e económicos, tendo em conta os requisitos sociais e ecológicos, dando prioridade às pessoas e assegurando a proteção dos interesses públicos.

A gestão das operações refere-se a uma série de actividades organizacionais e de gestão realizadas após a entrada em funcionamento oficial do sistema de transporte ferroviário urbano, a fim de garantir o funcionamento seguro, eficiente e sustentável de todo o sistema. Os seus objectivos são fornecer serviços de transporte de alta qualidade, satisfazer as necessidades dos passageiros, garantir a segurança operacional, otimizar a utilização dos recursos e minimizar os impactos ambientais negativos.

A estrutura organizacional da gestão da operação de transporte ferroviário urbano inclui normalmente vários níveis e departamentos, com cada departamento a ter responsabilidades claras e a trabalhar em colaboração. A principal estrutura organizacional inclui

- Centro de Comando de Operações: Responsável pelo despacho e comando de todo o sistema e pela gestão de situações de emergência.
- Departamento de gestão de comboios: Responsável pela elaboração dos planos de exploração dos comboios, pela expedição e pela otimização da capacidade de transporte.
- Departamento de serviços aos passageiros: Responsável pela gestão das estações, serviços aos passageiros, gestão da bilhética e divulgação de informação.

- Departamento de Gestão de Instalações e Equipamentos: Responsável pela manutenção, inspeção e acompanhamento dinâmico das instalações e equipamentos.
- Departamento de Segurança e Gestão de Emergências: Responsável pelo estabelecimento de sistemas de produção de segurança, gestão de riscos e formulação e prática de planos de emergência.

O trabalho de gestão das operações de trânsito ferroviário urbano divide-se principalmente em organização dos comboios, organização dos passageiros, gestão das instalações e do equipamento e gestão da segurança e das emergências. Estas quatro componentes constituem o núcleo do sistema de gestão da exploração do transporte ferroviário, trabalhando em conjunto para completar todo o processo de organização e gestão da exploração do sistema de transporte ferroviário urbano. As principais responsabilidades da gestão da exploração são as seguintes

1. Organização do comboio

Centrada na segurança, envolve a preparação de planos de transporte, planos de afetação de veículos e horários dos comboios, a realização de despachos de comboios e a garantia da pontualidade e eficiência das operações dos comboios. As tarefas específicas da organização dos comboios incluem a preparação de planos de transporte (planos de fluxo de passageiros e planos de operação de comboios para todo o dia), planos de afetação de veículos, cálculos de tração dos comboios, programação dos itinerários dos comboios, cálculo da capacidade de transporte e despacho das operações dos comboios.

2. Organização dos passageiros

De acordo com os princípios da segurança em primeiro lugar, da prioridade aos passageiros, da orientação para a procura e da melhoria contínua, envolve a conceção dos papéis das estações, a realização de simulacros de emergência, a gestão das instalações e do equipamento dos passageiros, a gestão da bilhética e a prestação de serviços aos passageiros.

O conteúdo da organização dos passageiros inclui a conceção do papel da estação, simulacros de emergência, gestão das instalações e do equipamento dos passageiros, gestão da bilhética, gestão da higiene ambiental, divulgação de informações e serviços aos passageiros.

3. Gestão das instalações e do equipamento

Manutenção e gestão de diversas instalações e equipamentos de transporte ferroviário, garantindo o seu normal funcionamento, segurança, fiabilidade, monitorização dinâmica e operações normalizadas. As instalações de transporte ferroviário urbano incluem as estruturas de engenharia civil e os equipamentos de monitorização de software e hardware associados, tais como pontes, túneis, vias, leitos de estrada, estações, centros de controlo e bases de veículos que se encontram em funcionamento.

O equipamento inclui vários dispositivos mecânicos, eléctricos e de automação e sistemas de software, tais como veículos, ventilação, ar condicionado, aquecimento, abastecimento e drenagem de água, fornecimento de energia, comunicação, sinalização, sistemas automatizados de cobrança de tarifas, sistemas de alarme de incêndio, sistemas de monitorização integrados, sistemas de monitorização do ambiente e do equipamento, sistemas de informação aos passageiros, controlo de acesso, portas de plataforma, equipamento de manutenção da base do veículo e dispositivos de teste e monitorização relacionados.

4. Segurança e gestão de emergências

Estabelecer e melhorar os sistemas de produção de segurança, efetuar uma gestão dinâmica dos riscos e formular e praticar planos de emergência para garantir a segurança dos passageiros e do pessoal operacional. O sistema de transporte ferroviário urbano é altamente especializado, com equipamento técnico complexo, grandes fluxos de passageiros e restrições de tempo rigorosas, associado a um espaço limitado e à dificuldade de socorro em caso de acidente, o que tem consequências graves em caso de incidentes de segurança. Por conseguinte, a gestão da segurança centra-se na criação de sistemas de produção de segurança, na gestão dinâmica dos riscos e na gestão de emergências.

Para melhorar o nível de gestão operacional dos sistemas de transporte ferroviário urbano, devem ser adoptadas as seguintes estratégias de otimização

1. Inovação tecnológica

Introduzir tecnologias e equipamentos avançados, tais como sistemas de controlo automatizados, análise de grandes volumes de dados e sistemas de monitorização inteligentes, para melhorar a eficiência e a segurança operacionais.

2. Formação do pessoal

Reforçar a formação do pessoal de gestão das operações, a fim de melhorar as suas competências profissionais e as suas capacidades de resposta a situações de emergência, garantindo a boa execução de todas as tarefas de gestão das operações.

3. Melhoria institucional

Aperfeiçoar continuamente as regras e os procedimentos de gestão das operações para garantir que todas as tarefas seguem as diretrizes estabelecidas, melhorando assim os níveis de gestão e a eficiência da execução.

4. Envolvimento dos passageiros

Dar ênfase ao feedback dos passageiros, ajustar prontamente as estratégias de gestão das operações e melhorar a satisfação dos passageiros e a qualidade do serviço.

5. Coordenação e integração

Reforçar a coordenação e a integração dos transportes terrestres e ferroviários, otimizar a afetação de recursos, evitar a construção redundante e a concorrência prejudicial e maximizar os benefícios globais.

6.2 Sistema de comunicação e controlo do comboio

6.2.1 Sistema de comunicação

O sistema de comunicação do transporte ferroviário urbano é um sistema integrado essencial para dirigir as operações dos comboios, as comunicações oficiais, a transmissão de vários tipos de informação e o aumento da eficiência dos transportes. É indispensável para garantir o funcionamento seguro, rápido e eficiente dos comboios.

Servindo de plataforma de rede para a expedição de operações, serviços aos passageiros, segurança, antiterrorismo e comando de emergência, o sistema de comunicações do transporte ferroviário urbano é frequentemente referido como o "sistema nervoso" das operações ferroviárias. As suas tarefas incluem a criação de uma rede fiável de ligações audiovisuais, a garantia de serviços eficientes de transmissão de informações, a prestação de serviços de informação aos passageiros e a garantia de um controlo eficaz das estações e dos comboios.

O sistema de comunicação do transporte ferroviário urbano fornece meios de comunicação para o contacto interno e externo entre o pessoal e as ferramentas de comando para o despacho da operação, abrangendo funções como o comando da operação do comboio, a transmissão de ordens de despacho, a monitorização da operação do comboio, a gestão do fornecimento de energia, a manutenção diária, a prevenção de catástrofes e o salvamento e a gestão dos bilhetes. Além disso, oferece um suporte de rede de comunicação abrangente para passageiros, pessoal e todos os sistemas necessários para a operação.

O sistema de comunicações do transporte ferroviário urbano não é um subsistema único, mas sim uma rede global composta por múltiplos subsistemas independentes. Estes subsistemas são concebidos para trabalhar em coordenação e interagir em diferentes ambientes operacionais. Os principais componentes incluem o sistema de transmissão de comunicações, o sistema sem fios dedicado, o sistema de monitorização de televisão em circuito fechado (CCTV), o sistema telefónico dedicado, o sistema de altifalantes, o sistema de relógio, o sistema de alimentação eléctrica, o sistema de informação aos passageiros, o sistema de comunicações comerciais e o sistema de registo, como mostra a figura 6.1.

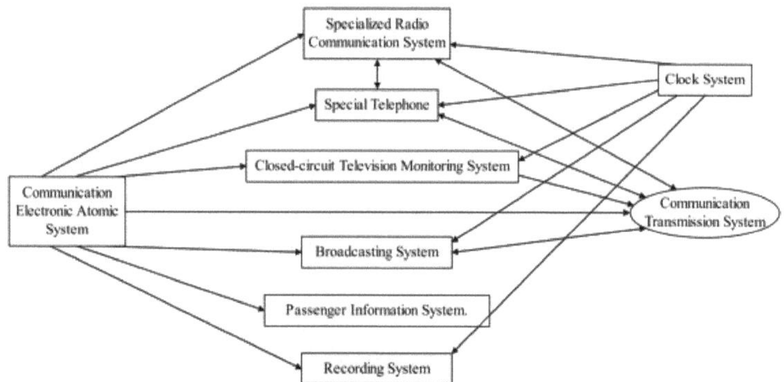

Figura 6.1 Composição do Sistema de Comunicação do Trânsito Ferroviário Urbano

Os elementos básicos de uma rede de comunicações incluem dispositivos terminais, dispositivos de transmissão e dispositivos de controlo de comutação. A ligação destes elementos de forma razoável permite a construção de várias formas de redes de comunicação. A configuração de uma rede de comunicações de transporte ferroviário urbano deve ser adaptada às necessidades específicas e à estrutura do sistema de transporte ferroviário. Com base na distribuição geográfica do centro de controlo e de cada estação, bem como no traçado das linhas, as redes de comunicação do transporte ferroviário urbano têm essencialmente configurações básicas como o tipo autocarro, o tipo estrela-barramento e o tipo anel.

A Figura 6.2 ilustra a rede do tipo bus, em que o centro de controlo está localizado numa extremidade ou no meio da linha e o equipamento de comunicação em cada estação está ligado ao bus.

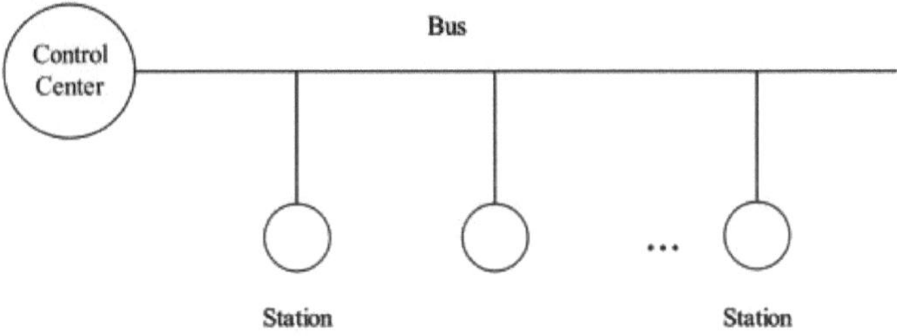

Figura 6.2 Rede de comunicação do tipo bus

A Figura 6.3 mostra a rede do tipo "star-bus", em que um centro de controlo gere a operação de várias linhas.

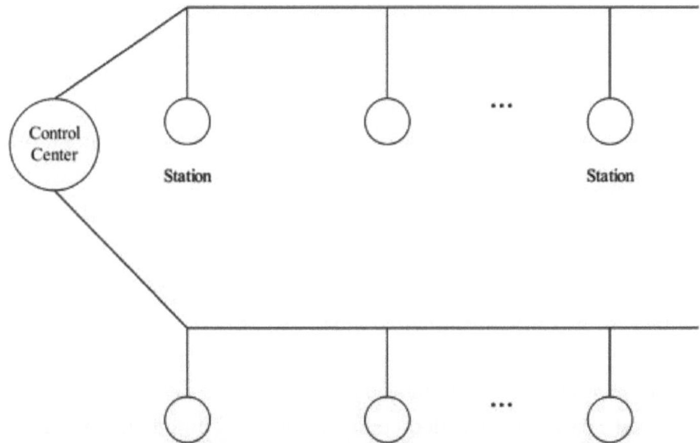

Figura 6.3 Rede de comunicação do tipo barramento em estrela

A Figura 6.4 mostra a rede do tipo anel, que forma uma rede de comunicação fechada, adaptada a linhas circulares.

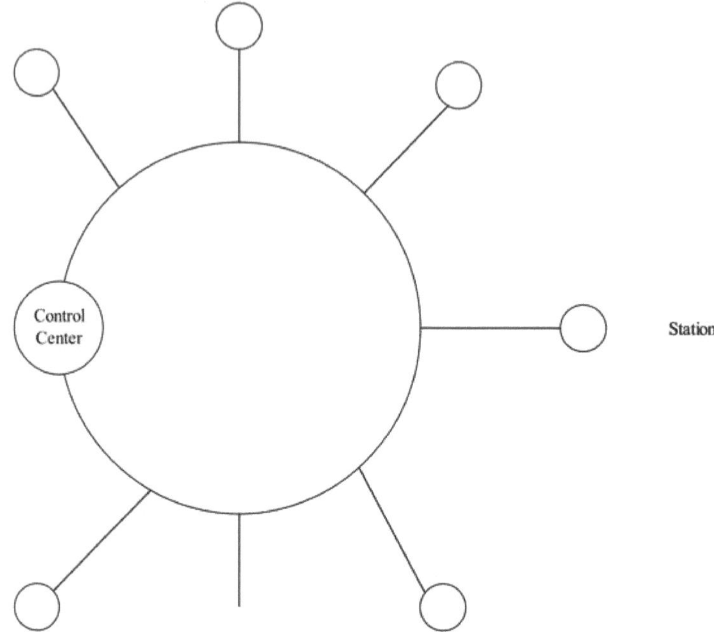

Figura 6.4 Rede de comunicação tipo anel

O sistema de transmissão de comunicações é a plataforma portadora fundamental do sistema de comunicação do transporte ferroviário urbano, capaz de transportar vários tipos de informação, como voz, imagens, dados e vídeo. Através de meios de transmissão como cabos, fibras ópticas, cabos de fuga e ondas electromagnéticas espaciais, estabelece múltiplos canais interligados e complementares para a transmissão e troca de informações comerciais entre o centro de controlo, as estações e os comboios.

O sistema telefónico dedicado assegura a comunicação vocal do pessoal de gestão, exploração e manutenção dos transportes ferroviários urbanos. Este sistema é composto principalmente por dois subsistemas: telefones oficiais e telefones dedicados (incluindo telefones de despacho, telefones de estação, telefones entre estações e telefones de via).

O sistema de comunicação de expedição sem fios, também conhecido como sistema de comunicação troncalizado sem fios, é utilizado principalmente para resolver problemas de comunicação e transmissão de dados entre o pessoal fixo (como os despachantes e os oficiais de serviço) e o pessoal móvel (como os maquinistas, os trabalhadores da manutenção e o pessoal das estações). Para garantir uma comunicação segura e fluida entre os despachantes e os maquinistas, o transporte ferroviário urbano não utiliza as redes públicas de comunicações móveis, mas constrói redes de comunicações sem fios dedicadas ao despacho. Atualmente, a maioria dos sistemas sem fios específicos dos metropolitanos adopta a norma TETRA. O sistema de entroncamento digital TETRA suporta um poderoso modo de funcionamento direto da estação móvel (DMO) e implementa a autenticação, a encriptação da interface aérea e a encriptação de extremo a extremo. Além disso, o sistema TETRA possui uma função de rede privada virtual, permitindo que uma única rede física sirva várias organizações não relacionadas, com capacidades de serviço alargadas, maior utilização de frequências e elevada qualidade de comunicação.

O sistema de registo garante que as ordens de despacho e as instruções de segurança entre o despachante do centro de controlo e o pessoal operacional da estação são corretamente registadas. Este sistema pode gravar, monitorizar, reproduzir e identificar números de chamadas para cada linha, utilizando a tecnologia da informação e a ligação em rede para fornecer ferramentas de gestão modernas para a expedição, melhorar as capacidades de recolha e processamento de informações do departamento de gestão e melhorar as capacidades de coordenação e resposta.

O sistema de radiodifusão é um dos componentes essenciais das operações de trânsito ferroviário. As suas principais funções incluem os anúncios públicos de voz aos passageiros, a comunicação de informações sobre a exploração e a segurança dos comboios, a prestação de serviços de guia e a utilização como sistema de radiodifusão de emergência em caso de catástrofe. O sistema de radiodifusão é utilizado para anunciar as chegadas e partidas dos comboios, as transferências de linha, as alterações de horários, os atrasos e as condições de segurança. Pode também reproduzir música para melhorar o ambiente nas salas de espera, átrios das estações, plataformas e carruagens de comboio. Além disso, em caso de emergência, ajuda a organizar e a dirigir os esforços de salvamento de acidentes, melhorando as capacidades de resposta a emergências.

O sistema de monitorização de televisão em circuito fechado (CCTV) fornece serviços de vigilância aos despachantes do centro de controlo, aos funcionários das estações, aos gestores das plataformas e aos maquinistas. Este sistema permite a monitorização em tempo real do fluxo de passageiros nas estações, das chegadas e partidas de comboios e do embarque e desembarque de passageiros, oferecendo apoio informativo para melhorar a eficiência da gestão operacional e garantir a segurança e pontualidade dos comboios. Também pode ser utilizado para recolher provas em caso de incidentes de segurança através da gravação de vídeo. A ligação entre o equipamento do centro de controlo e o equipamento da estação é ilustrada na Figura 6.5.

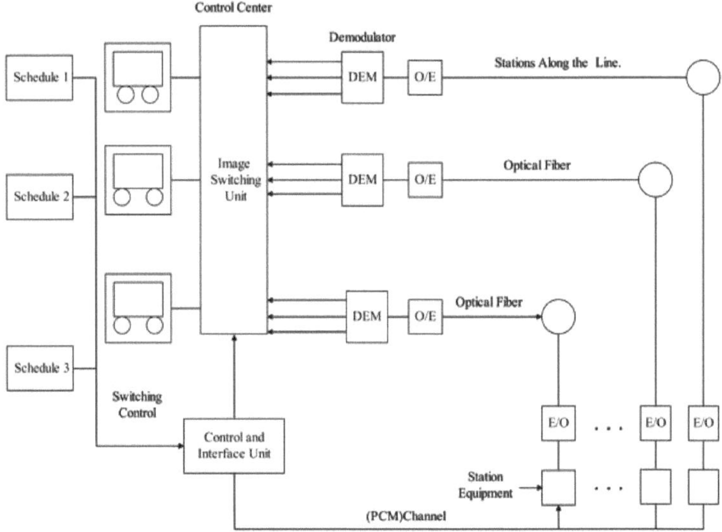

Figura 6.5 Esquema do sistema de CCTV

O sistema de relógio fornece uma hora padrão unificada para os funcionários e passageiros do metro e fornece sinais de hora padrão consistentes a outros sistemas, assegurando uma hora padrão uniforme em toda a rede.

O Sistema de Informação aos Passageiros (PIS) utiliza tecnologia de streaming media, televisão digital e tecnologia informática, empregando métodos avançados de controlo de difusão para prestar serviços de informação. Este sistema fornece aos passageiros informações multimédia, tais como alertas de emergência, informações sobre o funcionamento do comboio, relógio e data, notícias, anúncios e entretenimento através de áudio, texto, animação e vídeo digital. Oferece também instruções de evacuação de emergência em caso de incêndio ou bloqueio.

O sistema de comunicação comercial, também conhecido como sistema de cobertura pública subterrânea, fornece serviços de comunicação sem fios, de radiodifusão e de Internet sem fios aos passageiros no interior do metro. Este sistema é composto principalmente por duas partes: a fonte de sinal (estação de base) e o sistema de feedback distribuído. A fonte de sinal é o componente central do sistema de comunicação comercial, composto principalmente por estações de base (BS). A principal função da estação de base é conseguir a transmissão e a receção do sinal de comunicação através da cobertura do sinal de rádio. No ambiente do metro, a conceção e a disposição da estação de base devem ter em conta factores como a forma e o comprimento dos túneis, a estrutura das estações e a velocidade dos comboios para garantir uma cobertura de sinal contínua e estável. O sistema de feedback distribuído é outra parte crucial do sistema de comunicação comercial, concebido para estender o sinal da estação de base a todos os cantos do sistema de metro, assegurando que os passageiros recebem um sinal de comunicação forte em qualquer local.

6.2.2 Sistema de controlo

O sistema de controlo do transporte ferroviário urbano é um aparelho técnico crucial, responsável por dirigir as operações dos comboios, garantir a segurança e aumentar a eficiência do transporte. O trânsito ferroviário urbano moderno exige a modernização dos sistemas de controlo. A segurança, a velocidade, a capacidade e a eficiência de um sistema de transporte ferroviário urbano estão intimamente ligadas ao seu sistema de controlo. Os sistemas de controlo automático dos comboios, baseados no controlo da velocidade, tornaram-se a escolha comum para os sistemas de controlo do transporte ferroviário urbano. O sistema de controlo é essencialmente o sistema nervoso central para a expedição e a gestão operacional do transporte ferroviário urbano, e a escolha do sistema de controlo correto pode produzir benefícios económicos e sociais significativos.

1. Requisitos do sistema de controlo

O trânsito ferroviário urbano impõe requisitos únicos aos sistemas de controlo que diferem dos dos sistemas ferroviários.

(1) Segurança elevada

Devido aos espaços confinados dos túneis, à elevada densidade de tráfego, à dificuldade de resolução de problemas e aos desafios das operações de salvamento após acidentes, particularmente em secções subterrâneas, são necessárias normas de segurança mais elevadas, especialmente para os sistemas de sinalização.

(2) Elevada capacidade de produção

O transporte ferroviário urbano não tem, normalmente, vias de estação, sendo que todos os comboios que chegam param na linha principal. O tempo de paragem do comboio anterior tem um impacto direto nos comboios seguintes. Assim, o equipamento de sinalização deve satisfazer requisitos de elevado rendimento. A ausência de vias de estação fixa a sequência de operação dos comboios, facilitando a expedição automática de comboios.

(3) Garantia de visualização do sinal

Embora haja menos luzes de sinalização à superfície, as secções subterrâneas têm um fundo escuro, não são afectadas pelas condições meteorológicas, proporcionam boa visibilidade nas secções rectas e têm uma distância de visualização dos sinais limitada nos túneis curvos. Assim, é crucial garantir a clareza e a fiabilidade dos sinais.

(4) Forte resistência às interferências

O transporte ferroviário urbano utiliza tração eléctrica de corrente contínua, pelo que o equipamento de sinalização deve ter uma forte resistência às interferências eléctricas.

(5) Elevada fiabilidade

Devido ao pequeno espaço livre do túnel e à presença de carris de contacto de tração sob tensão, a manutenção e a resolução de problemas são inconvenientes. Por conseguinte, o equipamento de sinalização deve ser altamente fiável, minimizando as necessidades de manutenção.

(6) Nível de automatização elevado

Com distâncias curtas entre estações, elevada densidade de comboios, operações frequentes e ambientes subterrâneos adversos com humidade e má qualidade do ar, é necessária tecnologia automatizada avançada para reduzir o número de pessoal e diminuir a intensidade do trabalho.

2. Caraterísticas do sistema de controlo

Embora os sistemas de controlo do transporte ferroviário urbano herdem o modelo dos sistemas ferroviários, têm as suas caraterísticas únicas.

(1) Monitorização global da velocidade do comboio

Devido ao grande volume de passageiros, o intervalo entre comboios exigido é muito mais curto do que o dos caminhos-de-ferro, com o intervalo mínimo a atingir 90 segundos ou mesmo menos. Assim, a procura de monitorização da velocidade dos comboios é extremamente elevada.

(2) Relações de interbloqueio simplificadas

A maioria das estações não dispõe de cablagem e interruptores, estando os interruptores e as máquinas de sinalização instalados apenas em algumas estações e depósitos. O equipamento de encravamento monitoriza menos objectos do que nas estações ferroviárias, tornando as relações de encravamento relativamente simples. Exceto nas estações de retorno, todas as operações se limitam ao embarque e desembarque de passageiros e, normalmente, um único centro de controlo pode assegurar a funcionalidade de encravamento para toda a linha.

(3) Equipamento de interbloqueio independente para depósitos

A função do depósito é semelhante à de uma estação de uma secção ferroviária, incluindo a triagem e a expedição de comboios, bem como operações de manobras frequentes. Com numerosas vias e aparelhos de mudança de via, o depósito utiliza geralmente um sistema de encravamento separado.

(4) Elevado nível de automatização

Devido aos comprimentos curtos das linhas, às distâncias curtas entre estações, aos tipos de comboios uniformes e à forte regularidade das operações, o sistema de sinalização inclui normalmente funções automáticas de organização dos itinerários e de ajustamento da exploração, com um elevado grau de automatização e uma intervenção humana mínima.

(5) Ausência de requisitos de compatibilidade do sistema

As diferentes linhas funcionam de forma independente e não é necessário que os sistemas de sinalização sejam compatíveis entre si. Mesmo linhas diferentes dentro da mesma cidade podem utilizar sistemas de sinalização diferentes.

3. Composição do sistema de controlo

O sistema de controlo do transporte ferroviário urbano é normalmente composto por duas partes principais: o sistema de controlo automático dos comboios (ATC) e o sistema de controlo da sinalização dos depósitos. Estes sistemas são utilizados para o controlo dos itinerários, o controlo dos intervalos entre comboios, a expedição, a gestão da informação, a monitorização do estado dos equipamentos e a gestão da manutenção, formando um sistema de automatização integrado e eficiente, como mostra a figura 6.6.

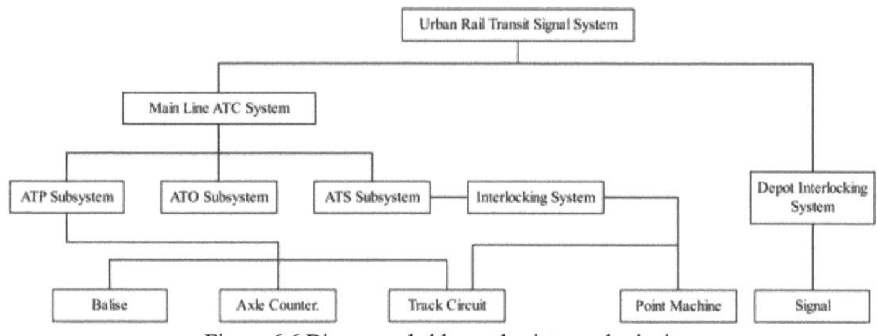

Figura 6.6 Diagrama de blocos do sistema de sinais

O sistema de controlo automático dos comboios (ATC) inclui três subsistemas: Proteção automática dos comboios (ATP), exploração automática dos comboios (ATO) e supervisão automática dos comboios (ATS). Considera-se, em geral, que as linhas com uma capacidade máxima inferior a 30 comboios por hora devem utilizar os sistemas ATS e ATP para obter o controlo automático dos comboios e a proteção contra o excesso de velocidade. As linhas com uma capacidade máxima superior a 30 comboios por hora devem utilizar um sistema ATC completo para assegurar a automatização do controlo e da exploração dos comboios.

Os depósitos estão equipados com dispositivos de encravamento para controlo dos itinerários, que trocam informações com o centro de controlo dos comboios através do subsistema ATS dos depósitos. As vias de ensaio no depósito têm vários segmentos com circuitos de via ATP e equipamentos de solo ATO semelhantes aos da linha principal, utilizados para ensaios estáticos e dinâmicos dos equipamentos ATC de bordo.

O sistema de encravamento garante a segurança do itinerário, permitindo que os sinais se abram apenas quando o itinerário está livre, os interruptores estão corretamente posicionados e os sinais opostos estão fechados. Os sistemas de controlo de encravamento de estações dividem-se geralmente em camada de interface homem-máquina, camada de encravamento e camada de monitorização. A camada de interface homem-máquina permite que os operadores introduzam comandos e visualizem o estado do sistema; a camada de encravamento processa a lógica de encravamento, gerando e emitindo comandos de controlo de itinerários, sinais e comutadores; a camada de monitorização recebe comandos de controlo de encravamento, gere a visualização dos sinais e as operações dos comutadores e transmite informações de estado.

O sistema de bloqueamento complementar é utilizado principalmente para controlar os intervalos entre comboios, assegurando uma distância segura entre eles. A sua principal função é evitar colisões de comboios através da definição de bloqueios físicos ou lógicos. O sistema de bloqueio pode ser dividido em três tipos: bloqueio fixo, bloqueio quase móvel e bloqueio móvel.

(1) Bloco fixo

A linha está dividida em várias secções de blocos fixos, cada uma com um comprimento que satisfaz o requisito de distância de frenagem para um nível de velocidade específico. Este sistema é simples e fiável, mas carece de flexibilidade e não pode utilizar plenamente os recursos da via.

(2) Bloco quase móvel

O comboio líder é posicionado utilizando um método de bloco fixo, enquanto o comboio seguinte utiliza um método de posicionamento contínuo e móvel. Determina a curva de frenagem com base na distância-objetivo, na velocidade-objetivo e no desempenho do comboio sem definir um grau de frenagem para cada secção de bloco, utilizando um único método de frenagem.

(3) Bloco móvel

Não são definidas secções de bloco fixas; tanto o comboio líder como o seguinte utilizam um método de posicionamento móvel. Dados como a distância até ao próximo alvo são transmitidos ao comboio através do centro de controlo em terra, dos cabos de transmissão ao longo da via e do equipamento de bordo. O computador de bordo calcula então a curva de velocidade máxima permitida em tempo real e monitoriza a velocidade do comboio de acordo com esta curva, assegurando a proteção automática contra o excesso de velocidade.

Os sistemas de bloco fixo, de bloco quase móvel e de bloco móvel têm caraterísticas próprias: os sistemas de bloco fixo são simples e fiáveis, os de bloco quase móvel permitem um equilíbrio entre flexibilidade e segurança e os de bloco móvel maximizam a capacidade da linha.

4. Distribuição geográfica

O sistema de controlo do transporte ferroviário urbano pode ser dividido em cinco partes com base na distribuição geográfica: equipamento do centro de controlo, equipamento da estação e da via, equipamento do depósito, equipamento da via de ensaio e equipamento de bordo.

(1) Equipamento do centro de controlo

O equipamento do centro de controlo é o núcleo do sistema ATC e pertence ao subsistema ATS. O equipamento inclui principalmente o sistema informático central, o ecrã integrado, os postos de trabalho do despachante e do chefe de despachante, o posto de trabalho dos horários, o posto de trabalho de formação/simulação, a plotter e a impressora, o posto de trabalho de manutenção, a UPS e as baterias. O ecrã integrado, o despachante e as estações de trabalho do despachante-chefe estão localizados na sala de controlo principal; o anfitrião de controlo, o processador de comunicações, o servidor da base de dados e a estação de trabalho de manutenção estão localizados na sala de equipamento; a estação de trabalho dos horários está localizada na sala dos horários; a plotter e a impressora estão localizadas na sala de impressão; e a estação de trabalho de formação/simulação está localizada na sala de formação. O centro de controlo está equipado com uma UPS online e baterias que podem fornecer 30 minutos de energia de reserva. A UPS está localizada na sala de energia, e as baterias estão na sala de baterias.

(2) Equipamento de estação e de via

O equipamento das estações divide-se em estações de encravamento centralizadas e estações de encravamento não-centralizadas. As estações de encravamento centralizado são geralmente as estações com aparelhos de mudança de via, mas também podem ser estações sem aparelhos de mudança de via. As estações de encravamento não centralizadas são tipicamente estações sem aparelhos de mudança de via; as estações com aparelhos de mudança de via podem também ser geridas como estações de encravamento não centralizadas, dependendo da necessidade e viabilidade. O equipamento de sinalização das estações inclui máquinas de sinalização, circuitos de via, máquinas de comutação e equipamento elétrico.

(3) Equipamento de depósito

O equipamento de depósito inclui subunidades ATS, terminais de depósito, equipamento de encravamento, terminais de manutenção, máquinas de sinalização, máquinas de manobra, circuitos de via e equipamento de energia, conforme ilustrado na Figura 6.7. O depósito tem normalmente uma subunidade ATS, com terminais na sala de despacho e na sala de controlo da torre de sinalização ligados à subunidade ATS do depósito. O depósito está equipado com um sistema de encravamento para controlo do itinerário, que troca informações com o centro de controlo através da subunidade ATS. O equipamento de encravamento é controlado manualmente pelo oficial de serviço. A sala de equipamento está equipada com um monitor a cores, um teclado e um rato para a manutenção, apresentando o mesmo conteúdo que a sala de controlo, bem como informações de manutenção e monitorização. O equipamento pode testar dispositivos de sinalização, mas não pode controlar rotas. O depósito tem máquinas de sinalização de entrada e saída, uma máquina de sinalização de bloqueio de comboios no meio da via de armazenamento e outras máquinas de sinalização de manobras, conforme necessário. Cada conjunto de aparelhos de mudança de via está equipado com uma máquina de mudança de via e o circuito de via utiliza um circuito sensível à fase de 50Hz para verificar a ocupação e a passagem do comboio. A torre de sinalização está equipada com UPS e baterias adequadas ao equipamento de encravamento e ATS.

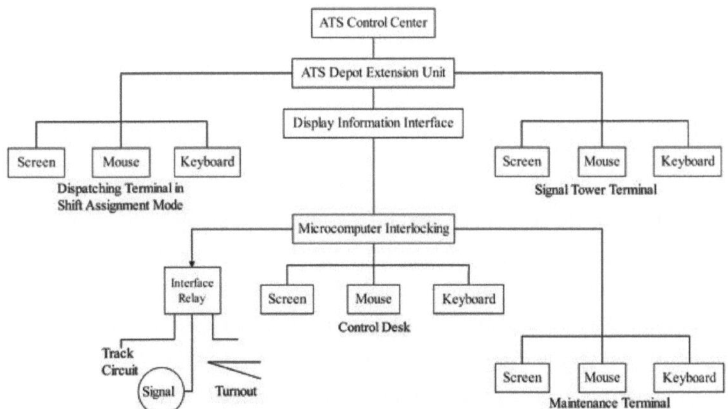

Figura 6.7 Diagrama do equipamento do depósito

(4) Equipamento do circuito de ensaio

O equipamento da via de ensaio é utilizado principalmente para testar e depurar o equipamento ATC de bordo dos comboios. A via de ensaio está equipada com vários segmentos de circuitos de via ATP e equipamentos de terra ATO semelhantes aos da linha principal, utilizados para o ensaio estático e dinâmico dos equipamentos ATC de bordo. Estes dispositivos podem simular várias condições durante as operações dos comboios na linha principal, verificando a funcionalidade e o desempenho do equipamento de bordo para garantir a segurança e a fiabilidade das operações dos comboios. A sala de equipamento da via de ensaio está equipada com uma consola para alterar a direção e a velocidade da via de ensaio, bem como com uma UPS adequada ao equipamento ATP/ATO, mas não inclui baterias ou painéis de alimentação.

(5) Equipamento ATC de bordo

O equipamento de bordo inclui os componentes ATP e ATO, que recebem informações ATP/ATO do equipamento de via, calculam a curva de exploração do comboio, medem a velocidade e a distância percorrida pelo comboio e fornecem proteção contra excesso de velocidade e funcionamento automático. O equipamento ATC de bordo garante a segurança operacional e fornece o modo de funcionamento ideal para o comboio. O sistema ATO desempenha um papel crucial na poupança de energia, na normalização da ordem operacional, na facilitação dos ajustamentos operacionais e na melhoria da eficiência operacional.

5. Sistema de controlo automático dos comboios

(1) Subsistema ATP

O sistema de proteção automática dos comboios (ATP) é um componente crítico do sistema de garantia de segurança das operações ferroviárias. O sistema ATP é o principal responsável pela prevenção do excesso de velocidade, pela monitorização em tempo real dos equipamentos de segurança, pela deteção das posições dos comboios e pela garantia de distâncias seguras entre comboios. Garante que os comboios operam dentro de limites de velocidade seguros. Além disso, o sistema ATP troca informações com a Supervisão Automática do Comboio (ATS), a Operação Automática do Comboio (ATO) e outros sistemas do veículo para aumentar a segurança e a eficiência das operações do comboio.

O subsistema ATP assegura várias funções de segurança para garantir a segurança da exploração dos comboios:

- Receção e descodificação dos limites de velocidade: O subsistema ATP recebe e descodifica as informações sobre os limites de velocidade enviadas pelos equipamentos instalados na via para determinar a velocidade máxima autorizada do comboio.
- Proteção contra excesso de velocidade: Se o comboio exceder a gama de velocidades permitida, o sistema ATP emite um alarme e ativa os travões para forçar o comboio a abrandar.
- Gestão de portas: Controla o funcionamento das portas do comboio, garantindo a segurança das operações das portas quando o comboio está na plataforma.
- Comutação de modo: Suporta a comutação entre os modos automático e manual, permitindo ao condutor selecionar o modo de funcionamento adequado, conforme necessário.
- Interface da consola de maquinista: Interage com a consola de maquinista para mostrar o estado de funcionamento do comboio e as informações relevantes para referência do maquinista.
- Identificação permanente do veículo: Gere a identificação única de cada comboio, assegurando a exatidão da transmissão da informação.

O subsistema ATP é composto por vários componentes essenciais, distribuídos ao longo da via e a bordo do comboio:

- Unidades de via: Instaladas nos postos de controlo, responsáveis pelo envio e receção das informações do circuito de via, assegurando a transmissão exacta das informações.
- Unidades de sintonização: Instaladas nos limites dos circuitos de via para regular e transmitir informações sobre os circuitos de via.
- Equipamento ATP de bordo: Trata da descodificação de comandos, da deteção de velocidade, da proteção contra excesso de velocidade forçada, das unidades de visualização de caraterísticas e do funcionamento das portas.

O sistema ATP contínuo utiliza circuitos áudio digitais de via para transmitir continuamente dados ao comboio, permitindo a supervisão e o controlo contínuos das operações do comboio. O equipamento de via consiste principalmente em caixas de ligação dos circuitos de via, contendo componentes passivos como unidades de engate de via e laços longos, sem necessidade de equipamento de transmissão adicional.

Quando o circuito de via está desocupado, o sistema transmite códigos de deteção; quando ocupado, transmite informações ATP. O equipamento ATP de bordo compara os dados do centro de controlo em terra com os dados pré-armazenados do comboio para calcular a velocidade máxima permitida em tempo real e compara-a com a velocidade real de funcionamento. Se o comboio exceder a velocidade permitida, o sistema emite um alarme, ativa os travões e apresenta a velocidade máxima permitida, a velocidade real de operação, a distância alvo e a velocidade alvo na consola do maquinista.

A configuração de base do sistema ATP inclui a unidade de comando e controlo (MMI) na cabina do condutor. Através da MMI, o condutor pode atuar de acordo com as instruções do sistema ATP. A MMI inclui funções de ecrã e interfaces externas. As funções de visualização mostram ao condutor a velocidade real, a velocidade máxima permitida, o estado do equipamento ATP e informações sobre falhas críticas, acompanhadas de alarmes sonoros. As interfaces externas incluem o dispositivo de desbloqueio da cabina, o botão de autorização, o botão de desbloqueio da porta e o botão de confirmação para as operações necessárias pelo condutor.

(2) Subsistema ATO

O sistema de exploração automática do comboio (ATO) foi concebido para substituir o maquinista no controlo do equipamento de tração e de frenagem do comboio. Executa automaticamente funções como o arranque, a aceleração, a velocidade de cruzeiro, a marcha lenta e a travagem do comboio, tornando as operações do comboio mais eficientes e suaves. As funções do sistema ATO dividem-se em funções de controlo básico e funções de serviço. As funções de controlo de base incluem a condução automática, a inversão de marcha automática e a abertura de portas; as funções de serviço incluem a deteção da posição do comboio, a determinação da velocidade permitida, o controlo da velocidade de cruzeiro/coating e o apoio ao sistema de informação aos passageiros (PTI).

O subsistema ATO foi concebido para melhorar a eficiência, a segurança e a qualidade de serviço da exploração dos comboios, realizando simultaneamente economias de energia e reduzindo os custos operacionais. Estas funções incluem:

- Condução automática e inversão de marcha automática.
- Abertura automática da porta.

- Deteção da posição do comboio.
- Determinação da velocidade admissível.
- Apoio ao Sistema de Informação aos Passageiros (PTI).

O equipamento de terra do subsistema ATO inclui módulos de paragem de estação ou comunicadores ATO instalados nas salas de equipamento ATC em cada estação, um conjunto de bobinas ou laços de marcação de solo instalados ao longo da plataforma e equipamento de interface com os sistemas ATP e de encravamento. O equipamento de bordo inclui controladores ATO (compostos por microcomputadores) instalados em cada cabina de condução e bobinas de marcação e antenas de posicionamento (antenas de receção e transmissão) localizadas sob o comboio. O sistema ATO comunica bidireccionalmente através das antenas de bordo e dos circuitos de terra, permitindo que o comboio se ligue diretamente ao sistema ATS na estação para um controlo operacional optimizado.

O sistema ATO, através de um sistema de comunicação bidirecional com o equipamento de terra, assegura que o comboio pode receber e enviar as informações necessárias. O controlador ATO de bordo calcula a força de tração ou de frenagem necessária para o comboio com base nos dados recebidos do solo e nos dados pré-armazenados do comboio, e envia pedidos ao sistema de tração ou de frenagem do comboio. Ao receber estes pedidos, o equipamento de bordo executa as operações correspondentes, permitindo que o comboio funcione de acordo com o horário planeado. O sistema ATO é responsável por funções como a paragem do programa, o ajustamento do horário e da programação, o intercâmbio de dados solo/comboio e o controlo do destino e do itinerário.

O sistema ATO baseia-se no sistema ATP. O sistema ATP assegura principalmente a supervisão da velocidade e a proteção contra o excesso de velocidade, garantindo a segurança das operações do comboio. Com base no sistema ATP, o sistema ATO pode alcançar uma condução automática, substituindo o maquinista na execução das operações de arranque, aceleração, cruzeiro, desaceleração e travagem do comboio. Quer esteja em modo manual ou automático, o sistema ATP desempenha sempre as suas funções de supervisão da velocidade e de proteção contra o excesso de velocidade. Essencialmente, a condução manual equivale à operação manual pelo maquinista mais o sistema ATP, enquanto a condução automática envolve o sistema ATO que efectua a condução automática mais o sistema ATP. O sistema ATP é a base do sistema ATO e só com o apoio do sistema ATP é que o sistema ATO pode atingir a condução automática e garantir a segurança das operações do comboio.

(3) Subsistema ATS

O sistema de supervisão automática dos comboios (ATS) é um componente essencial do sistema ferroviário utilizado para monitorizar e controlar as operações dos comboios. O sistema ATS trabalha em estreita colaboração com os sistemas ATP e ATO para monitorizar automaticamente os comboios de acordo com o horário, fornecendo simultaneamente informações em tempo real aos expedidores de comboios e aos sistemas externos. O sistema ATS também pode ser integrado em equipamento de encravamento por computador ou por relé e pode interagir com sistemas de relógio, sistemas de orientação dos passageiros e sistemas de monitorização integrados.

As funções do sistema ATS visam garantir operações ferroviárias eficientes e seguras, fornecendo aos despachantes ferramentas abrangentes de monitorização e gestão. As funções específicas incluem:

- Localização do comboio.
- Monitorização do comboio.
- Controlo dos itinerários dos comboios.
- Ajustamento da exploração do comboio.
- Funcionamento eficiente em termos energéticos.
- Restrições temporárias de velocidade.
- Indicação de partida da estação.
- Elaboração e gestão dos horários dos comboios.
- Gravação e reprodução operacionais.

O equipamento do subsistema ATS está distribuído pelos centros de controlo, estações e depósitos:

- Equipamento do centro de controlo ATS: O núcleo do sistema ATC, incluindo a visualização do estado, o controlo da operação, o ajustamento da operação, o seguimento dos comboios, a compilação dos horários, o desenho do diagrama de funcionamento e outras interfaces do sistema.
- Equipamento da estação ATS: Divididos em estações de encravamento centralizadas e estações de encravamento não centralizadas, responsáveis pela monitorização e controlo da circulação dos comboios dentro da estação.

- Equipamento de depósito ATS: Inclui a subestação ATS e o equipamento terminal do depósito, que trocam informações com o centro de controlo através da subestação ATS para monitorizar as operações do comboio no depósito.

Sistema de Identificação de Comboios (PTI) e Indicador de Partida de Comboios (DTI): Utilizado para a identificação e indicação de partida dos comboios, garantindo que estes circulam de acordo com o plano.

O sistema ATS funciona em conjunto com os sistemas ATP e ATO, trabalhando os três sistemas em estreita colaboração para garantir o funcionamento seguro e eficiente dos comboios. O sistema ATP trata principalmente da supervisão da velocidade e da proteção contra o excesso de velocidade, garantindo a segurança das operações dos comboios; o sistema ATO trata da condução automática, realizando tarefas como o arranque, a aceleração, a velocidade de cruzeiro e a travagem do comboio. O sistema ATS assenta nesta base, monitorizando e ajustando as operações globais do comboio através de horários e monitorização em tempo real. O sistema ATS pode ser considerado uma extensão e um complemento dos sistemas ATP e ATO. O sistema ATS é responsável pela monitorização global da exploração e pela gestão da expedição, enquanto os sistemas ATP e ATO garantem a segurança e a automatização dos processos de exploração específicos.

(4) Sistema de funcionamento totalmente automatizado

O sistema de Operação Totalmente Automatizada (FAO) é um sistema de trânsito ferroviário urbano de nova geração que permite a automatização total do processo de operação do comboio, com base em tecnologias modernas de computação, comunicação, controlo e integração de sistemas. Como núcleo do sistema FAO, o sistema de sinalização FAO controla as operações do comboio, garante a segurança, melhora a eficiência do transporte, transmite informações operacionais e reduz a intensidade do trabalho do pessoal operacional. O sistema FAO é amplamente aplicável ao trânsito ferroviário urbano, ao maglev de média e baixa velocidade e às linhas ferroviárias suburbanas.

O desenvolvimento do sistema FAO pode ser dividido em duas fases principais: a fase de iniciação e a fase de aplicação generalizada. A fase de iniciação começou em 1971, com os seguintes acontecimentos fundamentais Em 1983, foi lançada em Lille, França, a primeira linha de exploração do sistema FAO, utilizando portas de proteção das plataformas para evitar que os passageiros caíssem nos carris; em 1985, o sistema SkyTrain de Vancouver, no Canadá, adoptou o sistema FAO, equipado com pessoal de patrulhamento e retirou as portas de proteção das plataformas, utilizando em vez disso dispositivos de deteção de intrusão; em 1995, a linha Airport Express de Tóquio, no Japão, introduziu o sistema FAO, integrando-o noutros modos de transporte; em 1998, a linha Meteor de Paris conseguiu uma exploração sem vigilância, com operações totalmente automatizadas na linha principal, mantendo a condução manual no depósito.

Desde 2005, o sistema FAO entrou numa fase de aplicação generalizada, com uma rápida expansão da sua utilização, reforçando ainda mais os níveis de automatização e segurança. Singapura lançou o sistema da Linha Nordeste em 2003, conseguindo uma condução totalmente automatizada tanto na linha principal como no depósito; em 2006, a cidade alemã de Nuremberga modernizou as linhas U2 e U3 para funcionarem com o sistema FAO; em 2007, a Linha 9 de Barcelona, em Espanha, abriu com o sistema FAO; em 2010, a secção Marina Bay da Linha Circular de Singapura também começou a funcionar com o sistema FAO. A linha Yanfang de Pequim foi construída de acordo com as normas GoA4 e foi inaugurada com o sistema FAO em 30 de dezembro de 2017. Até 2025, espera-se que 2.300 quilómetros de linhas de metro em todo o mundo estejam a funcionar com o sistema FAO.

O sistema de sinalização FAO, baseado nos principais sistemas de sinalização ferroviária urbana actuais, adicionou mais de 20 funções, incluindo suspensão/despertar do comboio, auto-verificações dinâmicas/estáticas, proteção contra obstáculos/descarrilamento e reinicialização remota, juntamente com actualizações de cerca de 10 funções existentes. Através da adoção de grandes volumes de dados e de tecnologias inteligentes para uma interconectividade profunda, o sistema pode melhorar os intervalos de rotação em 30%, aumentar a eficiência de entrada/saída do depósito em 50% e conseguir uma paragem precisa com uma exatidão de 99,999%.

O sistema FAO caracteriza-se pelas seguintes caraterísticas notáveis:

- Automação elevada.
- Segurança elevada.
- Elevada fiabilidade.

- Capacidade de manutenção.
- Elevada pontualidade.
- Alta eficiência.

6.3 Sistema de bilhética

6.3.1 Princípios gerais e estrutura da gestão de bilhética

A gestão dos bilhetes deve ter em conta tanto os benefícios económicos como a eficiência social. O principal objetivo da tarifação deve ser servir o público, com o governo a subsidiar as perdas operacionais. Um dos princípios gerais da gestão de bilhetes é "O bem-estar público em primeiro lugar, a eficiência em consideração".

O transporte ferroviário urbano tem caraterísticas de monopólio natural, utilidade pública, investimento especializado e irrecuperável e conetividade da rede. Devido ao investimento do Estado na construção e aos subsídios fiscais à exploração, não existem mecanismos eficazes de concorrência e de responsabilização, o que conduz a uma baixa eficiência operacional, a uma má qualidade do serviço e a perdas significativas. Para alterar esta situação e reduzir os encargos fiscais, é necessário explorar a regulamentação governamental dos serviços públicos e operações de investimento diversificadas. Por conseguinte, a "melhoria da eficiência" é também um princípio geral.

Para melhor aplicar estes princípios gerais, o sistema de gestão de bilhética do transporte ferroviário urbano deve funcionar de forma abrangente e eficiente. Este sistema inclui os seguintes aspectos fundamentais, como mostra a figura 6.8.

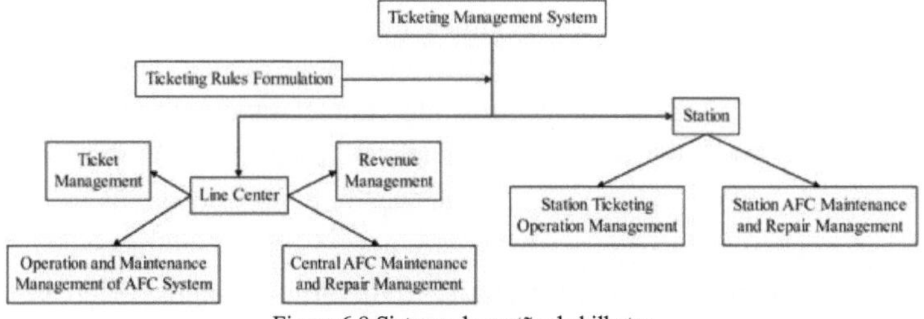

Figura 6.8 Sistema de gestão de bilhetes

(1) Formulação das regras de emissão de bilhetes

A empresa revê regularmente as regras e políticas de bilhética, e o centro de linha e as estações são responsáveis pela aplicação das regras de bilhética mais recentes.

(2) Gestão de bilhetes

O centro de linha é responsável por armazenar, salvaguardar, distribuir e monitorizar os bilhetes.

(3) Gestão de receitas

Trata-se de verificar e analisar os dados relativos às receitas provenientes das transacções dos equipamentos, dos registos dos dispositivos, dos dados estatísticos e dos registos dos operadores das máquinas de venda semi-automáticas, a fim de identificar discrepâncias e orientar as operações de venda de bilhetes nas estações.

(4) Gestão da exploração e da manutenção do sistema AFC

O pessoal de manutenção do sistema é responsável pela operação e manutenção do sistema AFC no centro de linha, incluindo inspecções regulares do sistema e manutenção diária.

(5) Gestão da manutenção e reparação do AFC Central

O centro de manutenção é responsável pela gestão do inventário de peças sobresselentes AFC para cada linha e pela supervisão da reparação dos componentes centrais.

(6) Gestão das operações de bilhética das estações

Esta função inclui a supervisão das operações de bilhética nas estações, a gestão do dinheiro, dos bilhetes, do sistema AFC, do equipamento e dos relatórios.

(7) Gestão da manutenção e reparação do AFC da estação

Trata-se de manter e reparar o equipamento terminal AFC das estações, os servidores e os dispositivos de rede, incluindo a manutenção regular e a resolução de problemas.

6.3.2 Divisão das fases de funcionamento

À medida que o número de linhas de transporte ferroviário urbano aumenta e a quilometragem operacional se expande rapidamente, formam-se gradualmente centros de intercâmbio, os fluxos de passageiros em transferência continuam a crescer e as instalações de partilha de rede, os centros de coordenação de operações e os centros de compensação são sucessivamente postos em funcionamento. A gestão da exploração do transporte ferroviário urbano sofreu uma transformação faseada. Para melhor fazer face a estas mudanças, o transporte ferroviário urbano pode ser dividido em três fases principais com base em factores como o progresso da construção, a eficiência operacional da empresa, a acessibilidade da rede, a intensidade da carga da rede, o fluxo de passageiros, a velocidade média de funcionamento e a distância média de viagem: o período inicial de funcionamento, o período de desenvolvimento e o período de maturidade.

Durante o período inicial de funcionamento, as linhas de transporte ferroviário urbano e a quilometragem operacional são relativamente limitadas, os centros de intercâmbio ainda não estão totalmente formados, o fluxo de passageiros é baixo e o sistema operacional é relativamente simples. As principais caraterísticas desta fase incluem:

- Condições de mercado: Baixa procura com diversas opções de viagem para os passageiros.
- Competitividade: Menor competitividade em comparação com outros modos de transporte.
- Custos operacionais: Investimento inicial elevado com custos operacionais relativamente elevados.
- Políticas-alvo: Concentrar-se no desenvolvimento de infra-estruturas e na formulação de regras operacionais iniciais.
- Posicionamento da função: Prestar serviços básicos de transporte público, com ênfase na atração de passageiros iniciais.

Nesta fase, a gestão da bilhética deve concentrar-se em assegurar a estabilidade do sistema, satisfazer as necessidades básicas dos passageiros, estabelecer tarifas e regras de bilhética razoáveis e assegurar o bom funcionamento da fase inicial.

Com a abertura de mais linhas e a criação de plataformas de intercâmbio, o transporte ferroviário urbano entra no período de desenvolvimento. Durante esta fase, o fluxo de passageiros aumenta significativamente e o sistema de operação da rede torna-se mais complexo. As principais caraterísticas incluem:

- Condições de mercado: Procura em rápido crescimento, com uma dependência crescente dos passageiros do transporte ferroviário.
- Competitividade: Aumentar gradualmente a competitividade em relação a outros modos de transporte.
- Custos operacionais: Os custos unitários diminuem gradualmente à medida que surgem economias de escala.
- Políticas de objectivos: Funcionamento flexível e eficiente para satisfazer uma procura em rápido crescimento.
- Posicionamento na função: Tornar-se parte integrante do sistema de transportes urbanos, fornecendo serviços de deslocação convenientes.

Nesta fase, a gestão da bilhética deve ser mais flexível e eficiente para se adaptar à rápida evolução da procura. Além disso, a gestão das receitas e a manutenção do sistema AFC devem ser reforçadas para garantir um funcionamento eficiente e uma verificação exacta das receitas.

No período de maturidade, a rede de transporte ferroviário urbano está muito desenvolvida, com uma extensa quilometragem operacional, numerosos centros de transferência e fluxos de passageiros estáveis e importantes. As principais caraterísticas desta fase incluem:

- Condições de mercado: Procura estável com elevada dependência dos passageiros do transporte ferroviário.
- Competitividade: Torna-se o modo dominante de transporte urbano com forte competitividade.
- Custos operacionais: Custos operacionais bem controlados com receitas relativamente estáveis.
- Políticas-alvo: Concentrar-se na melhoria da qualidade do serviço e na otimização da experiência dos passageiros.
- Posicionamento da função: Prestar serviços de transporte público eficientes, confortáveis e seguros.

Durante este período, a gestão da bilhética deve centrar-se numa maior otimização, na melhoria da experiência dos passageiros e na melhoria da qualidade do serviço. A manutenção e as actualizações do sistema AFC devem ser continuamente melhoradas para garantir a fiabilidade e o avanço do sistema, enquanto a gestão dos bilhetes e a gestão das receitas devem ser optimizadas para conseguir operações de bilhética eficientes, transparentes e justas.

As diferentes fases de desenvolvimento do transporte ferroviário urbano têm diferentes condições de mercado, competitividade, custos operacionais, políticas de objectivos e posicionamento de papéis, o que leva a diferentes princípios de gestão da bilhética. As caraterísticas e os factores de influência de cada fase são apresentados no Quadro 6.1.

Caraterística	ParâmetroInicial	Período de funcionamento	Período de desenvolvimento	Período de vencimento
Caraterísticas espaciais	Área urbana	Elevado fluxo e densidade de passageiros nas zonas urbanas centrais	Fluxo e densidade médios de passageiros nas zonas suburbanas	Ligar os subúrbios exteriores e as zonas transregionais
	Distância média da viagem (km)	7~10	10~16	Superior a 16

	Estrutura da rede	Uma ou duas linhas que constituem o principal corredor de passageiros da cidade	Melhoria adicional da rede inicial para formar uma estrutura de backbone	Estrutura de rede radial com laços ou tangentes
Caraterísticas do serviço	Coeficiente médio de transferência (tempos)	1~1.2	1.2~1.4	Mais de 1,4 vezes
	Acessibilidade da rede (min)	20~40	40~100	Mais de 100
	Intensidade de carga da rede (10 000 passageiros/dia-km)	Menos de 1	Entre 1 e 2,5	Superior a 2,5
	Densidade da rede (km/km^2)	Menos de 0,5	Entre 0,5 e 1,5	Superior a 1,5
	Densidade de estações ($estações/km^2$)	Menos de 1	Entre 1 e 2,5	Superior a 2,5
	Rede per capita (km/10.000 habitantes)	Superior a 3	Entre 2 e 3	Menos de 2
	Taxa de participação (%)	Menos de 30	Entre 30 e 50	Mais de 50

Tabela 6.1 Divisão das fases de operação do transporte ferroviário urbano

6.3.3 Princípios e estratégias da gestão de bilhética por fases

Nas diferentes fases de desenvolvimento do transporte ferroviário urbano, a dependência do público viajante em relação ao transporte ferroviário varia significativamente, tal como a competitividade do mercado e as condições económicas do transporte ferroviário urbano. Por conseguinte, sob a orientação dos princípios gerais de gestão da bilhética, é necessário estabelecer os princípios de gestão da bilhética correspondentes a cada fase de desenvolvimento e, com base nesses princípios, formular estratégias operacionais de gestão da bilhética. As secções seguintes descrevem os princípios de gestão da bilhética e as estratégias específicas para cada fase.

1. Período inicial de funcionamento

O período inicial de exploração é a fase de exploração linear do transporte ferroviário urbano (Figura 6.9). Nesta fase, a construção do transporte ferroviário urbano centra-se essencialmente em linhas individuais, com níveis de desenvolvimento relativamente baixos. As condições de mercado, a competitividade e os custos de exploração são fracos. Não é realista esperar manter operações normais e obter lucros razoáveis durante este período.

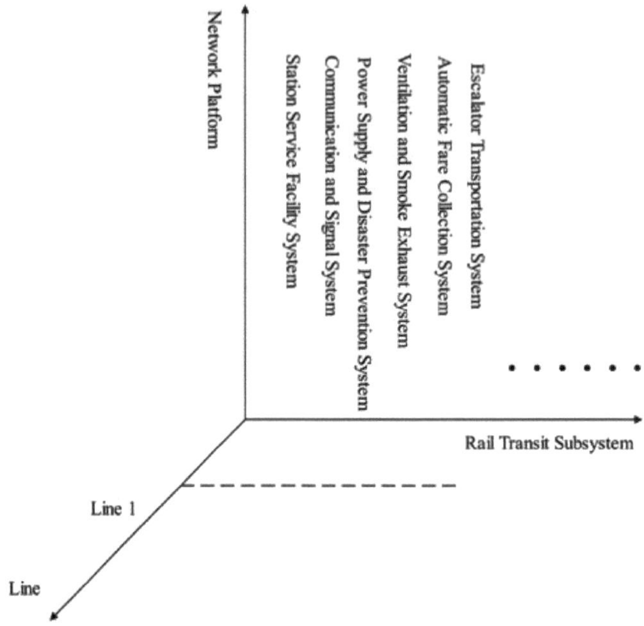

Figura 6.9 Fase de funcionamento em linha única da estrutura linear (período inicial de funcionamento)

Nesta fase, as empresas que operam o transporte ferroviário urbano estão posicionadas como seguidores do mercado, detendo uma posição competitiva fraca no mercado. Normalmente, os recursos para operar o sistema de transporte ferroviário são escassos e este deve coexistir "pacificamente" com outros modos de transporte público semelhantes para maximizar as receitas.

O objetivo do mercado nesta fase é cultivar o fluxo de passageiros. Um fluxo de passageiros estável e crescente é a base para a realização dos benefícios sociais e económicos do transporte ferroviário urbano. A abordagem fundamental durante o período inicial de operação é atrair o maior número possível de passageiros. Uma política de bilhética eficaz pode estimular a procura de transporte e aumentar a quota de mercado. Em caso de excesso de capacidade, as políticas de bilhética devem ter como objetivo estabilizar o mercado-alvo, oferecendo tarifas mais baixas ou proporcionando melhores relações custo-desempenho do que outras opções de transporte público para atrair novos utilizadores. É essencial sensibilizar os viajantes para o transporte ferroviário urbano e incentivar a utilização habitual do sistema. Além disso, devem ser envidados esforços para reduzir os custos de exploração e manter uma elevada qualidade de serviço para evitar a concorrência de outros modos de transporte.

2. Período de desenvolvimento

O período de desenvolvimento marca a transição para uma fase de funcionamento em rede do transporte ferroviário urbano (Figura 6.10). Em comparação com o período inicial, o nível de desenvolvimento do transporte ferroviário urbano melhorou significativamente. Com o aumento da cobertura da rede de transporte ferroviário e a melhoria dos níveis de serviço, a influência do transporte ferroviário urbano aumentou, tornando-o mais competitivo em comparação com outros modos de transporte público. O fluxo de passageiros regista um aumento acentuado e as receitas de exploração podem sustentar operações normais, com eventuais excedentes ligeiros.

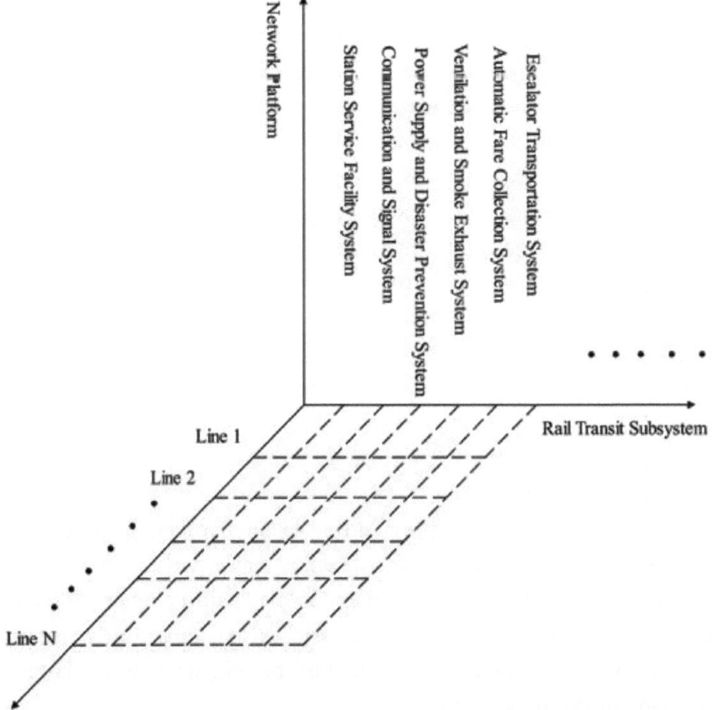

Figura 6.10 Estrutura da rede Fase de operação em rede (período de desenvolvimento)

Nesta fase, os sistemas de transporte ferroviário urbano de passageiros posicionam-se como desafiadores do mercado. Os desafiantes do mercado são empresas que ocupam o segundo, terceiro ou último lugar no sector e possuem poder competitivo face aos líderes de mercado. O objetivo durante o período de desenvolvimento é que os sistemas de transporte ferroviário urbano se tornem líderes de mercado, assegurando simultaneamente que dispõem dos recursos operacionais necessários.

Os objectivos de mercado das políticas de bilhética nesta fase incluem a estabilização do fluxo de passageiros, o aumento da quota de mercado, a redução dos subsídios governamentais e o aumento do retorno do investimento e das margens de lucro. As estratégias específicas de gestão dos bilhetes incluem estratégias de preços com desconto, estratégias de expansão dos produtos e estratégias de melhoria dos serviços.

As estratégias de fixação de preços com desconto implicam a oferta de descontos nas tarifas aos utilizadores do transporte ferroviário urbano, reflectindo a natureza de serviço público do transporte ferroviário e atraindo os utilizadores a escolherem o transporte ferroviário para as suas viagens. Os descontos não só servem como medidas de bem-estar adequadas, mas também funcionam como um poderoso instrumento de ajustamento do mercado para aumentar a fidelidade dos utilizadores e atrair ainda mais o fluxo de passageiros.

As estratégias de expansão dos produtos centram-se principalmente na gestão do marketing de mercado para as empresas que exploram o transporte ferroviário urbano. Ao melhorar a imagem de mercado e a atração da empresa, é possível aumentar eficazmente a afinidade com o transporte ferroviário urbano. Por exemplo, a venda de cartões de valor armazenado a empresas situadas ao longo das linhas ferroviárias, que podem ser distribuídos como benefícios aos empregados, incentiva-os a utilizar o transporte ferroviário para se deslocarem para o trabalho.

As estratégias de melhoria do serviço envolvem a procura de melhores métodos de serviço para aumentar a atratividade do transporte ferroviário. Ao melhorar a conveniência, o conforto e a acessibilidade dos serviços de transporte ferroviário, o sistema de transporte ferroviário urbano pode servir melhor os viajantes e melhorar a qualidade global do serviço.

Durante a fase de desenvolvimento operacional, o quadro de base da rede de transportes está normalmente criado. No entanto, devido à densidade limitada da rede, o transporte ferroviário urbano só pode exercer a sua vantagem dominante em certas zonas importantes da cidade. Nas zonas não cobertas pela rede, a influência do transporte ferroviário urbano não pode ser plenamente realizada e só pode ter um impacto limitado no sistema de transporte público de passageiros da cidade.

3. Período de maturidade

O período de maturidade é uma fase mais avançada do funcionamento em rede dos sistemas de transporte ferroviário urbano. Nesta fase, à medida que a construção do transporte ferroviário se aprofunda, o conteúdo técnico e a eficiência da utilização dos recursos do sistema melhoraram significativamente. A rede de transportes está essencialmente completa e o fluxo de passageiros atinge ou excede a capacidade projectada, tornando o transporte ferroviário claramente superior a outros modos de transporte. O período e a fase de desenvolvimento são apresentados na Figura 6.11.

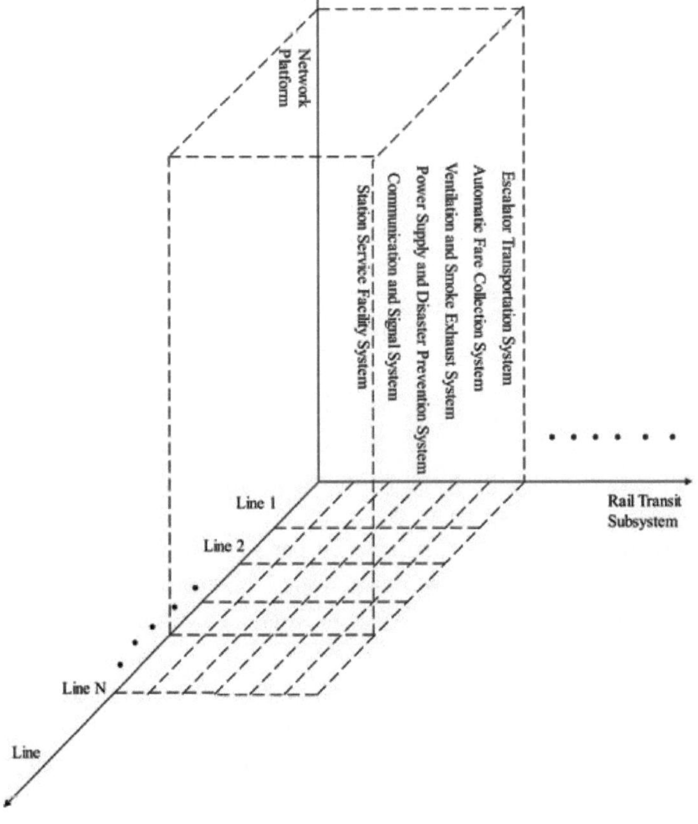

Figura 6.11 Fase tridimensional de funcionamento sistemático (período de maturidade)

Neste período, os sistemas de transporte ferroviário urbano estão posicionados como líderes de mercado. Na maioria dos sectores, os líderes de mercado são reconhecidos como as empresas com a maior quota de mercado e posições dominantes. Durante o período de maturidade, os sistemas de transporte ferroviário detêm a maior quota de mercado nos transportes públicos urbanos e ocupam uma posição dominante, assumindo a responsabilidade principal pelo transporte de passageiros.

Os objectivos de mercado das políticas de bilhética nesta fase são manter a atual quota de mercado e, ao mesmo tempo, expandir a procura de viagens de transporte ferroviário urbano para maximizar os lucros da empresa operadora. Este objetivo exige a manutenção da base de utilizadores existente e a expansão ativa do mercado para aumentar tanto os novos utilizadores como a frequência de utilização pelos utilizadores actuais.

Para atingir estes objectivos, podem ser utilizadas as seguintes estratégias específicas de gestão de bilhética:

Expansão da procura no mercado: A nível estratégico, os sistemas de transporte ferroviário urbano precisam de expandir a procura do mercado, atraindo novos utilizadores e aumentando a frequência de utilização entre os utilizadores existentes. Para atrair novos utilizadores, o sistema de transporte ferroviário deve melhorar a qualidade do serviço e a competitividade para atrair mais passageiros. Para aumentar a frequência de utilização, a estratégia deve incentivar os utilizadores actuais a aumentar o número de passageiros e a escolher o transporte ferroviário urbano para mais cenários de viagem.

Políticas dinâmicas de emissão de bilhetes: A implementação de políticas tarifárias dinâmicas permite ajustar os preços dos bilhetes com base nos períodos de ponta, nas zonas de ponta e nas linhas de ponta. O ajustamento das tarifas durante os períodos de ponta pode não só aumentar as receitas dos bilhetes, mas também ajudar a aliviar o congestionamento e a satisfazer um leque mais vasto de necessidades de deslocação. Além disso, os aumentos de tarifas para grupos de utentes altamente fiéis, com uma procura inelástica, podem gerar lucros mais elevados.

Durante o período de maturidade, a relação entre os sistemas de transporte ferroviário urbano e os sistemas de autocarros convencionais também se altera. medida que os efeitos de escala, a velocidade e a grande capacidade das redes de transporte ferroviário se tornam evidentes, o transporte ferroviário torna-se gradualmente a primeira escolha dos viajantes. A proporção do volume e do volume de passageiros transportados pelo transporte ferroviário aumenta significativamente, tornando-o a espinha dorsal dos sistemas urbanos de transporte de passageiros. Por exemplo, em Nova Iorque, o transporte ferroviário urbano trata 59% a 68% do volume de passageiros do sistema de autocarros e 83% a 87% do volume de passageiros. Do mesmo modo, na área metropolitana de Paris, o transporte ferroviário representa 67% do volume de passageiros e 84% do volume de negócios.

6.4 Gestão das instalações e dos equipamentos

6.4.1. Monitorização do funcionamento das instalações e equipamentos

O acompanhamento do estado de funcionamento das instalações e dos equipamentos é a base e o meio necessário para a gestão destes activos. Este processo baseia-se nos manuais operacionais dos vários tipos de equipamento, que devem incluir, no mínimo, a verificação do estado pré-operacional, os procedimentos de arranque e paragem, os processos operacionais, os procedimentos para lidar com situações anómalas e os regulamentos de gestão da segurança no trabalho.

Como atividade de rotina, a monitorização do estado operacional das instalações e equipamentos deve ser orientada pelas necessidades operacionais reais e os planos de operação dos equipamentos devem ser razoavelmente formulados. Antes do início da exploração diária, devem ser inspeccionados todos os equipamentos que afectam diretamente a segurança dos comboios e os serviços aos passageiros, tais como o ambiente da via, os sistemas dos veículos, os sistemas de alimentação eléctrica, os sistemas de comunicação, os sistemas de sinalização, os sistemas de cobrança automática de tarifas (AFC), os sistemas de informação aos passageiros, as portas de ecrã das plataformas, bem como qualquer outro equipamento que tenha sido reiniciado após uma paragem. Só depois de confirmado o funcionamento normal é que estes equipamentos podem ser colocados em serviço.

Com base no acompanhamento rigoroso do estado operacional das instalações e equipamentos, os alarmes anormais dos equipamentos devem ser classificados e classificados por ordem de prioridade, seguindo-se uma inspeção e resolução atempadas. Se o funcionamento não puder ser mantido ou se a continuação do funcionamento puser em risco a segurança dos comboios, as operações afectadas devem ser suspensas para reparações de emergência, devendo ser feitos esforços para restabelecer o serviço o mais rapidamente possível. No caso de problemas em que a exploração possa continuar, devem ser tomadas medidas como restrições de velocidade, inspecções no local e proteção de segurança, com o objetivo de resolver rapidamente a avaria. As avarias que não afectam as operações devem ter planos de reparação claros e ser resolvidas logo que as condições o permitam.

Os principais componentes e áreas a monitorizar para veículos, alimentação eléctrica, sinalização e outros equipamentos através de funções de monitorização e diagnóstico próprias ou auxiliares incluem

- Veículos: Sistemas de tração, sistemas de travagem e órgãos de rolamento.
- Eletromecânica: Sistemas de ventilação, ar condicionado e aquecimento; sistemas de abastecimento e drenagem de água; sistemas automáticos de cobrança de tarifas; sistemas de alarme de incêndio; sistemas de informação aos passageiros; e portas de ecrã das plataformas.
- Equipamento de via: Telefones de alarme de incêndio ao longo da via, iluminação de emergência, passagens de comunicação ao longo da via, plataformas de evacuação, portas de emergência nas estações e ao longo da via e sistemas de exaustão de fumos e de ventilação ao longo da via.
- Equipamento de serviço de segurança: Dispositivos de desbloqueio de emergência das portas dos comboios, botões de paragem de emergência nas plataformas, dispositivos de desbloqueio de emergência das portas de ecrã das plataformas e botões de paragem de emergência das escadas rolantes.
- Equipamento de interface: Monitorização e calibração regulares dos relógios dos sistemas de alimentação, comunicação, sinalização, monitorização integrada e porta de ecrã da plataforma para garantir a sincronização com o servidor de relógio principal.
- Comunicação: Fontes de alimentação e equipamento de rede.
- Sinalização: Balanças, máquinas pontuais e sistemas de energia.

- Fontes de alimentação: Disjuntores, dispositivos de proteção por relé, transformadores de tipo seco, dispositivos regenerativos de armazenamento de energia e fontes de alimentação UPS.

6.4.2 Manutenção das instalações e do equipamento

A manutenção das instalações e do equipamento baseia-se nos procedimentos de manutenção pertinentes. Estes procedimentos devem incluir, no mínimo, as tarefas de manutenção, os intervalos, os processos, as técnicas e as normas técnicas, os requisitos de controlo da qualidade e da segurança e os critérios de aceitação da manutenção. Devem ser fornecidos regulamentos pormenorizados para os principais processos, procedimentos operacionais, precauções e normas de inspeção. A manutenção de equipamentos críticos, como veículos e sistemas de sinalização, deve cumprir os seguintes requisitos:

- Sistemas de veículos: Os intervalos de inspeção dos veículos não devem exceder 15 dias, as inspecções mensais não devem exceder 3 meses, as revisões gerais não devem exceder 5 anos ou 800 000 quilómetros e as revisões gerais não devem exceder 10 anos ou 1,6 milhões de quilómetros, com uma vida útil global que, em geral, não excede 30 anos ou 4,8 milhões de quilómetros. O sistema de tração exige a monitorização do estado de funcionamento do motor, incluindo a sua temperatura e vibração; o sistema de travagem exige testes regulares da eficácia da travagem e a inspeção do desgaste dos calços dos travões; os dispositivos de captação de corrente exigem a monitorização da qualidade do contacto entre os pantógrafos e as linhas aéreas e a inspeção do desgaste dos pantógrafos.
- Sistemas de sinalização: Os intervalos de manutenção não devem exceder 7 dias, com uma vida útil global geralmente não superior a 20 anos. As balizas devem ser submetidas a uma calibração regular da posição e da intensidade do sinal para garantir o posicionamento exato do comboio; os sistemas de energia do sistema de sinalização devem ser submetidos a testes e manutenção da energia de reserva para garantir um funcionamento ininterrupto.

Os planos de manutenção das instalações e dos equipamentos devem ser elaborados e aplicados de acordo com os procedimentos de manutenção, devendo as instalações e os equipamentos críticos, como os principais aparelhos de mudança de via da linha principal ou da zona de garganta do depósito, a catenária da linha principal (carril), as vias da linha principal e os principais componentes dos veículos, ser mantidos estritamente de acordo com o calendário de manutenção. Ao planear as operações, deve ser atribuído tempo suficiente para os trabalhos de manutenção do equipamento e das instalações durante as horas não operacionais, a fim de garantir que as actividades de manutenção não sejam apressadas.

Durante os trabalhos de manutenção, é necessário um controlo rigoroso da gestão das áreas de construção, do registo dos pontos e de outros procedimentos, com uma maior proteção da segurança e um controlo da qualidade. Pessoal especializado deve supervisionar as actividades de manutenção em áreas-chave como a zona da via ou em instalações e equipamentos críticos. Se forem utilizadas outras instalações e equipamentos durante os trabalhos, estes devem ser repostos no seu estado inicial e inspeccionados após a conclusão dos trabalhos. No que respeita aos trabalhos de manutenção efectuados por unidades externas, a unidade operacional deve reforçar a gestão da segurança e só permitir que os trabalhos prossigam depois de concluídos os procedimentos necessários. A unidade operacional deve afetar pessoal para supervisionar os trabalhos em zonas-chave, como a zona da via.

Deverá ser criado um sistema de gestão das peças sobressalentes e das peças rotativas necessárias à manutenção, especificando os requisitos de aquisição, armazenamento, aceitação, utilização e manutenção. As peças sobressalentes devem ser armazenadas adequadamente com base na análise estatística das falhas do equipamento, evitando falhas funcionais devido ao armazenamento a longo prazo. As peças rotativas devolvidas da manutenção devem ser geridas separadamente das peças sobressalentes, com um registo do seu historial de manutenção e utilização.

As ferramentas, o equipamento e os instrumentos utilizados na manutenção devem ser submetidos a inspecções, ensaios, calibragem e manutenção regulares. É proibido utilizar ferramentas, equipamento ou instrumentos não testados ou não qualificados para testar e efetuar a manutenção das instalações e do equipamento. As ferramentas, equipamentos, instrumentos e outras instalações e equipamentos que requerem calibração obrigatória devem ser testados e calibrados de acordo com os regulamentos relevantes.

A manutenção de instalações e equipamentos inclui não só inspecções de rotina e reparações de avarias, mas também manutenção preventiva e manutenção planeada. A manutenção preventiva tem como objetivo evitar falhas no equipamento através de inspecções regulares, manutenção e substituição de peças desgastadas, melhorando assim a fiabilidade do equipamento e a sua vida útil. A manutenção planeada envolve a utilização de ferramentas de análise e monitorização de dados para desenvolver um plano de manutenção cientificamente razoável com base no estado de funcionamento do equipamento e nos dados históricos, garantindo que o equipamento funciona em condições óptimas.

Em termos de manutenção preventiva, os principais componentes dos sistemas dos veículos necessitam de lubrificação regular, tratamento anti-corrosão e verificações das fixações das ligações para garantir o bom funcionamento das peças mecânicas. O sistema de sinalização requer testes regulares da intensidade do sinal e inspeção da linha para garantir uma transmissão estável e precisa do sinal. O sistema de alimentação eléctrica exige verificações regulares da tensão, da corrente e de outros parâmetros, bem como inspecções do equipamento de distribuição para evitar falhas de energia.

Em termos de manutenção planeada, as tecnologias avançadas de monitorização e as ferramentas de análise de dados podem ser utilizadas para efetuar a monitorização e a análise em tempo real do estado operacional do equipamento, permitindo a identificação precoce de potenciais falhas. Através da análise dos dados, os planos e estratégias de manutenção podem ser optimizados para melhorar a eficiência e a eficácia do trabalho de manutenção. Por exemplo, através da análise dos dados operacionais dos comboios, é possível prever o desgaste dos componentes dos veículos e programar antecipadamente as reparações e substituições, evitando que falhas inesperadas afectem as operações.

6.4.3 Gestão da renovação e da transformação

A renovação e a modernização envolvem melhorias técnicas abrangentes e medidas significativas tomadas para substituir os activos fixos que têm de ser desmantelados ou demolidos por activos recentemente construídos ou adquiridos, bem como modificações técnicas sistemáticas e actualizações dos activos fixos existentes. O âmbito da renovação e das actualizações inclui principalmente

- Melhorias técnicas globais e medidas adoptadas nos equipamentos existentes.
- Modificações técnicas destinadas a melhorar a automatização, a inteligência e a adoção de novas tecnologias, materiais e produtos.
- Aquisição ou construção de novos equipamentos e edifícios, incluindo activos fixos.
- Equipamentos e projectos de engenharia civil correspondentes necessários para a proteção do ambiente, a proteção do trabalho, a conservação da energia e a utilização integral das matérias-primas.

Com base na vida útil das instalações e do equipamento, nos resultados do acompanhamento e da avaliação do estado de funcionamento, na disponibilidade de peças sobressalentes e nos custos de manutenção, devem ser identificados projectos de renovação e modernização das instalações e do equipamento. Deve então ser desenvolvido um plano de renovação e atualização, incluindo estudos de viabilidade, documentos de conceção, planos de ajustamento da organização operacional e medidas de segurança.

Para os equipamentos críticos relacionados com a segurança dos comboios, como os veículos, a alimentação eléctrica e a sinalização, é necessário renová-los atempadamente quando atingem o fim da sua vida útil. O prolongamento da vida útil não deve ser autorizado sem uma avaliação técnica exaustiva e a verificação da segurança operacional. Durante o processo de renovação e modernização, quando são introduzidas novas tecnologias, materiais ou produtos a granel para componentes-chave de instalações e equipamentos críticos, como vias, veículos, alimentação eléctrica, comunicações e sinalização, deve ser efectuada uma avaliação exaustiva da sua segurança, fiabilidade e facilidade de manutenção. A aplicação gradual só deve prosseguir depois de se confirmar que satisfazem os requisitos funcionais das instalações e equipamentos.

Devem ser efectuados ensaios funcionais dinâmicos em todos os comboios recentemente adquiridos. Estes ensaios devem começar por ser efectuados nas vias de ensaio, com as devidas precauções de segurança. Os ensaios à escala real na linha principal só devem ser realizados quando estiverem preenchidas as funções de segurança, como a proteção dos pontos de conflito, o encravamento entre as portas e a condução, a proteção em caso de fuga e a proteção contra o excesso de velocidade. Após a realização de ensaios bem sucedidos, os comboios devem ser submetidos a pelo menos 2 000 quilómetros de exploração sem passageiros antes de serem colocados em serviço. Os ensaios na linha principal devem ser efectuados durante as horas não operacionais.

Antes de uma atualização global do sistema de sinalização, deve ser realizado um estudo de viabilidade completo para garantir que o novo sistema de sinalização selecionado é compatível com as interfaces existentes dos veículos, a alimentação eléctrica, as comunicações, a monitorização integrada, as portas de ecrã da plataforma e os sistemas de informação aos passageiros, minimizando assim a necessidade de actualizações do equipamento de interface. A atualização global do sistema de sinalização deve ser realizada durante as horas não operacionais, com uma gestão de monitorização de todo o processo implementada para garantir o funcionamento normal do sistema de sinalização existente durante o período de transição. Deve ser mantido um controlo rigoroso dos processos e normas de instalação.

No caso de riscos ou defeitos de segurança do software expostos durante o funcionamento de instalações e equipamentos críticos, os fornecedores devem organizar-se prontamente para efetuar actualizações e correcções. Para novas funcionalidades ou outras necessidades de atualização do software relacionadas com a otimização, deve ser realizada uma avaliação exaustiva do impacto na funcionalidade e noutros módulos antes da implementação. Antes das actualizações de software, devem ser realizados testes exaustivos em laboratório, com informações técnicas fornecidas. Durante o processo de atualização, os fornecedores devem trabalhar em conjunto para garantir a proteção da segurança.

Durante o processo de renovação e atualização, devem também ser realçados os seguintes aspectos:

- Avaliação técnica e estudos de viabilidade.
- Segurança e controlo de qualidade.
- Proteção do ambiente e conservação da energia.
- Gestão do ciclo de vida.
- Formação de pessoal e apoio técnico.

- Tecnologias da Informação e Inteligência.

Questões para debate

Exercício 1:

Como é que a organização dos comboios nos sistemas de transporte ferroviário urbano influencia a eficiência operacional global e a experiência dos passageiros?

Exercício 2:

Que estratégias podem ser utilizadas para uma organização eficaz dos passageiros nos sistemas de metropolitano e de metropolitano ligeiro, de modo a garantir processos de embarque e desembarque sem problemas?

Exercício 3:

Quais são os principais componentes da gestão de instalações e equipamentos nos sistemas ferroviários urbanos e de que forma contribuem para a fiabilidade do sistema?

Exercício 4:

Discuta a importância da segurança e da gestão de emergências nas operações ferroviárias urbanas. Como é que a inovação tecnológica pode melhorar estes domínios?

Exercício 5:

Como pode a formação contínua do pessoal ser estruturada de modo a satisfazer as necessidades evolutivas da exploração e manutenção do transporte ferroviário urbano?

Exercício 6:

De que forma pode a melhoria institucional aumentar a eficácia global da gestão das operações de transporte ferroviário urbano?

Exercício 7:

Como pode a participação dos passageiros ser integrada na gestão das operações de transporte ferroviário urbano para melhorar a qualidade do serviço e a satisfação dos utilizadores?

Exercício 8:

Discutir a importância da coordenação e da integração entre os diferentes serviços na exploração e manutenção dos sistemas ferroviários urbanos.

Exercício 9:

Quais são os principais requisitos para um sistema de comunicação eficaz nas operações de transporte ferroviário urbano?

Exercício 10:

Como é que o sistema de controlo do transporte ferroviário urbano difere de outros sistemas de transporte e quais são as suas principais caraterísticas?

Exercício 11:

Quais são os principais componentes do sistema de controlo nos sistemas de metropolitano e de metropolitano ligeiro e como funcionam em conjunto para garantir operações seguras?

Exercício 12:

Qual o impacto da distribuição geográfica dos componentes do sistema de controlo na exploração e segurança do transporte ferroviário urbano?

Exercício 13:

Quais são as principais funções do sistema de Controlo Automático de Comboios (ATC) nas operações de metropolitano e como é que este aumenta a segurança e a eficiência?

Exercício 14:

Discutir o papel do subsistema ATP (Automatic Train Protection) na garantia da segurança das operações de transporte ferroviário urbano.

Exercício 15:

Como é que o subsistema ATO (Automatic Train Operation) contribui para a automatização e eficiência dos sistemas de metropolitano e metropolitano ligeiro?

Exercício 16:

Quais são as principais funções do subsistema ATS (Supervisão Automática do Comboio) e como é que este apoia o sistema de controlo global dos comboios urbanos?

Exercício 17:

Em que é que um sistema de operação totalmente automatizado no transporte ferroviário urbano difere dos sistemas tradicionais e quais são os benefícios?

Exercício 18:

Quais são os princípios gerais e a estrutura da gestão da bilhética nos sistemas ferroviários urbanos e como é que garantem o bom funcionamento?

Exercício 19:

Como devem ser divididas as fases de funcionamento do sistema de bilhética e quais são os principais objectivos de cada fase?

Exercício 20:

Discutir os princípios e as estratégias de gestão da bilhética durante o período inicial de funcionamento de um sistema de metropolitano ou de metropolitano ligeiro.

Exercício 21:

Que ajustamentos à gestão da bilhética são necessários durante o período de desenvolvimento de um sistema de transporte ferroviário urbano para acomodar o aumento do número de passageiros?

Exercício 22:

Como otimizar as estratégias de bilhética durante o período de maturidade das operações ferroviárias urbanas para manter a eficiência e a satisfação dos passageiros?

Exercício 23:

Quais são as melhores práticas para monitorizar o funcionamento das instalações e dos equipamentos dos sistemas ferroviários urbanos para evitar avarias?

Exercício 24:

Discutir a importância da manutenção e da gestão da renovação e da transformação para garantir a sustentabilidade a longo prazo das infra-estruturas de transporte ferroviário urbano.

Exercício 25:

Como é que os vários aspectos da operação e manutenção, como a gestão da segurança, os sistemas de comunicação e as estratégias de bilhética, se interligam para criar um sistema de transporte ferroviário urbano coeso e eficiente?

Exercício 26:

Refletir sobre a importância da melhoria contínua na exploração e manutenção dos sistemas de metropolitano e de metropolitano ligeiro. Como é que a inovação tecnológica, a formação do pessoal e os avanços institucionais contribuem para o sucesso a longo prazo do transporte ferroviário urbano?

Capítulo 7:
Proteção contra catástrofes do metropolitano e do metropolitano ligeiro

7.1 Visão geral dos desastres e da conceção da prevenção de desastres

7.1.1 Tipos de catástrofes

Os projectos de metropolitano e de metropolitano ligeiro estão normalmente entre os maiores empreendimentos de infra-estruturas nas grandes cidades, exigindo investimentos significativos, longos períodos de construção, factores ambientais complexos e riscos elevados. Uma vez concluídos, os sistemas de transporte ferroviário urbano funcionam como as principais artérias do transporte urbano de passageiros e são frequentemente referidos como a linha de vida da cidade. A danificação destes sistemas pode levar à paralisação das funções económicas e sociais da cidade e da região.

As catástrofes que podem ocorrer durante a construção e exploração de metropolitanos e sistemas de metropolitano ligeiro são principalmente classificadas em catástrofes naturais e catástrofes provocadas pelo homem.

1. Catástrofes naturais

(1) Inundações e alagamentos

As cheias e inundações são as principais ameaças enfrentadas por muitos sistemas urbanos de metropolitano e metropolitano ligeiro. Chuvas extremas e inundações fluviais podem levar à inundação de túneis e estações. Cidades como Londres e Nova Iorque implementaram medidas de proteção como portas à prova de água, estações de bombagem e sistemas de drenagem para fazer face a este risco. Estas medidas têm como objetivo assegurar que os túneis e as estações permanecem secos durante condições meteorológicas extremas, evitando danos por inundação no sistema de transporte ferroviário.

(2) Terramotos

Os sismos têm um impacto significativo nos sistemas de metropolitano e de metropolitano ligeiro, podendo causar deformações na via, colapso de túneis e interrupções nos sistemas de energia e de sinalização. Em áreas propensas a sismos, como o Japão e a Califórnia, são adoptadas normas de conceção sísmica rigorosas, como as "Railway Structure Design Standards" do Japão e o "Building

Standards Code" da Califórnia, em projectos de transporte ferroviário. Estas normas exigem que se tenha em conta o desempenho sísmico durante a conceção e a construção, para garantir a segurança e a estabilidade das estruturas durante um terramoto.

(3) Tempestades de neve

Nas regiões de clima frio, como os países do Norte da Europa e o Canadá, os sistemas de metropolitano e de metropolitano ligeiro têm de enfrentar o impacto da neve intensa e das condições de congelamento. As medidas incluem sistemas de aquecimento da via, equipamento de remoção de neve e a utilização de materiais anticongelantes para garantir o funcionamento normal do sistema durante o inverno. Estas medidas não só mantêm as vias desimpedidas como também evitam danos no equipamento e nas instalações causados pela neve e pelas condições de congelamento.

(4) Tufões e ventos fortes

Os tufões e os ventos fortes afectam principalmente os sistemas de transporte ferroviário ao nível do solo e em altura, podendo causar danos no equipamento e perturbações operacionais. Os sistemas de transporte ferroviário em Hong Kong e Taipé utilizam medidas de conceção resistentes ao vento, incluindo o reforço de estruturas de via elevadas e a instalação de barreiras contra o vento para proteger as instalações dos danos causados pelo vento forte. Estas concepções atenuam eficazmente o impacto do vento nas vias e nas operações dos comboios, garantindo a segurança operacional durante condições meteorológicas adversas.

(5) Deslizamentos de terra e deslizamentos de lama

Em cidades montanhosas como as da Suíça, os sistemas de metro e de metro ligeiro enfrentam ameaças de deslizamentos de terras e de lama. Medidas de proteção, como a monitorização geológica e os muros de proteção, são utilizadas para evitar bloqueios de vias e danos nas instalações. Os sistemas de monitorização geológica podem fornecer avisos precoces de deslizamentos de terras e de lamas, enquanto os muros de proteção e estruturas semelhantes podem atenuar ou evitar o impacto direto destas catástrofes naturais nos sistemas de transporte ferroviário.

2. Catástrofes de origem humana

(1) Guerra e ataques terroristas

Devido à sua abertura e elevada concentração de pessoas, os

sistemas de metropolitano e de metropolitano ligeiro são alvos vulneráveis para a guerra e para ataques terroristas. Por exemplo, os sistemas de metro de Londres, Madrid e Bruxelas foram alvo de ataques terroristas, que resultaram em baixas significativas e danos nas instalações. As medidas de proteção internacionais comuns incluem a instalação de equipamento de rastreio de segurança, o reforço da vigilância e a implementação de sistemas de evacuação de emergência. Estas medidas destinam-se a evitar actos de terrorismo, como explosões e ataques com gás, e a garantir que, em caso de emergência, as pessoas possam ser rapidamente evacuadas e as respostas de emergência possam ser iniciadas.

(2) Acidentes de viação

Os metropolitanos e os sistemas ferroviários ligeiros podem sofrer colisões de comboios, descarrilamentos e outros acidentes de viação durante o funcionamento. A utilização de sistemas de controlo automatizados e de sistemas de monitorização integrados pode aumentar a segurança e fiabilidade operacionais, reduzindo a probabilidade de acidentes. Estas medidas tecnológicas incluem sistemas de controlo automático dos comboios (ATC), sistemas de aviso de colisão de comboios e sistemas abrangentes de monitorização a bordo, que podem monitorizar as operações dos comboios em tempo real, evitando acidentes causados por erro humano e falhas mecânicas.

(3) Incêndios

Os incêndios são uma das catástrofes mais frequentes e prejudiciais nos sistemas de metropolitano. Historicamente, ocorreram graves incidentes de incêndio em metropolitanos como os de Nova Iorque e Londres. Os projectos de proteção contra incêndios incluem zonas de incêndio, sistemas automáticos de supressão de incêndios e sistemas de exaustão de fumo para controlar rapidamente os incêndios e garantir a evacuação segura dos passageiros. Estas medidas de conceção não só impedem eficazmente a propagação do fogo, como também o extinguem rapidamente nas suas fases iniciais, minimizando as vítimas e a perda de bens.

(4) Fugas e explosões de produtos químicos

Nas cidades industriais, os sistemas de metro podem enfrentar ameaças de fugas ou explosões de produtos químicos, que afectam a segurança operacional. As medidas de proteção incluem a instalação de sistemas de deteção de fugas, a melhoria da ventilação e o desenvolvimento de planos de resposta a emergências. Estas medidas visam detetar e tratar prontamente as fugas de substâncias nocivas, prevenir as ameaças químicas à saúde dos passageiros e do pessoal e assegurar uma resposta de emergência rápida e eficaz.

(5) Poluição ambiental

As actividades de construção perto das estações de metro ou dos túneis, como a cravação de estacas, a escavação profunda e a extração de águas subterrâneas, podem causar poluição ambiental e afetar a estabilidade das estruturas do metro. As medidas de proteção incluem uma monitorização rigorosa da engenharia e normas de proteção ambiental. Estas medidas garantem que o impacto ambiental das actividades de construção é minimizado, evitando que as alterações do nível das águas subterrâneas e a instabilidade geológica prejudiquem as instalações do metro.

As grandes catástrofes são frequentemente acompanhadas por uma ou mais catástrofes secundárias. Por exemplo, os grandes terramotos são frequentemente seguidos por incêndios generalizados e chuvas fortes; as explosões nucleares podem causar incêndios e contaminação radioactiva. A exploração excessiva dos recursos e as actividades de engenharia em grande escala que violam as leis naturais podem aumentar a frequência das catástrofes naturais. Os riscos geológicos, como os deslizamentos de terras, os deslizamentos de lamas e a subsidência localizada da superfície, estão frequentemente associados a actividades de extração e exploração mineira inadequadas.

O metro funciona principalmente em áreas semi-fechadas constituídas por estações e túneis subterrâneos, rodeados por formações rochosas que oferecem uma forte proteção contra catástrofes externas, mas uma resistência mais fraca às internas. No espaço subterrâneo confinado, onde as pessoas e o equipamento se encontram densamente compactados, a evacuação e o salvamento tornam-se extremamente difíceis em caso de catástrofe.

As causas e caraterísticas comuns dos danos em catástrofes de metropolitano e metropolitano ligeiro são apresentadas no Quadro 7.1.

Tabela 7.1: Causas e Caraterísticas dos Danos de Desastres Comuns em Metrôs e Sistemas de Metrô Leve

Classificação de catástrofes		Causa da catástrofe	Caraterísticas dos danos
Catástrofes naturais	Catástrofes meteorológicas	Processos dinâmicos e térmicos da atmosfera, formação	Chuvas fortes, tsunamis e marés vivas podem inundar estações e instalações de túneis e arrastar pilares de pontes elevadas; os tufões podem

		de chuva, neve, relâmpagos, furacões, etc.	destruir pontes elevadas, redes de contacto e instalações de fornecimento de energia; os raios podem danificar os sistemas de comunicação, sinalização e energia.
	Desastres causados por terramotos	Movimentos tectónicos da crosta terrestre	Vibrações verticais e horizontais graves, afundamento do solo e fissuração, provocando o derrube e o colapso de pilares de pontes elevadas, o colapso de placas de vigas, a fissuração de túneis e estações, a fuga de água e mesmo o colapso, provocando incêndios secundários, etc.
	Desastres geológicos	Acontecimentos meteorológicos, sismos, actividades humanas de engenharia	Os deslizamentos de terra e de lama destroem e soterram estações de metro, túneis e pontes; a extração de águas subterrâneas provoca afundamentos e fissuras no solo, danificando os projectos de transporte ferroviário, etc.
Catástrofes provocadas pelo homem	Desastres de guerra	Agravamento dos conflitos políticos, económicos e étnicos	Os projécteis, as explosões nucleares, as explosões e os tremores podem provocar o colapso de estações de metro, túneis e pontes; as armas químicas ou outras armas biológicas causam vítimas e as interferências electrónicas perturbam os sistemas de hardware e software de comunicação, comando e gestão.
	Desastres operacionais	Falhas de conceção e construção, gestão e manutenção deficientes, sistemas de controlo incompletos	Erros de despacho e de comando provocam colisões e acidentes traseiros, o envelhecimento dos equipamentos provoca incêndios, cortes de energia, instabilidade estrutural, fugas de água no solo e no subsolo, avarias nos equipamentos, fugas de energia eléctrica, etc.
	Acidentes de Engenharia	Projeto de engenharia não razoável, supervisão inadequada, construção imprudente	A cravação de estacas, a escavação de fundações profundas e de grandes dimensões, a exploração de pedreiras, a exploração mineira e a construção de túneis paralelos e de travessia podem provocar fissuras e colapsos nos túneis, estações e pontes elevadas do metro existentes, bem como a inclinação e a curvatura da via.

Embora as manifestações de várias catástrofes sejam diferentes, partilham caraterísticas comuns, como a distribuição espacial limitada, a potencialidade e a rapidez, sendo o momento, a localização e a intensidade das catástrofes aleatórios. Devido a uma compreensão incompleta dos seus padrões e mecanismos de desenvolvimento, muitas catástrofes não podem ser completamente evitadas. À medida que os avanços científicos e tecnológicos melhoram, muitas catástrofes naturais podem ser gradualmente atenuadas no futuro; pelo contrário, as catástrofes induzidas pelo homem mostram frequentemente uma tendência para aumentar devido à perda de controlo.

Existem correlações complexas e ligações inevitáveis entre várias catástrofes naturais, entre as actividades humanas e as catástrofes e entre as catástrofes primárias e secundárias. O impacto e os danos das catástrofes são extremamente complexos, com um elevado carácter aleatório e repentino, o que torna os esforços de prevenção e atenuação das catástrofes um grande desafio.

A nível internacional, os países com grande experiência na prevenção e atenuação de catástrofes, como o Japão, os Estados Unidos e os países europeus, acumularam uma vasta experiência na prevenção de catástrofes em projectos de metropolitano e metropolitano ligeiro e estabeleceram as correspondentes normas técnicas e medidas de proteção. No entanto, muitos países estão atrasados em termos tecnológicos nesta matéria, especialmente no domínio da engenharia de trânsito ferroviário urbano, em rápido desenvolvimento, onde a investigação e a prática conexas ainda não satisfazem as necessidades.

Durante muito tempo, o reforço da investigação sobre a prevenção de catástrofes e o desenvolvimento tecnológico de projectos de metropolitano e metropolitano ligeiro será uma das principais tarefas na construção de sistemas globais de transporte ferroviário urbano. Isto inclui melhorar a compreensão e as capacidades de previsão de várias catástrofes, aperfeiçoar os projectos de prevenção de catástrofes e as normas técnicas, melhorar a resistência às catástrofes e as capacidades de resposta de emergência do sistema e assegurar que os sistemas de transporte ferroviário urbano possam manter operações estáveis e seguras quando confrontados com várias catástrofes.

Os danos causados por várias catástrofes ao pessoal, equipamento e instalações são apresentados no Quadro 7.2.

Quadro 7.2 Grau de danos causados por catástrofes nos metropolitanos e sistemas de metropolitano ligeiro

Tipo de catástrofe	Estruturas de engenharia civil				Engenharia de instalação			
	Estações subterrâneas	Túneis	Pontes elevadas	Estrutura da via	Veículos	Elétrico	Comunicações	Sinais
Terramoto	○	○	♦	▫	▫	○	○	▫
Inundações	◯	◯	◯	○	○	○	□	□
Tempestade	▲	▲	□	▲	▲	▲	▲	▲
Relâmpago	◯	◯	◯	▫	▫	♦	○	♦
Deslizamento de lama e deslizamento de terra	◯	◯	♦	○	▲	▲	▲	▲
Gás metano	◯	◯	▲	□	♦	♦	♦	♦
Armas nucleares	◯	◯	♦	◯	▫	◯	♦	◯
Armas	◯	◯	♦	▫	◯	◯	◯	◯

convencionais								
Armas bioquí micas	♦	♦	▲	▲	▲	▲	▲	▲
Incêndio	▲	▲	▲	○	♦	□	□	□
Acidente de viação	▲	▲	▲	○	♦	□	□	□
Perturbação ambiental	○	○	○	○	▲	▲	▲	▲

Nota: ♦ - Danos graves; ○ - Danos gerais; □ - Danos ligeiros; ▲ - Danos mínimos.

7.1.2. Princípios de conceção da prevenção de catástrofes

O sistema de prevenção de catástrofes é uma parte crucial da gestão das operações do metropolitano e do metropolitano ligeiro. Durante a fase de conceção, é essencial respeitar rigorosamente os códigos e regulamentos internacionais, nacionais e locais em matéria de sísmica, prevenção de incêndios, controlo de inundações, resistência ao vento, defesa civil e conceção e construção de proteção ambiental. Seguindo o princípio da "prevenção em primeiro lugar, combinando a prevenção com a atenuação", os projectos de metropolitano devem estabelecer sistemas eficazes de previsão, previsão, avaliação e alerta precoce de catástrofes. Devem ser realizados diagnósticos regulares e avaliações da fiabilidade da resistência a catástrofes em projectos operacionais, e devem ser criados sistemas de reparação inteligentes. Devem ser efectuadas análises frequentes de casos de catástrofes nacionais e internacionais no metropolitano para criar modelos de simulação e simulações inteligentes, e deve ser desenvolvido um sistema de informação digital abrangente de prevenção de catástrofes.

O projeto de prevenção de catástrofes para metropolitanos e metropolitanos ligeiros deve seguir estes princípios básicos para garantir a segurança e a fiabilidade durante a exploração:

- Prevenção e resposta rápida: A conceção da prevenção de catástrofes deve incluir várias medidas para garantir que, em caso de incêndio ou outro acidente, este possa ser rapidamente detectado e extinto ou atenuado, minimizando as vítimas e as perdas económicas.
- Ligação em rede e coordenação do sistema de prevenção de catástrofes: O sistema de prevenção de catástrofes do metro deve estar ligado em rede com o sistema global de prevenção de catástrofes da cidade, tornando-se parte integrante do mesmo, e deve ser capaz de receber informações sobre catástrofes do sistema global em qualquer altura.

- Resposta de emergência a incêndios em túneis: Se ocorrer um incêndio num comboio dentro de um túnel, o comboio deve ser puxado para a estação o mais rapidamente possível para uma evacuação segura dos passageiros, ou os passageiros podem ser transferidos através da passagem de ligação do túnel para outro túnel não afetado para uma evacuação rápida.
- Requisitos de prevenção de catástrofes dos veículos: A seleção dos veículos do metropolitano deve cumprir os requisitos de prevenção de catástrofes. Os veículos devem estar equipados com materiais resistentes ao fogo, sistemas de travagem de emergência e equipamento de evacuação de emergência para proteger eficazmente a segurança dos passageiros em caso de catástrofe.
- Projeto de prevenção de catástrofes estruturais: O projeto de prevenção de catástrofes das estruturas do metropolitano deve aplicar medidas seguras e fiáveis, incluindo sistemas abrangentes de proteção contra incêndios e de controlo de fumos de acidentes, bem como sistemas avançados e fiáveis de alarme automático de incêndios, de monitorização do equipamento de prevenção de catástrofes e de comunicação.

7.1.3 Requisitos técnicos do projeto de prevenção

1. Requisitos técnicos de proteção contra incêndios

Nos sistemas de metropolitano e de metropolitano ligeiro, a conceção da proteção contra incêndios é um aspeto crucial para garantir a segurança dos passageiros e das operações. Apresentam-se a seguir os requisitos técnicos específicos da proteção contra incêndios.

(1) Requisitos de resistência ao fogo

A classe de resistência ao fogo das entradas e saídas, dos pavilhões de ventilação e de outras estruturas dos túneis do metropolitano e dos projectos subterrâneos conexos deve ser a classe A. Os compartimentos de equipamento crítico, como os centros de controlo, as salas de exploração das estações, as subestações, as salas de distribuição, as salas de comunicação e sinalização, as salas de ventilação e ar condicionado e as salas das bombas de incêndio, devem ser isolados por paredes com uma classificação de resistência ao fogo não inferior a 3 horas e por pavimentos com uma classificação não inferior a 2 horas. As estações subterrâneas devem ser divididas em compartimentos corta-fogo utilizando barreiras corta-fogo e, com exceção das plataformas e átrios, cada compartimento corta-fogo não deve exceder uma área máxima de 1500 metros quadrados.

(2) Utilização de materiais resistentes ao fogo

A plataforma, o átrio, as escadas de entrada e de saída, as passagens de evacuação, as escadas fechadas e outras zonas de concentração de passageiros, bem como as paredes, os pavimentos e os tectos das salas de equipamento importantes, devem ser revestidos com materiais incombustíveis. Outras áreas devem também evitar a utilização de materiais combustíveis. O amianto e os produtos de fibra de vidro contêm substâncias nocivas e os materiais plásticos produzem gases tóxicos e irritantes e grandes quantidades de fumo quando queimados; por conseguinte, estes materiais são proibidos na construção de estações.

(3) Separação de incêndios

As paredes corta-fogo são barreiras críticas para evitar a propagação do fogo. Quando as condutas penetram nas paredes corta-fogo, as aberturas são pontos fracos para a resistência ao fogo, pelo que as aberturas à volta das condutas devem ser bem preenchidas com materiais incombustíveis. Os pavimentos, enquanto barreiras verticais de separação contra incêndios, devem também ser preenchidos com materiais incombustíveis em todas as suas penetrações.

(4) Portas e portadas corta-fogo

As portas corta-fogo devem ser portas com dobradiças laterais que possam ser abertas manualmente de ambos os lados quando fechadas. As portas corta-fogo das escadas de evacuação ou das passagens principais devem abrir no sentido da evacuação e estar equipadas com portas de mola de sentido único de classe A. Nos casos em que seja difícil instalar paredes corta-fogo ou portas corta-fogo, podem ser utilizadas persianas corta-fogo com proteção de cortina de água ou persianas corta-fogo compostas. As persianas corta-fogo devem incluir uma pequena porta e ser concebidas para uma descida em duas fases: inicialmente descendo até 2 metros acima do solo e, em seguida, descendo completamente depois de se confirmar que não há pessoal.

(5) Saídas de segurança e passagens de evacuação

Cada compartimento de incêndio deve ter pelo menos duas saídas de segurança, sendo que pelo menos uma saída deve conduzir diretamente a uma zona segura. A largura das escadas de entrada e saída e das passagens destinadas à evacuação do pessoal deve respeitar as normas de projeto. Nos centros comerciais subterrâneos e noutros espaços públicos ligados a metropolitanos, a largura das saídas de segurança, escadas e passagens de evacuação deve ser calculada com uma largura líquida mínima de 1 metro por cada 100 pessoas. A largura líquida mínima das saídas de segurança, portas, escadas e passagens de evacuação nas áreas de equipamento das estações de metro, nas áreas de gestão e nos espaços públicos anexos aos metros deve estar em conformidade com as especificações do Quadro 7.3. As passagens de evacuação devem minimizar as curvas, permitir a evacuação em duas direcções e estar livres de obstruções que possam dificultar a evacuação.

Quadro 7.3 Larguras livres mínimas para saídas de segurança, escadas e corredores de evacuação

Nome	Saídas de segurança, escadas (m)	Corredores de evacuação (m)	
		Quartos dispostos de um lado	Quartos dispostos em ambos os lados
Estações de Metro, Áreas de Gestão de Equipamentos	1.06	1.20	1.50
Centros comerciais subterrâneos e outras áreas públicas	1.50	1.50	1.80

(6) Configuração do equipamento de combate a incêndios

O espaçamento máximo das bocas de incêndio, o caudal mínimo de água e o comprimento mínimo efetivo do jato de água para as mangueiras de incêndio nos túneis devem cumprir as especificações do quadro 7.4.

Tabela 7.4 Espaçamento entre bocas de incêndio, caudal de água e comprimento do jato

Localização	Espaçamento máximo (m)	Caudal mínimo de água (L/s)	Comprimento mínimo efetivo do jato de água (m)
Estação	50	20	10
Linha de viragem	50	10	10
Secção	100	10	10

Os botões de alarme de incêndio devem ser instalados dentro dos armários das bocas-de-incêndio nas estações e nas linhas de retorno; se a estação tiver uma sala de bombas de incêndio, deve também existir um botão de arranque da bomba. Os conectores das bombas de água devem ser instalados nas entradas das estações ou nos pavilhões de ventilação, e as bocas de incêndio exteriores e os tanques de água de incêndio devem ser colocados num raio de 40 metros.

(7) Sistemas automáticos de aspersão

Os centros comerciais subterrâneos, o armazenamento de materiais combustíveis e as garagens de estacionamento construídas ao longo dos metros devem ser equipados com sistemas de extinção automática de incêndios. Os sistemas de supressão de incêndios a gás são recomendados para salas de equipamento crítico em subestações, salas de comunicação e sinalização de estações, salas de controlo, centros de controlo e salas de geradores.

(8) Sistema de ventilação mecânica de emergência

As estações de metro e os túneis devem dispor de um sistema de ventilação mecânica de emergência. O sistema de exaustão de fumos deve funcionar como o sistema de ventilação normal e passar para o modo de exaustão de fumos durante um incêndio. O sistema deve fornecer ar fresco na direção da evacuação e o ar de exaustão deve ser afastado dos passageiros. Em caso de incêndio nas plataformas ou átrios das estações, o fumo deve ser rapidamente evacuado para evitar a sua propagação a outras zonas.

(9) Indicadores de evacuação e iluminação

Os sistemas de metropolitano devem estar equipados com indicadores de evacuação de incêndios e meios de salvamento de emergência. As luzes indicadoras de evacuação devem ser alojadas em coberturas de material incombustível e colocadas em átrios, plataformas, escadas rolantes, passadeiras rolantes, entradas de escadas, passagens de evacuação de peões, esquinas, cruzamentos e saídas de emergência. Nos túneis de tubo único e nas passagens de evacuação, devem ser colocados indicadores de evacuação de 100 em 100 metros, indicando a direção e a distância até à saída segura mais próxima. Deve ser instalada iluminação de emergência nos átrios, plataformas, escadas rolantes, tapetes rolantes, elevadores e entradas de escadas, com luzes colocadas de 20 em 20 metros nos túneis e passagens de evacuação.

(10) Sistemas automáticos de alarme e monitorização

Os sistemas de metropolitano devem estar equipados com sistemas automáticos de alarme e monitorização de catástrofes, com dois níveis de controlo: um centro de controlo de catástrofes e salas de controlo de catástrofes nas estações. Estes sistemas devem ter funções de monitorização, alarme e controlo de catástrofes. Devem ser instalados dispositivos de alarme de incêndio em áreas críticas, tais como salas de controlo de estações, salas de computadores, salas de comunicações, salas de sinalização, subestações, salas eléctricas, salas de transmissão, salas de cabos e salas de centros de controlo. Os dispositivos de sinalização e os dispositivos de controlo de ligação do sistema de alarme de incêndio devem poder ser acionados automática e manualmente.

2. Requisitos técnicos de impermeabilização

A prevenção de catástrofes provocadas pela água na engenharia do metropolitano inclui principalmente dois aspectos: em primeiro lugar, impedir que as águas superficiais das cheias entrem nas instalações subterrâneas através das entradas das estações e dos poços de ventilação, o que poderia danificar as infra-estruturas subterrâneas e perturbar as operações do metropolitano; em segundo lugar, impedir que a água pressurizada superficial e subterrânea se infiltre nas estações e nos túneis através de fissuras estruturais e outros pontos fracos, uma vez que a infiltração excessiva de água pode danificar o equipamento, corroer os materiais de construção e encurtar a vida útil do metropolitano.

(1) Princípios de conceção da impermeabilização

O projeto de impermeabilização deve dar prioridade à prevenção, combinando a prevenção e a drenagem, com medidas adaptadas às condições locais para uma gestão abrangente. Em primeiro lugar, a própria estrutura deve ter capacidades de impermeabilização inerentes; em segundo lugar, devem ser implementadas várias medidas, como membranas impermeáveis externas, revestimentos impermeáveis elásticos, tratamentos de impermeabilização de juntas e canais de drenagem. Os projectos de impermeabilização requerem uma conceção e construção meticulosas, com várias camadas de proteção e um controlo de qualidade rigoroso, uma vez que mesmo pequenos defeitos podem conduzir a danos irreparáveis. Este princípio é amplamente adotado a nível internacional, como nos projectos de metro no Japão e na Alemanha, onde medidas de impermeabilização abrangentes garantem uma proteção eficaz.

(2) Conceção e construção de projectos de impermeabilização

As obras de impermeabilização das estações de metro e dos túneis devem cumprir rigorosamente as normas internacionais e nacionais de conceção e aceitação da construção. O grau de impermeabilização das estações e das áreas com equipamento mecânico e elétrico concentrado deve atingir o Nível 3, o que significa que a estrutura do recinto não deve ter fugas contínuas, a superfície da estrutura pode ter alguns pontos de fuga e a taxa de fuga real deve ser inferior a 0,5 L/m².d. Os padrões do grau de impermeabilização são especificados no Quadro 7.5.

Tabela 7.5 Padrões de grau de impermeabilização para engenharia subterrânea

Grau de impermeabilização	Norma de fugas
Grau 1	Não são permitidas fugas, a estrutura do compartimento não deve ter pontos de humidade
Grau 2	Não são permitidas fugas, a estrutura do recinto pode apresentar algumas ou ocasionais manchas de humidade
Grau 3	Alguns pontos de fuga, mas sem fluxo contínuo ou fuga de areia; taxa de fuga real <0,5L/m².d
Grau 4	Pontos de fuga permitidos, mas sem fluxo contínuo ou fugas de areia; taxa de fuga efectiva <2L/m².d

Os projectos de impermeabilização requerem uma combinação de métodos, incluindo uma conceção estrutural auto-impermeabilizante, a aplicação de materiais de impermeabilização externos e um sistema de drenagem bem concebido. Por exemplo, os projectos do metro alemão utilizam técnicas de impermeabilização em várias camadas, integrando membranas, revestimentos e sistemas de drenagem para garantir o desempenho de impermeabilização das estruturas subterrâneas.

(3) Seleção de materiais e métodos de impermeabilização

Os materiais e métodos de impermeabilização adequados devem ser escolhidos com base nas diferentes técnicas de construção utilizadas nas estações de metro e túneis. Todos os materiais, métodos e técnicas de construção de impermeabilização devem ser testados e validados através da prática antes da sua aplicação generalizada. Por exemplo, os materiais e tecnologias de impermeabilização avançados, como as membranas de alto desempenho e os revestimentos impermeáveis auto-regeneráveis, são amplamente utilizados em projectos de metro no Japão e na Suíça. Estes materiais foram submetidos a testes rigorosos e a uma aplicação prática, provando a sua excelente durabilidade e desempenho de impermeabilização.

3. Requisitos técnicos da fortificação sísmica

As principais consequências das catástrofes sísmicas incluem a destruição e os danos de estruturas de engenharia e de vários edifícios, bem como o potencial para catástrofes secundárias, como inundações, incêndios e epidemias. As catástrofes sísmicas representam ameaças diretas ou indirectas à propriedade social e às vidas humanas, exigindo medidas preventivas.

O objetivo da fortificação sísmica dos sistemas de metropolitano e de metropolitano ligeiro é reduzir a extensão dos danos causados pelos sismos nos edifícios, minimizar o número de vítimas e reduzir as perdas económicas. Os sismos são catástrofes naturais raras que podem ocorrer uma vez em várias décadas ou mesmo séculos. Projectos excessivamente conservadores podem aumentar os custos e a complexidade da construção; por outro lado, uma segurança sísmica insuficiente dos edifícios pode resultar em colapsos durante os sismos, provocando perdas significativas de vidas e bens.

De acordo com os códigos de conceção sísmica de edifícios, as estruturas devem geralmente permanecer intactas ou utilizáveis sem reparações quando sujeitas a sismos frequentes abaixo da intensidade de fortificação local. Se sujeita a sismos acima da intensidade de fortificação local, a estrutura pode sofrer danos, mas deve permanecer utilizável após pequenas reparações. No caso de sismos raros e graves que excedam a intensidade de fortificação local, a estrutura não deve ruir nem sofrer danos que ponham em risco a vida, seguindo o princípio de "permanecer intacta em sismos fortes, reparável em sismos moderados e utilizável em sismos menores". Os requisitos específicos incluem:

- Os sistemas de transporte ferroviário urbano, incluindo os metropolitanos, devem cumprir o "Código de Conceção Sísmica de Edifícios" e os códigos de conceção e construção sísmicos relevantes para a engenharia ferroviária e de túneis ferroviários.
- A intensidade da fortificação deve ser determinada de acordo com o "Global Seismic Intensity Zoning Map", em conjugação com a localização da cidade.
- Como parte da infraestrutura vital da cidade, os sistemas de transporte ferroviário urbano, como os metropolitanos, são geralmente classificados como estruturas de categoria B. As linhas de metro e de metropolitano ligeiro excecionalmente importantes, uma vez aprovadas pelo governo, podem ser classificadas como estruturas de categoria A, exigindo medidas sísmicas especiais.
- A seleção do itinerário deve dar prioridade a terrenos abertos e planos com solos duros ou medianamente duros, densos e uniformes. Deve evitar áreas com solos fracos ou liquefactíveis, ou com caraterísticas geológicas significativamente irregulares.

- O projeto sísmico das linhas de metropolitano ligeiro e de pontes elevadas deve garantir que, para além da resistência exigida para a ponte, a deformação (ductilidade) também satisfaça os requisitos sísmicos.
- A conceção sísmica dos túneis e estações deve respeitar os códigos de conceção sísmica dos edifícios, utilizando métodos como o método estático, o método pseudo-estático e a transição para a análise do espetro de resposta e da história temporal dinâmica, a fim de aperfeiçoar os modelos e teorias para a conceção sísmica das estruturas subterrâneas.

4. Requisitos técnicos para a proteção contra catástrofes de guerra

As estações de metro e os túneis estão profundamente enterrados no subsolo e são construídos principalmente em betão armado, o que lhes confere uma vantagem natural na proteção contra ameaças em tempo de guerra, tais como bombas aéreas inimigas, obuses, mísseis, bem como armas nucleares e bioquímicas. A utilização do metro como parte da infraestrutura de defesa civil em tempo de guerra permite a ocultação e a evacuação de pessoas, ou a mobilização de tropas, equipamento militar e abastecimentos, aumentando assim as capacidades gerais de defesa da cidade.

Os requisitos técnicos específicos para a proteção contra catástrofes em tempo de guerra são os seguintes

(1) Planeamento e determinação dos níveis de proteção

Com base no papel, na função e no plano geral de defesa da cidade em tempo de guerra, determinar que linhas, estações e secções de túneis da rede de metro serão utilizadas como instalações de defesa civil e quais continuarão a funcionar como transporte de passageiros sem participar na defesa civil. Uma vez confirmado que o projeto do metropolitano incorpora funções de defesa civil, é necessário um investimento adicional, devem ser alteradas as normas de suporte de carga estrutural e devem ser acrescentadas instalações de proteção.

(2) Conceção das funções de defesa civil

Para os projectos de metropolitano que integram claramente funções de defesa civil, o nível de fortificação adequado deve ser determinado de acordo com os requisitos tácticos e técnicos. Sempre que as condições económicas e técnicas o permitam, a conceção e a construção devem seguir rigorosamente os códigos de conceção e construção da engenharia de defesa civil, bem como as especificações de conceção e construção do metropolitano, assegurando que os requisitos duplos de transporte urbano de passageiros e de instalações de defesa civil sejam satisfeitos simultaneamente. Caso contrário, os requisitos de proteção devem ser tidos em conta durante a fase de conceção e os componentes e interfaces necessários devem ser reservados durante a construção, tais como portas de proteção, portas seladas, separações de unidades à prova de explosão e de fogo, clarabóias anti-explosão, bloqueios de grandes passagens em tempo de guerra, ventilação limpa em tempo de guerra e equipamento de filtragem de veneno, para permitir modificações e instalações antes do tempo de guerra, atingindo o nível exigido de instalações de defesa civil. Cidades como Xangai, Nanjing e Singapura consideraram as funções de defesa civil em tempo de guerra, em diferentes graus, nos seus sistemas de metro.

(3) Utilização integrada das instalações subterrâneas

Utilizar plenamente as capacidades de proteção das estações de metro e dos túneis, utilizando os seus sistemas de ventilação, de abastecimento e drenagem de água, eléctricos, de comunicação, de sinalização e de prevenção de catástrofes para a prevenção e socorro em tempo de guerra. O sistema de comunicação do metro deve estar ligado ao comando da defesa civil da cidade e ao centro de prevenção e socorro de catástrofes, recebendo orientações conforme necessário, para maximizar a eficácia do metro durante a prontidão em tempo de guerra.

7.2 Proteção contra incêndios

Em comparação com catástrofes como inundações, deslizamentos de lama, deslizamentos de terras, tufões e impactos de explosões, os incêndios representam uma ameaça maior para as estruturas subterrâneas. Além disso, a extinção de incêndios em instalações subterrâneas é mais difícil do que em edifícios altos. As causas dos incêndios nos sistemas de metro incluem não só equipamento elétrico envelhecido ou em curto-circuito, mas também faíscas de colisões mecânicas ou fricção que inflamam materiais inflamáveis ou químicos no interior das estações e carruagens; fumar e passageiros que transportam artigos inflamáveis ou explosivos também podem provocar incêndios.

Atualmente, não existem normas internacionais específicas de conceção e construção de proteção contra incêndios para caminhos-de-ferro subterrâneos, nem equipamento especializado de combate a incêndios adaptado às estações de metro e túneis. As estações de metro e os túneis têm sistemas eléctricos complexos, com cabos de comunicação e sinalização densos, o que dificulta a inspeção e a atualização atempadas, podendo provocar incêndios causados por curto-circuitos. Algumas estações de metro e centros comerciais subterrâneos integrados concentram-se demasiado em decorações luxuosas, descurando a resistência ao fogo dos materiais, o que cria inúmeros riscos de incêndio.

7.2.1 Caraterísticas e perigos dos incêndios

Os edifícios subterrâneos diferem significativamente das estruturas à superfície. A engenharia subterrânea cria espaço de construção através de escavação, com o exterior rodeado de rocha e solo, deixando apenas espaço interior. Os edifícios acima do solo têm portas, janelas e paredes ligadas à atmosfera, facilitando a troca de luz e calor entre o interior e o exterior. Em contrapartida, os espaços subterrâneos têm poucas e pequenas aberturas para o exterior, dificultando as trocas de ar e de calor, tornando o arrefecimento lento e a visibilidade reduzida. As caraterísticas específicas são as seguintes.

1. Dificuldade de ventilação do fumo e dissipação lenta do calor

Os incêndios em edifícios subterrâneos são completamente diferentes dos que ocorrem em estruturas à superfície. Quando ocorre um incêndio num edifício à superfície, as portas e janelas podem ser abertas para dissipar o calor e expelir o fumo. No entanto, os edifícios subterrâneos estão rodeados por revestimentos de betão armado, rocha e solo, com menos saídas e mais pequenas, e por vezes as entradas utilizadas pelas pessoas podem servir de saídas de fumo. O fumo acumula-se e espalha-se rapidamente no espaço confinado, transformando as saídas limitadas em "chaminés", com o movimento do fumo quente alinhado com a direção de evacuação. Normalmente, a velocidade de difusão do fumo excede em muito a velocidade de evacuação, tornando difícil para as pessoas escaparem aos perigos do fluxo de fumo. Os incêndios em espaços subterrâneos com vários níveis representam um perigo ainda maior. As condições de ventilação nos edifícios subterrâneos são inferiores às das estruturas acima do solo, com um fluxo de ar deficiente e uma remoção ineficaz do fumo e do calor. À medida que a temperatura do ar aumenta, o seu volume e pressão também aumentam, o que é altamente desfavorável para a evacuação segura do pessoal e para os esforços de combate a incêndios. As experiências mostram que quando a temperatura do ar atinge 400°C, o seu volume duplica; a 800°C, o seu volume quadruplica. O fumo denso reduz a visibilidade no interior dos edifícios subterrâneos, causando pânico psicológico e aumentando as dificuldades de evacuação. As primeiras vítimas de incêndios em edifícios subterrâneos devem-se principalmente a asfixia por falta de oxigénio, envenenamento e desmaios. O fumo denso, especialmente o que contém partículas tóxicas, também aumenta a dificuldade de aproximação e extinção do incêndio por parte dos bombeiros.

2. Flashover a alta temperatura

Nos espaços confinados dos edifícios subterrâneos, quando ocorre um incêndio, a combustão de grandes quantidades de materiais inflamáveis faz com que as temperaturas interiores aumentem rapidamente, levando a uma ocorrência precoce de "flashover". De acordo com os testes de combustão realizados em edifícios à superfície, quando a temperatura numa sala em chamas sobe acima dos 400°C, o fogo passa rapidamente de uma combustão localizada para uma combustão intermitente, em que todos os materiais inflamáveis na sala se inflamam simultaneamente, libertando uma enorme energia, fazendo com que a temperatura suba acentuadamente, o volume de ar se expanda rapidamente e os gases nocivos, como o monóxido de carbono e o dióxido de carbono, aumentem rapidamente de concentração. A propagação de fumo tóxico a alta temperatura pode inflamar materiais inflamáveis, transformando o interior do edifício subterrâneo numa fornalha e as escadas em chaminés. Já se registaram vários incêndios de alta temperatura em edifícios subterrâneos na China. Por exemplo, um incêndio num armazém subterrâneo em Nova Iorque ardeu durante 41 dias, com temperaturas a rondar os 1000°C durante um período prolongado. Todos os materiais combustíveis no armazém foram completamente queimados, jarros e chaleiras de esmalte derreteram, o calcário foi calcinado em cal, o betão foi extensivamente danificado e algumas estruturas desmoronaram. Em 1987, deflagrou um incêndio de grandes proporções no centro comercial subterrâneo de Laofushan,

Nanchang, Jiangxi, China. Ardeu durante 17 horas, reduzindo a cinzas todos os materiais inflamáveis. A alta temperatura expôs os vergalhões da estrutura de betão armado, com uma profundidade de combustão que atingiu mais de dez centímetros e temperaturas entre 800°C e 900°C.

3. Dificuldades de evacuação segura

Os seguintes factores adversos afectam a evacuação segura de edifícios subterrâneos.

(1) Fumo e gases tóxicos

Os incêndios em edifícios subterrâneos produzem grandes quantidades de fumo e gases tóxicos (por exemplo, monóxido de carbono, dióxido de carbono), obscurecendo gravemente a visão, reduzindo a visibilidade e provocando asfixia e envenenamento. Quando o teor de oxigénio no ar desce para 15%, a atividade muscular diminui; entre 10% e 14%, as pessoas sentem fraqueza e perturbações do raciocínio; entre 6% e 10%, ocorrem desmaios. Amostras recolhidas durante um grande incêndio num edifício subterrâneo mostraram que, quando o nível de oxigénio descia abaixo dos 5%, a concentração de CO era 2000 vezes superior ao que os seres humanos podem tolerar. Os gases tóxicos produzidos durante a combustão de certos materiais são apresentados no Quadro 7.6.

Quadro 7.6 Gases tóxicos produzidos pela combustão de vários materiais (parcial)

Nome do material combustível	Gases tóxicos	Nome do material combustível	Gases tóxicos
Madeira	CO_2	Cloreto de polivinilo	Cloreto de hidrogénio, CO_2, CO
Lã	CO_2, CO, H_2S, NH_3	Nylon	Acetaldeído Amoníaco, CO_2, CO
Algodão, fibra sintética	CO_2, CO	Resina fenólica	Amoníaco, cianeto, CO
Teflon	CO_2, CO	Resina de melamina-formaldeído	Amoníaco, cianeto, CO
Poliestireno	Benzeno, Tolueno	Resina epoxídica	Acetona, CO_2, CO

(2) Iluminação insuficiente

Durante um incêndio em edifícios subterrâneos, a alimentação eléctrica normal é cortada, mergulhando o interior na escuridão. Sem iluminação de emergência e sinais de evacuação, as pessoas não podem escapar ao incêndio. Mesmo numa noite de luar, os edifícios térreos têm uma iluminação de 0,2lx, mas as estruturas subterrâneas não têm luz natural e o fumo espesso torna a evacuação extremamente difícil.

(3) Aumento rápido da temperatura

Num incêndio em edifícios subterrâneos, o calor é difícil de dissipar, fazendo com que o flashover ocorra rapidamente, com as temperaturas interiores a subirem para mais de 800°C num curto espaço de tempo. As chamas ou as altas temperaturas podem queimar ou matar pessoas. O calor aumenta o ritmo cardíaco, a transpiração, a fadiga rápida e a desidratação, levando à morte rápida quando a tolerância ao calor do corpo é excedida. A inalação de grandes quantidades de ar quente pode provocar uma queda acentuada da tensão arterial, danificar os capilares e perturbar o sistema circulatório, conduzindo rapidamente à morte.

(4) Longas distâncias de evacuação e trajectos complexos

Os edifícios subterrâneos, como ruas subterrâneas ou estações de metro, podem estender-se por centenas ou mesmo milhares de metros, como o túnel Seikan no Japão ou o túnel do Canal da Mancha entre Inglaterra e França, que se estende por 50 quilómetros. A distância entre a entrada e a saída em edifícios subterrâneos pode ser de dezenas de metros, com grandes projectos que se estendem por mais de 100 metros e projectos de transporte que se estendem por centenas ou milhares de metros. Em caso de incêndio, os edifícios subterrâneos têm menos saídas e vias de evacuação do que os edifícios à superfície. Nos edifícios à superfície, as pessoas escapam para baixo e, uma vez ultrapassado o piso do incêndio, estão a salvo quando o fumo sobe. No entanto, nas estruturas subterrâneas, as pessoas escapam para cima e o fumo e o fogo também sobem, o que significa que a direção de fuga coincide com a propagação natural do fumo e do fogo. Para alcançar a segurança, é necessário chegar à superfície. A velocidade de propagação horizontal do fumo é de 0,51,5 m/s, sendo a subida vertical 34 vezes mais rápida do que o movimento horizontal.

4. Dificuldade no combate a incêndios

O combate a incêndios em estruturas subterrâneas é muito mais difícil do que em edifícios acima do solo. Os peritos internacionais em segurança contra incêndios consideram que a extinção de um incêndio numa instalação subterrânea é comparável em termos de dificuldade ao combate a um incêndio nos pisos superiores de edifícios super altos. Em vários incêndios de grandes dimensões que ocorreram em edifícios subterrâneos na China, o tempo de combustão mais longo atingiu 41 horas. Em comparação com os edifícios à superfície, as dificuldades no combate a incêndios em instalações subterrâneas incluem:

- Dificuldade em detetar locais de incêndio.
- Dificuldade em aproximar-se do fogo.
- Dificuldades de comunicação e de comando.
- Falta de equipamento especializado de combate a incêndios.

7.2.2 Contramedidas de proteção contra incêndios

A proteção contra incêndios em estruturas subterrâneas deve cumprir rigorosamente os regulamentos relevantes e seguir o princípio da "prevenção em primeiro lugar, combinando prevenção e supressão". Por isso, é essencial organizar especialistas em segurança contra incêndios na indústria da construção para compilar códigos de projeto de proteção contra incêndios especializados e regulamentos técnicos de construção, melhorar ainda mais os padrões de projeto de proteção contra incêndios e de construção para projectos de defesa civil e garantir que o projeto de proteção contra incêndios e a construção em estruturas subterrâneas sejam apoiados por regulamentos legais.

1. Planeamento científico e layout racional

Os projectos de metropolitano urbano devem ser integrados no planeamento geral do metropolitano da cidade para melhorar as capacidades gerais de prevenção e resistência a catástrofes da cidade. Em muitos países, as saídas do metropolitano urbano estão ligadas às caves dos edifícios de superfície. No entanto, as paredes e os tectos nos pontos de ligação entre as caves dos edifícios de superfície e as saídas ferroviárias subterrâneas devem ter uma classificação de resistência ao fogo de, pelo menos, 3 horas. As portas permanentemente abertas devem ser resistentes ao fogo durante 2 a 3 horas. Em caso de incêndio, deve haver uma separação fiável entre as vias férreas subterrâneas, os edifícios de superfície e outras passagens subterrâneas para evitar eficazmente a propagação do fogo e reduzir os prejuízos.

2. Utilização de betão armado na estrutura principal

O principal material estrutural dos edifícios subterrâneos deve ser o betão armado, e a camada protetora da armadura deve cumprir os requisitos de espessura especificados nas normas de conceção estrutural de betão armado da engenharia subterrânea. Em incêndios prolongados que durem dezenas de horas, a camada protetora de betão armado no interior do túnel pode sofrer apenas fragmentação e queima parciais, e a maior parte pode ser inspeccionada, reparada e continuar a ser utilizada. No caso de incêndios de longa duração a altas temperaturas em edifícios subterrâneos, pode ocorrer um colapso em grande escala das estruturas de aço e madeira, tornando-as difíceis de reparar.

3. Seleção razoável de materiais de acabamento interior

Os materiais de acabamento das estruturas subterrâneas devem ser incombustíveis, retardadores de chama ou tratados com retardadores de fogo. Isto pode aumentar o ponto de ignição dos materiais, tornando-os menos susceptíveis de se incendiarem e reduzindo a velocidade de propagação do fogo, proporcionando assim mais tempo para extinguir o fogo inicial e garantir uma evacuação segura. Os materiais de suporte de carga para tectos falsos devem utilizar uma quilha de aço leve e os painéis de teto devem utilizar placas de liga de alumínio leve prensado. As quilhas de madeira são altamente inflamáveis e o contraplacado, os painéis de plástico de cálcio, os painéis de alumínio-plástico e os painéis de teto de espuma de PVC são facilmente combustíveis, emitindo grandes quantidades de fumo e gases tóxicos, pelo que a sua utilização deve ser restringida. O amianto e os produtos de fibra de vidro, que emitem grandes quantidades de gases nocivos quando queimados, devem ser proibidos.

4. Seleção racional dos locais e números de entrada e saída

A capacidade total das entradas e saídas da estação deve exceder o fluxo máximo de passageiros da estação no futuro. Tendo em conta que muitas estações de metropolitano das grandes cidades são relativamente pouco profundas, o número de saídas nas estações pouco profundas não deve ser inferior a 4. Nas estações mais pequenas, o número de saídas pode ser adequadamente reduzido, mas não deve ser inferior a 2. medida que o fluxo de passageiros aumenta, o número de saídas deve também aumentar em conformidade. As saídas devem estar localizadas em zonas com menos tráfego pedonal e não devem ser colocadas perto de locais densamente povoados, como teatros, estádios desportivos ou pavilhões multiusos.

5. Divisão e requisitos das zonas de incêndio

As estações ferroviárias subterrâneas cobrem normalmente uma área de 5.000 a 6.000 metros quadrados. Em caso de incêndio, se não existirem instalações rigorosas de separação de incêndios, é provável que o fogo se propague e se torne num incêndio de grandes dimensões, causando perdas desnecessárias. Por conseguinte, as zonas de incêndio devem ser divididas com recurso a paredes corta-fogo, persianas corta-fogo com cortinas de água ou persianas corta-fogo compostas.

6. Função de proteção contra incêndios das passagens de comunicação

De acordo com a análise internacional de catástrofes em operações ferroviárias subterrâneas, se um comboio se incendiar num túnel e não puder ser rebocado para uma estação, os passageiros devem desembarcar no túnel. Para garantir a segurança dos passageiros durante a evacuação, devem ser criadas passagens de comunicação entre dois túneis, permitindo aos passageiros evacuar através do outro túnel para uma saída segura.

7. Tratamento de proteção contra incêndios para estruturas de aço

Sem tratamento de proteção, as estruturas de aço colapsam geralmente em cerca de 15 minutos sob o efeito de altas temperaturas e chamas. Isto deve-se ao facto de a resistência das estruturas de aço diminuir em mais de metade nos 15 minutos seguintes à exposição a chamas e a temperaturas elevadas. Os revestimentos à prova de fogo são uma medida de proteção comum, e a relação entre a espessura do revestimento e a resistência ao fogo é apresentada no Quadro 7.7.

Quadro 7.7 Classificação da resistência ao fogo dos revestimentos ignífugos de estruturas de aço

Espessura do revestimento à prova de fogo (mm)	Classificação de resistência ao fogo (h)	Espessura do revestimento à prova de fogo (mm)	Classificação de resistência ao fogo (h)
0.4	1.0	3.5	2.5
2.0	2.0	4.0	3.0

8. Ventilação mecânica e exaustão de fumos

De acordo com as estatísticas de incidentes de incêndio, a maioria das vítimas de incêndios em metropolitanos deve-se à inalação de fumo, envenenamento e asfixia. Por conseguinte, a extração eficaz de fumo tornou-se um componente crítico das operações de salvamento de incêndios em sistemas de metro subterrâneos.

9. Instalação de sistemas automáticos de alarme de incêndio em sistemas de metropolitano

Ao instalar sistemas automáticos de alarme de incêndio em sistemas de metropolitano, deve ser dada prioridade a áreas críticas onde um incêndio teria um impacto generalizado e em regiões com maior risco de incêndio. Os dispositivos de alarme de incêndio devem ser instalados nos seguintes locais: salas de controlo das estações, salas de computadores, salas de comunicação, salas de sinalização, subestações, salas de distribuição de energia, salas de transmissão, salas de cabos e centros de controlo; átrios das estações, plataformas, bilheteiras, arrecadações e gabinetes de gestão; linhas subterrâneas de inversão de marcha e de estacionamento; depósitos de manutenção, depósitos de comboios, garagens de estacionamento e salas de armazenamento de material combustível nos parques de estacionamento de comboios. Além disso, devem ser instalados botões de alarme manuais em locais apropriados nestas áreas equipadas com alarmes automáticos de incêndio.

7.2.3 Sistema de combate a incêndios

Atualmente, a proteção contra incêndios em projectos ferroviários subterrâneos consiste essencialmente em três componentes: sistemas de alarme automático, sistemas de combate a incêndios com água e sistemas químicos de extinção de incêndios.

1. Sistemas de alarme automáticos

O sistema de alarme de incêndio das linhas de metro inclui um sistema central de alarme automático de primeiro nível localizado no centro de controlo e sistemas de alarme de segundo nível estabelecidos em cada estação e depósito. O sistema central de alarme de incêndio está interligado com os sistemas de alarme de incêndio de cada estação (ou depósito) através do canal de transmissão de dados do sistema de comunicação do metro, permitindo uma monitorização abrangente do incêndio em toda a linha. O sistema de alarme de incêndio de cada estação (ou depósito) monitoriza independentemente as condições de incêndio no seu domínio (incluindo as secções de túneis adjacentes), controla o equipamento de combate a incêndios relacionado e transmite prontamente as informações de alarme de incêndio e o estado de funcionamento do sistema de combate a incêndios ao sistema central de alarme de incêndio. Além disso, ativa o sistema de ventilação de incidentes do túnel com base nas instruções do sistema central. O sistema central de alarme de incêndio também pode ativar diretamente o sistema de ventilação de incidentes das estações relevantes.

O sistema de alarme de incêndio deve incluir as seguintes funcionalidades:

- Função de alarme: Quando um detetor detecta um incêndio, envia rapidamente informações para o controlador do sistema, que apresenta a localização e a hora do incêndio.

- Função de monitorização: O controlador do sistema envia automaticamente sinais de inspeção para detetar falhas nos dispositivos terminais de circuito interno e externo. Se forem detectados danos no equipamento, perda ou interrupção do circuito, o sistema emite sinais sonoros e visuais indicando a localização da falha, o tipo e o tempo de ocorrência.
- Função de controlo: O sistema monitoriza o estado operacional do equipamento de combate a incêndios. Em caso de avaria de um equipamento, o painel de controlo assinala imediatamente o problema, indicando o nome do equipamento e o seu estado atual.
- Função de comunicação: O sistema deve permitir uma comunicação efectiva durante as emergências para facilitar o comando e a coordenação das operações de combate a incêndios.
- Função de armazenamento e impressão de informações: O sistema deve armazenar e imprimir informações, tais como alarmes, falhas e comandos de controlo, para análise pós-incidente e manutenção de registos.

2. Sistemas de combate a incêndios com água

(1) Fontes de água de incêndio e métodos de entrada de água

A água de combate a incêndios é fornecida pela rede de água da cidade, implementada em simultâneo com a engenharia de abastecimento de água. As estações e os depósitos utilizam métodos de entrada de água dupla, em que as bombas de incêndio retiram água diretamente da rede de água da cidade sem um tanque de água de incêndio. Sempre que possível, as estações e os depósitos devem ligar-se a duas condutas de água da cidade separadas; se apenas estiver disponível uma conduta de água, deve ser adicionada uma válvula à conduta, com dois tubos de entrada (criando uma rota pseudo-dual) que conduzem à estação. Esta conceção garante que, se uma entrada de água falhar, a outra pode continuar a fornecer água de combate a incêndios, aumentando a fiabilidade do sistema.

(2) Sistemas de hidrantes

As condutas de água da cidade mantêm geralmente uma pressão de 100-200 kPa, suficiente para a pressão de saída dos hidrantes, apesar de as estações e as secções de túnel estarem localizadas a profundidades de 6-30 metros. Dada a dependência de uma única conduta de água da cidade em algumas estações (pseudo-via dupla), cada estação subterrânea deve ter uma sala de bombas de reforço de incêndio equipada com duas bombas de hidrante, uma para uso e outra como reserva. O sistema de hidrantes em cada estação e nas secções adjacentes do túnel é composto por bombas de hidrantes, tubagens e vários armários de hidrantes. Os armários de hidrantes são instalados a cada 45 metros dentro da estação. A água das bocas-de-incêndio das secções do túnel provém das estações adjacentes, com tubos de água de incêndio ligados entre as estações, e os armários das bocas-de-incêndio são instalados a cada 45 metros no túnel. Os fluxos de água das bocas-de-incêndio que se cruzam em qualquer ponto de incêndio nas zonas de incêndio da estação e do túnel devem consistir em não menos de quatro jactos, cada um com 5 litros por segundo. Esta conceção garante a disponibilidade de volume e pressão de água suficientes durante um incêndio para impedir a sua propagação.

(3) Sistemas de cortinas de água

Devido à forma estrutural única e aos requisitos funcionais das estações de metro, as barreiras corta-fogo são geralmente impraticáveis. Em vez disso, são instaladas cortinas de água por cima das escadas entre as plataformas e os átrios, dividindo-os em duas zonas de incêndio. A sala de bombas de incêndio de cada estação contém duas bombas de reforço de cortina de água, uma para uso e outra como reserva. O sistema de isolamento da cortina de água é configurado em torno de uma escada, com uma sala de válvulas de dilúvio localizada no vão da escada, empregando entradas de água duplas. Os circuitos de tubagem estão dispostos ao longo da parte inferior do tabuleiro da plataforma, com uma intensidade de cortina de água de 2 litros por metro por segundo, quando não está instalado um obturador contra incêndios. O sistema de cortina de água impede eficazmente a propagação do fogo, reduz a difusão do fumo e garante a evacuação segura do pessoal.

(4) Sistemas automáticos de aspersão

Os sistemas de aspersão automáticos fechados são adequados para parques de estacionamento de armazéns. O sistema é ativado automaticamente por detectores de temperatura ou de fumo, desencadeando a pulverização de água para extinguir os incêndios. Os parques de estacionamento armazenam grandes quantidades de materiais inflamáveis, pelo que devem ser instalados sistemas de aspersão automáticos para controlar e extinguir rapidamente os incêndios. O sistema inclui bombas de aspersão, tubagens e cabeças de aspersão dispostas em intervalos específicos para garantir que qualquer ponto de incêndio possa ser rapidamente coberto com água de extinção. Os sistemas de aspersão automáticos respondem rapidamente aos incêndios, controlando a sua propagação e minimizando os danos.

3. Sistemas de extinção de incêndios químicos

A alimentação eléctrica, a sinalização, as comunicações e os correspondentes sistemas de controlo central são cruciais para as operações do metro. Se estes sistemas se incendiarem, a utilização de água para o combate ao fogo pode causar danos maiores. Por isso, os sistemas químicos de extinção de incêndios são normalmente utilizados para evitar danos causados pela água no equipamento elétrico. Estes sistemas extinguem os incêndios de forma rápida e eficaz, minimizando o impacto no equipamento e no ambiente.

(1) Tipos de sistemas de extinção de incêndios químicos

Os sistemas de extinção de incêndios químicos mais comuns em projectos de metropolitano incluem o sistema de inundação total Halon 1301, sistemas de extinção de incêndios com dióxido de carbono e sistemas de extinção de incêndios com pó seco. Cada um tem as suas vantagens e é adequado para diferentes cenários:

- Sistema de Inundação Total Halon 1301: O Halon 1301 é um agente extintor eficiente com baixa toxicidade, propriedades não corrosivas e velocidade de extinção rápida. O sistema liberta gás Halon para reduzir rapidamente a concentração de oxigénio na área do incêndio, extinguindo as chamas.
- Sistema de extinção de incêndios por dióxido de carbono: Este sistema extingue incêndios através da libertação de elevadas concentrações de dióxido de carbono, baixando rapidamente os níveis de oxigénio para sufocar as chamas. É adequado para espaços fechados, mas requer que o pessoal evacue rapidamente devido aos efeitos nocivos da elevada concentração de CO2.
- Sistema de extinção de incêndios por pó seco: Este sistema extingue os incêndios através da pulverização de pó seco fino, que isola o fogo do oxigénio e interrompe o processo de combustão.

(2) Conceção e implementação do sistema

A conceção e implementação de sistemas de extinção de incêndios químicos para projectos de metropolitano requer a consideração de vários factores, incluindo a escolha dos agentes extintores, a cobertura do sistema, os métodos de ativação e as medidas de segurança:

- Seleção do agente extintor: Escolher os agentes adequados com base nos requisitos do metro e nas caraterísticas do equipamento. Por exemplo, os sistemas Halon 1301 ou dióxido de carbono são preferíveis para salas de controlo e centros de comunicação com equipamento elétrico denso para minimizar os danos.
- Área de cobertura: Os sistemas de extinção química devem cobrir todo o equipamento e áreas críticas, incluindo salas de controlo, salas de computadores, salas de comunicações, salas de sinalização e subestações.
- Métodos de ativação: Os sistemas de extinção química devem ter métodos de ativação automática e manual. A ativação automática é desencadeada por detectores de incêndio que monitorizam as condições do incêndio em tempo real, enquanto a ativação manual permite que o pessoal active o sistema depois de confirmar o incêndio, oferecendo maior flexibilidade e fiabilidade.
- Medidas de segurança: Para garantir a segurança durante a ativação do sistema, devem ser instalados alarmes de evacuação e funções de libertação retardada. Os alarmes notificam o pessoal para evacuar antes da ativação do sistema, e a função de libertação retardada permite um tempo adequado para a evacuação.

(3) Manutenção e gestão

A manutenção e gestão dos sistemas de extinção de incêndios químicos é vital para garantir a sua eficácia a longo prazo. Inspecções, testes e manutenção regulares podem identificar e resolver potenciais problemas, garantindo que o sistema funciona corretamente quando necessário:

- Inspecções regulares: Efetuar inspecções mensais, verificando componentes como reservas de agentes extintores, ligações de tubagens, condições das válvulas e equipamento de controlo, para garantir que estão em boas condições de funcionamento e que estão disponíveis agentes extintores suficientes.
- Testes regulares: Testar anualmente as funções de ativação automática e manual do sistema para verificar se o sistema responde rápida e eficazmente em caso de incêndio.

- Formação e simulacros: Fornecer formação e exercícios regulares ao pessoal relevante sobre o funcionamento do sistema e os procedimentos de emergência, aumentando a familiaridade com o sistema e melhorando as capacidades de resposta a emergências.
- Manutenção de registos e arquivo: Manter registos e arquivos detalhados de todas as inspecções, testes e actividades de manutenção, incluindo datas, conteúdos, resultados e acções corretivas.

7.3 Medidas de impermeabilização

As estações de metro e os túneis estão localizados principalmente abaixo do nível do solo, o que os torna susceptíveis a dois tipos principais de danos relacionados com a água: inundações superficiais e infiltrações de águas subterrâneas. A entrada de águas superficiais ou subterrâneas nas estações de metro e nos túneis pode provocar a deterioração dos materiais de acabamento, danos na cablagem eléctrica, nas comunicações e nos componentes de sinalização, podendo causar acidentes de engenharia.

7.3.1 Prevenção de inundações e enchimento de águas acumuladas

A água da chuva pode acumular-se nas ruas e, sem sistemas de drenagem adequados, quando o nível do solo é mais alto do que as entradas das estações de metro, ou a elevação dos poços de ventilação, exaustão e aberturas de drenagem, quantidades significativas de água podem refluir para a estação. As cidades costeiras também são vulneráveis às influências das marés, em que a água do mar pode refluir através dos rios interiores, transbordar os diques de controlo de cheias e potencialmente refluir para as entradas do metro. Para evitar esta situação, as entradas das estações e os poços de ventilação devem ter soleiras elevadas 150-450 mm acima do nível do solo e, quando necessário, devem ser adoptadas medidas temporárias de impermeabilização, como sacos de areia ou barreiras contra inundações. As estações de metro e as secções de túneis devem ser equipadas com bombas de drenagem de alta eficiência e concebidas com sistemas de drenagem automáticos para garantir que as bombas são activadas automaticamente quando a água atinge um determinado nível. As cidades costeiras devem também construir barreiras contra inundações e estabelecer sistemas de monitorização do nível da água para responder a condições meteorológicas extremas e a marés vivas. Nos troços de túneis situados sob massas de água, devem ser instaladas comportas eléctricas e manuais em ambas as extremidades do túnel, que permaneçam abertas em condições normais e se fechem rapidamente em caso de inundação ou refluxo, impedindo a entrada de água no túnel.

7.3.2 Impermeabilização no interior do projeto

1. Materiais de impermeabilização

A seleção e aplicação de materiais de impermeabilização na engenharia do metro são fundamentais para a durabilidade e segurança da estrutura do metro. De seguida, apresentamos alguns dos principais materiais de impermeabilização e as suas aplicações.

(1) Chapas e revestimentos impermeáveis

As folhas impermeáveis incluem principalmente folhas impermeáveis à base de asfalto, folhas impermeáveis modificadas com polímeros e folhas impermeáveis de polímeros sintéticos. Estes materiais são amplamente utilizados para camadas de impermeabilização, camadas anti-corrosão, impermeabilização de edifícios contra a humidade, impermeabilização temporária e impermeabilização de emergência em edifícios.

- Folhas impermeáveis à base de asfalto e folhas impermeáveis à base de asfalto modificado com polímeros: Estes materiais, representados principalmente por vários feltros de asfalto, oferecem um bom desempenho de impermeabilização, uma aplicação fácil e um custo relativamente baixo, tornando-os amplamente utilizados em projectos de impermeabilização de telhados e caves.
- Folhas impermeáveis de polímeros sintéticos: Estas incluem folhas impermeáveis vulcanizadas, não vulcanizadas e de resina sintética. Estes materiais apresentam uma excelente resistência ao envelhecimento e tolerância à temperatura, o que os torna adequados para vários ambientes de impermeabilização complexos, particularmente na engenharia subterrânea de alta procura.

Os revestimentos à prova de água são utilizados principalmente para impermeabilizar as paredes interiores e exteriores de estruturas, para a engenharia decorativa, para a estanquidade e para a vedação. Os revestimentos à prova de água são geralmente classificados com base no tipo de revestimento e no componente principal da substância formadora de película.

Ⅰ. Classificação por tipo de revestimento

- À base de solvente: Utiliza solventes orgânicos como base, formando uma película após a evaporação do solvente. Adequado para ambientes secos, mas pode ter impactos ambientais e na saúde devido às emissões de solventes.
- Emulsões à base de água: Utilizam a água como meio de dispersão, são amigas do ambiente e não tóxicas, adequadas para aplicação em superfícies húmidas.
- Reativo: Forma uma película através de reacções químicas, oferecendo uma elevada aderência e durabilidade, ideal para projectos de impermeabilização de elevada exigência.

Ⅱ. Classificação por componente principal da substância formadora de película

- Resina sintética: Inclui resinas acrílicas e epóxi, com excelente elasticidade e durabilidade, adequadas para várias aplicações de impermeabilização de edifícios.
- À base de borracha: Inclui polietileno e poliuretano, oferecendo excelente elasticidade e resistência química, adequado para juntas de dilatação, juntas de assentamento e aplicações semelhantes.
- À base de asfalto e à base de cimento: Materiais tradicionais de baixo custo, mas com durabilidade e trabalhabilidade relativamente fracas.
- À base de asfalto de borracha: Inclui asfalto de borracha de neopreno, que combina a elasticidade da borracha com a aderência do asfalto, adequado para aplicações em telhados e caves.

(2) Materiais de impermeabilização estrutural

Os materiais de impermeabilização estrutural, também conhecidos como materiais de impermeabilização rígida, são constituídos principalmente por cimento, areia e agregados, com pequenas quantidades de aditivos e substâncias com elevado teor de polímeros. Ao ajustar a proporção da mistura, estes materiais inibem ou reduzem a porosidade, alteram as caraterísticas dos poros e aumentam a densidade da interface entre os materiais, resultando em argamassa de cimento ou materiais de impermeabilização à base de betão com determinadas propriedades de impermeabilidade.

Os materiais de impermeabilização de argamassa de cimento são frequentemente utilizados como uma camada de impermeabilização adicional nas faces viradas para a água e não viradas para a água de estruturas de engenharia subterrâneas que requerem impermeabilização e proteção contra a humidade. Estes materiais também são normalmente utilizados para reparar defeitos, tais como alveolamento ou rugosidade da superfície em obras de engenharia.

Os materiais de impermeabilização de betão têm uma dupla finalidade, servindo tanto como material de impermeabilização como componente estrutural de suporte de carga, adequado para projectos subterrâneos e várias estruturas de impermeabilização, transporte de água e armazenamento de água.

O betão impermeável divide-se geralmente em três categorias: o betão impermeável comum, o betão impermeável aditivado e o betão impermeável de cimento expansivo, com as suas caraterísticas e gamas de aplicação descritas no Quadro 7.8.

Tabela 7.8 Gama aplicável de betão impermeável

Tipo		Pressão máxima de impermeabilidade (MPa)	Caraterísticas
Betão normal		>3.0	Construção simples, materiais amplamente disponíveis
Betão impermeável enriquecido com aditivos	Agente de retenção de ar Betão à prova de água	>2.2	Boa resistência à geada
	Agente redutor de água Betão	>2.2	Boa fluidez da mistura

Nota: 1. não é adequado para estruturas sujeitas a vibrações ou impactos severos. 2. Quando utilizado em áreas expostas ao calor, se a temperatura da superfície exceder os 100°C, devem ser implementadas medidas de isolamento térmico adequadas.

Os materiais de impermeabilização de betão possuem uma elevada resistência à compressão (tração), durabilidade e boa resistência ao congelamento e ao envelhecimento.

Geralmente, são materiais inorgânicos, incombustíveis, não tóxicos, inodoros, respiráveis, prontamente disponíveis, económicos, fáceis de instalar e de reparar, o que os torna economicamente favoráveis em geral. Por conseguinte, os materiais estruturais auto-impermeabilizantes são uma direção de desenvolvimento fundamental no domínio da impermeabilização, tanto a nível nacional como internacional.

(3) Materiais de vedação incorporados

Os materiais de vedação embutidos são utilizados principalmente para preencher juntas, fissuras e partes embutidas de estruturas, proporcionando vedações estanques à água e ao ar. Os materiais de enchimento de juntas e os materiais de vedação diferem estritamente; os materiais de enchimento de juntas são utilizados apenas para preencher fissuras, enquanto os materiais de vedação são utilizados para juntas concebidas intencionalmente. Em termos gerais, ambos são coletivamente designados por materiais de vedação incorporados, que podem ser divididos em materiais de vedação não moldáveis e materiais de vedação moldáveis; o primeiro é uma substância semelhante a uma pasta, enquanto o segundo inclui fitas, tiras e almofadas fabricadas de acordo com requisitos de engenharia.

As caraterísticas dos materiais de vedação não-formáveis incluem uma consistência semelhante a uma pasta, o que os torna fáceis de aplicar e adequados para vedar fissuras e juntas de várias formas complexas. São amplamente utilizados em aplicações como exteriores de edifícios, impermeabilização de caves e interfaces de tubagens. Os materiais de vedação moldáveis, por outro lado, são pré-formados em formas específicas, como tiras, fitas ou juntas, oferecendo facilidade de utilização e excelente desempenho de vedação.

2. Impermeabilização de estações

Podem ser utilizados diferentes esquemas de construção de impermeabilização, dependendo do método de construção da estação, da extensão do desenvolvimento das águas subterrâneas e do grau de impermeabilização da estação. Para as estações de metro construídas pelo método de perfuração e explosão, é geralmente adoptada a estrutura de muro de separação e o método de camadas intermédias de impermeabilização de suporte compósito; as estações de estrutura retangular enterradas a pouca profundidade utilizam principalmente métodos de construção de membranas de impermeabilização externas. Quando se utiliza um muro contínuo para a retenção de terras, servindo simultaneamente como parte da estrutura da estação, deve prestar-se atenção ao desempenho da impermeabilização do próprio muro contínuo, bem como à impermeabilização das juntas e à aplicação de membranas e revestimentos impermeáveis.

Independentemente da tecnologia de impermeabilização utilizada, a impermeabilização inerente da estrutura de betão é fundamental. As juntas de retração e as juntas de construção são os pontos mais fracos da impermeabilização subterrânea; a conceção adequada das juntas e a seleção de materiais de vedação eficazes são fundamentais para uma impermeabilização bem sucedida.

(1) Tecnologia de impermeabilização de coberturas e paredes laterais em arco de forro suspenso

No caso das câmaras escavadas, pode ser utilizado betão projetado ou um revestimento integral moldado no local para garantir a estabilidade da estrutura rochosa circundante. Se as águas subterrâneas forem abundantes e os métodos de suporte compósito não puderem satisfazer os elevados requisitos de impermeabilização, pode ser utilizado um suporte suspenso na parede. Este método isola eficazmente as águas subterrâneas através da colocação de uma camada intermédia impermeável entre a estrutura principal e a estrutura de suporte, criando uma proteção dupla à prova de água.

A Figura 7-1 mostra um esquema de impermeabilização de suporte suspenso para a câmara principal de uma estação de metro.

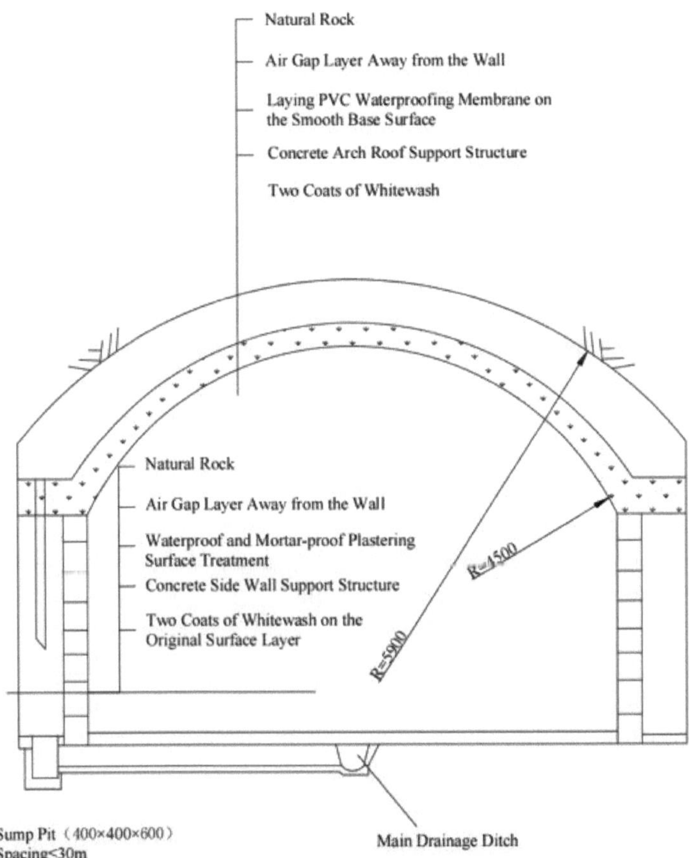

Figura 7.1 Desenho esquemático de impermeabilização de suporte suspenso para uma estação de metro

(2) Tecnologia de impermeabilização de revestimentos compósitos

Quando o suporte de revestimento composto é utilizado para estações de metro ou túneis de secção, é normalmente constituído por um suporte inicial, uma camada de amortecimento, uma membrana impermeável e uma estrutura secundária de revestimento em betão vazado no local. O suporte inicial é constituído por uma grelha de aço reforçado combinada com uma malha de aço e betão projetado, com uma espessura de 0,25 a 0,30 metros. A camada de amortecimento é feita de chapas relativamente macias mas resistentes para evitar danos na placa impermeável (membrana) causados pela superfície áspera e irregular do betão projetado. A placa impermeável (membrana) deve ser não só impermeável, mas também durável e capaz de suportar sem danos as tensões mecânicas durante o vazamento do betão de revestimento secundário. Deve também ter uma boa vedação nas juntas e ser fácil de instalar. O revestimento secundário é um betão impermeável moldado no local com um grau de permeabilidade de S8.

(3) Tecnologia de impermeabilização de chapas

Para os túneis rectangulares de camada única e duplo vão ou para as estações com estrutura em caixão de múltiplas camadas construídas pelo método "cut-and-cover", as membranas flexíveis impermeáveis devem ser aplicadas após a conclusão da estrutura principal de betão armado e antes do enchimento. A espessura e o grau de resistência do betão auto-impermeabilizante são determinados pelo projeto estrutural, com um grau de permeabilidade não inferior a S8. Recomenda-se a adição de agentes de micro-expansão, densificadores e redutores de água ao betão. Quando os níveis de água subterrânea são elevados, a pressão da cabeça de água é significativa e o grau de impermeabilização é elevado, devem ser utilizadas membranas impermeáveis de polímero totalmente sintético com uma espessura não inferior a 2 mm, e as membranas impermeáveis de betume modificado com polímero (base de poliéster) devem ter uma espessura mínima de 5 mm. Se as exigências de impermeabilização forem menores, a espessura das membranas acima referidas pode ser reduzida em conformidade. Para uma impermeabilização externa completa com membranas, deve ser utilizado o método de "impermeabilização externa com adesivo externo", em que a membrana é diretamente aderida ao lado exterior das paredes laterais de betão estrutural e ligada à camada impermeável da membrana sob a laje de betão para formar uma camada impermeável integrada.

(4) Revestimento Impermeabilização

Os revestimentos à prova de água, tal como as membranas à prova de água, são novos materiais de impermeabilização reconhecidos internacionalmente e amplamente utilizados. Os revestimentos à prova de água são materiais líquidos que podem formar uma camada impermeável contínua, ao contrário das membranas que têm muitas costuras sobrepostas. São fáceis de aplicar e são particularmente adequados para a construção de substratos complexos em estações de metro. No entanto, ao contrário das camadas de impermeabilização de membranas que são fabricadas em fábrica, os revestimentos são aplicados no local, onde o material líquido se transforma num sólido. A espessura do revestimento impermeável não é controlada com tanta precisão como a das membranas, tornando-o mais suscetível a factores humanos durante a construção. Embora alguns tipos de revestimentos possam atingir um alongamento elevado, a sua resistência à tração, resistência ao rasgamento, resistência à abrasão e resistência à perfuração são geralmente inferiores às das membranas impermeáveis semelhantes. Os revestimentos são normalmente mais finos e a exposição prolongada à água pode reduzir a aderência. Os revestimentos à base de água que curam por evaporação natural podem inchar, enrugar ou mesmo delaminar parcialmente após uma exposição prolongada à água. Uma vez que as camadas de impermeabilização das estações de metro e dos túneis estão submersas em água durante longos períodos e sujeitas a tensões de tração resultantes da deformação irregular do solo, devem ser utilizados revestimentos reactivos ou à base de solventes, em vez de revestimentos à base de água. Dados os elevados requisitos de impermeabilização das estações de metro, a impermeabilização do revestimento é frequentemente combinada com a auto-impermeabilização estrutural, a impermeabilização de membranas e a argamassa impermeável para proteger o revestimento e melhorar a impermeabilização global.

(5) Impermeabilização de juntas

Os túneis rectangulares enterrados a pouca profundidade e as estações em forma de caixa não têm geralmente juntas de assentamento, mas têm juntas de construção, juntas de dilatação ou juntas induzidas e faixas pós-fabricadas.

Ⅰ. Juntas de construção

Na construção de túneis e estações longos e rectangulares, devido a limitações de material, equipamento e mão de obra, não é possível despejar betão continuamente de uma só vez. Normalmente, é feito em secções e camadas, criando juntas de construção entre as betonagens sequenciais. As secções das estações têm normalmente 15-24 metros de comprimento e são vazadas em três camadas: a laje de base, a laje intermédia (incluindo a laje de base e as paredes laterais) e a laje superior (incluindo as paredes laterais acima da laje intermédia). A má ligação entre o betão novo e o antigo pode levar a fugas de água subterrânea. Nas estruturas de estações sem paredes de revestimento, as juntas de construção que ligam a laje de base, a laje intermédia e a laje de topo às paredes subterrâneas são impermeabilizadas através da instalação de batentes de água com massa de enchimento. Para as juntas de construção longitudinais e circunferenciais, podem ser instaladas placas de aço galvanizado para paragem de água ou paragens de água de borracha para impermeabilização.

Ⅱ. Juntas de dilatação

Em túneis e estações de grande comprimento, durante o processo de betonagem e endurecimento do betão, as diferenças de temperatura entre o interior e o exterior podem causar expansão e contração, conduzindo potencialmente a fissuras por tensão térmica devido às restrições da rocha circundante. As estruturas longas de betão armado também são afectadas pelas flutuações de temperatura diárias e sazonais, que podem causar fissuras por tensão estrutural. Por conseguinte, devem ser instaladas juntas de dilatação para libertar a concentração de tensões causada pela deformação. As juntas de dilatação também devem ser colocadas nas interfaces entre a estrutura principal da estação e a passagem de entrada, ou onde esta liga com outras estruturas auxiliares. Normalmente, as juntas de dilatação são colocadas em intervalos de 35 a 50 metros ao longo do comprimento da estrutura. Se forem tomadas medidas bem sucedidas para controlar a tensão térmica ou a expansão da estrutura de betão, o número de juntas de dilatação deve ser minimizado.

Ⅲ. Tira pós-fabricada (junta pós-fabricada)

Os agentes de expansão UEA são misturados no betão pós-moldado, tornando o seu grau de resistência superior ao do betão circundante, compensando assim a retração. É preferível deitar o betão a uma temperatura inferior à da construção da estrutura principal ou durante o tempo mais frio para evitar e reduzir as fissuras de retração. Além disso, deve ser assegurado um período de cura húmida de, pelo menos, 14 dias.

3. Impermeabilização de túneis de proteção

Atualmente, os túneis de blindagem para troços de metro a nível internacional utilizam normalmente segmentos de betão armado pré-fabricados, montados em túneis circulares utilizando parafusos de alta resistência. Este método de construção tem elevados requisitos de impermeabilização e de lisura interna.

Uma estrutura de revestimento composta de camada dupla é formada pela fundição de um revestimento interior de betão integral dentro da estrutura de revestimento pré-fabricada de camada única. As membranas impermeáveis são colocadas entre as duas camadas de revestimento, melhorando significativamente o grau de impermeabilização do túnel. A experiência nacional com a construção de escudos mostra que, mesmo com um revestimento de camada única, os requisitos de impermeabilização podem ser cumpridos através de uma série de medidas de impermeabilização.

(1) Princípios de impermeabilização

A resolução completa de problemas de impermeabilização em túneis de blindagem dentro de solos moles com água é um desafio e complexa, necessitando de um princípio de "prevenção em primeiro lugar, múltiplas linhas de defesa e gestão abrangente". Este princípio enfatiza a utilização de medidas de impermeabilização multifacetadas e em várias camadas durante a construção e o projeto para garantir a eficácia global da impermeabilização do túnel.

(2) Requisitos técnicos de impermeabilização

De acordo com as "Especificações Técnicas para Impermeabilização em Engenharia Subterrânea", o grau de impermeabilização para túneis de secções de metro é o Grau 2, com os seguintes requisitos específicos de conceção:

- Fuga média no túnel: A taxa de fuga para 100 metros quadrados de túnel deve ser inferior a 20 litros por dia.
- Coroa do túnel sem fugas: A coroa do túnel não deve apresentar gotejamentos e as paredes laterais não devem ter riscos de escorrimento.
- Resistência à pressão da água: O túnel deve resistir a uma pressão de água de 0,6 MPa quando as juntas circunferenciais se abrirem a 3 mm e as juntas longitudinais a 5 mm.

(3) Revestimento auto-impermeabilizante e impermeabilizante para o exterior do segmento

- Controlo de qualidade do segmento: Antes da produção do segmento, as inspecções ao molde de aço devem ser reforçadas para garantir a qualidade do segmento; deve ser realizado um teste de permeabilidade e fuga de um único segmento antes de sair da fábrica para garantir que cada segmento cumpre os requisitos de impermeabilização.

- Medidas de proteção do segmento: Durante o içamento e empilhamento do segmento, devem ser tomadas medidas de proteção.
- Revestimento à prova de água: Para segmentos a grandes profundidades ou em ambientes significativamente corrosivos, podem ser aplicados revestimentos externos de impermeabilização e anti-corrosão melhorados para melhorar o desempenho e a durabilidade da impermeabilização.

(4) Impermeabilização de juntas de segmentos

Para melhorar o efeito de impermeabilização das juntas de segmentos, são instaladas juntas elásticas e materiais de enchimento de juntas como duas camadas de impermeabilização, servindo as juntas elásticas como a principal medida de impermeabilização das juntas.

- Juntas elásticas: Estas juntas têm uma boa elasticidade e durabilidade, vedando eficazmente as juntas para evitar a infiltração de água.
- Materiais de enchimento de juntas: Estes materiais são utilizados para preencher e vedar as juntas, proporcionando uma proteção adicional à prova de água. Os materiais mais comuns são os vedantes de poliuretano e os vedantes de borracha.

7.4 Proteção contra outras catástrofes

7.4.1 Catástrofe sísmica

1. Caraterísticas dos danos causados por sismos

De acordo com estudos relevantes, as principais formas de danos causados por terramotos em estações de metro subterrâneas e túneis incluem rachaduras e colapso da coluna central, rachaduras na laje do telhado, quebra, colapso e rachaduras nas paredes laterais. As caraterísticas dos danos sísmicos das pontes elevadas nas linhas de metro ligeiro são semelhantes aos danos sísmicos gerais das pontes, manifestando-se principalmente como danos nos pilares, colapso do tabuleiro, deslocamento lateral das pontes e assentamento irregular. Estas caraterísticas de danos afectam gravemente a segurança estrutural das pontes e o funcionamento do tráfego.

2. Métodos de projeto sísmico

Com o desenvolvimento da investigação e da prática da engenharia sísmica, a conceção sísmica de estruturas dividiu-se gradualmente em duas partes: conceção de cálculo sísmico e conceção sísmica. O projeto de cálculo sísmico envolve a conceção quantitativa dos efeitos sísmicos, enquanto o projeto concetual sísmico inclui a seleção adequada do local, uma modelação e disposição estruturais razoáveis e medidas de construção corretas. Esta abordagem concetual é também aplicável ao projeto de estruturas subterrâneas.

Os cálculos de projeto sísmico centram-se principalmente na análise quantitativa e no projeto dos efeitos das forças sísmicas. Devido à complexidade e imprevisibilidade da atividade sísmica, os cálculos sísmicos para estruturas subterrâneas enfrentam desafios, incluindo os efeitos dependentes do tempo das propriedades das rochas circundantes e dos materiais estruturais, e a variação do amortecimento estrutural com a deformação. Estes factores são difíceis de considerar com precisão na análise dinâmica estrutural, o que faz com que os actuais cálculos sísmicos para estruturas subterrâneas se situem a um nível relativamente baixo, longe de atingir o rigor da precisão científica.

Por conseguinte, os actuais cálculos de conceção sísmica utilizam principalmente os seguintes métodos.

(1) Método Pseudo-Estático

- Princípio: Simplificar os efeitos sísmicos em forças estáticas e efetuar a análise e o dimensionamento estrutural adicionando as cargas sísmicas correspondentes.
- Aplicação: Adequado para o projeto preliminar e avaliação do desempenho sísmico de estruturas simples.

(2) Teoria do espetro de resposta

- Princípio: Com base no espetro de resposta sísmica, avaliar o desempenho sísmico das estruturas através do cálculo da sua resposta.
- Aplicação: Adequado para o projeto detalhado e a otimização do desempenho sísmico de estruturas complexas.

(3) Método de análise do historial temporal

- Princípio: Efetuar análises dinâmicas utilizando histórias temporais registadas de eventos sísmicos para avaliar a resposta real das estruturas sob ação sísmica.
- Aplicação: Adequado para a conceção sísmica refinada e avaliação da segurança de estruturas importantes.

3. Medidas estruturais sísmicas

Os danos sísmicos nas estruturas de superfície e subterrâneas dividem-se principalmente em duas categorias: uma causada por danos induzidos por vibrações e a outra por danos induzidos por falhas nas fundações.

(1) Danos induzidos por vibrações

Os efeitos sísmicos geram forças de inércia na estrutura, que se juntam às cargas estáticas, fazendo com que a tensão total exceda a resistência do material e conduza à rotura. A maioria dos danos sísmicos estruturais enquadra-se nesta categoria. As principais medidas para mitigar este tipo de danos envolvem o reforço da capacidade sísmica das estruturas, melhorando a sua forma geométrica, resistência, rigidez, ductilidade e integridade global.

Ⅰ. Melhorar a racionalidade da geometria estrutural

- Conceção simétrica: Assegurar que a distribuição da massa e da rigidez da estrutura é uniforme para reduzir os efeitos excêntricos.
- Simplificar a forma da estrutura: Evitar formas complexas para reduzir as áreas de concentração de tensões e aumentar a estabilidade global da estrutura.

Ⅱ. Aumento da resistência e rigidez estrutural

- Materiais de alta resistência: Utilizar vergalhões de alta resistência e betão de alto desempenho para aumentar a capacidade de carga da estrutura.
- Adição de sistemas de suporte: Instale paredes de cisalhamento, vigas de suporte e outros elementos para aumentar a rigidez e a estabilidade da estrutura.

Ⅲ. Aumento da ductilidade estrutural

- Conceção da ductilidade: Utilizar materiais e métodos de construção com maior ductilidade, tais como vergalhões de alta ductilidade e conceção optimizada das juntas.
- Dispositivos de dissipação de energia: Instalar dispositivos como amortecedores para absorver e dissipar a energia sísmica, reduzindo as forças que actuam sobre a estrutura.

IV. Garantir a integridade estrutural

- Conceção global da estrutura: Utilizar uma conceção de estrutura integrada para melhorar o desempenho sísmico da estrutura.

- Reforço dos conectores: Reforçar as ligações entre os componentes estruturais para garantir que a integridade global da estrutura seja mantida durante um terramoto.

(2) Danos induzidos por falhas na fundação

Este tipo de danos ocorre devido ao assentamento da fundação, à instabilidade e a outros problemas. Mesmo que a estrutura em si tenha capacidade sísmica suficiente, os problemas da fundação podem causar fissuras, inclinação, assentamento e até danos na estrutura. As medidas eficazes para mitigar este tipo de danos envolvem vários métodos de reforço da fundação.

- Reforço da fundação de estacas
- Aumentar a profundidade de incorporação da estrutura
- Reforço da camada de solo
- Conceção da transição da fundação

4. Medidas estruturais de construção

Para estruturas de estrutura retangular enterradas a pouca profundidade, como estações e túneis, é aconselhável utilizar estruturas de betão armado moldadas no local e evitar estruturas pré-fabricadas ou parcialmente pré-fabricadas. As estruturas de betão armado moldadas no local podem proporcionar uma maior rigidez e integridade global, reduzindo os pontos fracos sob ação sísmica. Prestar especial atenção ao reforço da rigidez, da resistência e da plasticidade de deformação dos painéis de parede e dos painéis de cobertura, dos painéis de vigas e das juntas dos pilares, bem como ao reforço da ligação entre o pilar central e os painéis de cobertura e os painéis intermédios, para melhorar o desempenho sísmico global. Reforçar a ligação entre os painéis contínuos de parede e de cobertura para evitar que se soltem nos pontos de ligação, o que poderia levar ao colapso da laje. Além disso, aumentar o grau de resistência do betão ou utilizar betão com fibras de aço em vez de betão normal para evitar o esmagamento do betão durante um sismo.

No caso das secções e estações de pontes elevadas, deve ser dada especial atenção aos danos por cisalhamento e compressão dos pilares dos cais, e devem ser tomadas medidas para evitar que a ponte se solte e deslize nos apoios. Para o efeito, é necessário reforçar a ligação entre os pilares e as lajes das vigas, colocar almofadas de borracha sísmicas e tomar outras medidas para reduzir o impacto das vibrações sísmicas na estrutura, melhorando assim o desempenho sísmico global.

Para as secções de túneis com blindagem, deve ser utilizada a tecnologia de montagem de juntas escalonadas, com juntas de lingueta e ranhura mais profundas para melhorar a integridade longitudinal. Devem ser utilizados parafusos de aço de alta resistência entre as juntas para manter a continuidade estrutural. Colocar juntas elásticas de vedação nas juntas circunferenciais e longitudinais para acomodar certas deformações impostas pelos estratos durante um sismo. A ligação entre as estações e os túneis deve ser fiável e, idealmente, devem ser instaladas juntas sísmicas para fazer face a eventuais assentamentos irregulares e forças de corte. Em zonas de liquefação e elevação induzidas por sismos, o túnel pode sofrer uma flexão longitudinal significativa e, quando a junta do lado da tração se abre para além da taxa de expansão da junta de estanquidade, pode provocar a infiltração de água ou lama, acelerando o assentamento global. Por conseguinte, as juntas de borracha com uma taxa de expansão mais elevada devem ser concebidas em conformidade.

7.4.2 Catástrofe de guerra

1. Visão geral

O metropolitano não só desempenha um papel insubstituível nos transportes em tempo de paz, como também se torna um alvo chave para ataques inimigos e um foco crítico da nossa defesa em tempo de guerra. As estações de metro e as secções de túneis são geralmente enterradas em rochas e solos e suportadas por revestimentos de betão armado, o que lhes confere uma capacidade inerente de resistir a danos causados por choques de explosão. Além disso, os sistemas de metro estão equipados com sistemas completos de ventilação, abastecimento e drenagem de água, comunicação, sinalização, alarme automático e prevenção de catástrofes. Se estes sistemas estiverem ligados à rede de defesa civil da cidade e forem devidamente melhorados, o metro pode efetivamente servir de abrigo antiaéreo em tempo de guerra.

A nível internacional, os metropolitanos são amplamente utilizados para fins de defesa aérea. Por exemplo, o metro de Moscovo foi originalmente concebido para servir de abrigo antiaéreo em tempo de guerra. Durante a Segunda Guerra Mundial, o Metro de Moscovo constituiu um refúgio crucial para os cidadãos, reduzindo significativamente o número de vítimas de ataques aéreos. Ao construir o Metro de Singapura, foi concebido um sistema de defesa aérea especializado, incluindo uma maior resistência estrutural, portas de proteção e sistemas de ventilação, para combater potenciais ameaças de ataques aéreos.

Nos Estados Unidos, o sistema de metropolitano de Nova Iorque também incorpora capacidades de defesa aérea. A sua conceção tem em conta várias catástrofes potenciais, incluindo ataques aéreos e explosões terrestres em tempo de guerra. Ao utilizar materiais de alta resistência e tecnologias de proteção avançadas, o metro de Nova Iorque tem um desempenho excecional na resposta a emergências. Outras grandes cidades norte-americanas, como Los Angeles e Washington, D.C., também incorporaram elementos de defesa aérea e de prevenção de catástrofes na conceção e construção dos seus sistemas de metro, assegurando que podem proporcionar refúgios seguros aos cidadãos em tempo de guerra.

Na China, os sistemas de metropolitano estão igualmente dotados de funções cruciais de defesa aérea. A primeira fase do metro de Pequim, iniciada em 1964, foi construída como um projeto de defesa civil de alto nível com fortes capacidades de proteção contra ataques aéreos. A linha 1 do metro de Tianjin foi construída com base na estrada principal de defesa civil da cidade, reflectindo o conceito de integração dos sistemas de metro com as redes de defesa civil. Os projectos de metro concluídos e em curso em Guangzhou, Shenzhen, Nanjing e outras cidades também tiveram em conta os requisitos da defesa civil em diferentes graus, assegurando as suas funções de proteção em tempo de guerra.

2. Conceção arquitetónica

As funções de proteção dos sistemas de metropolitano em tempo de guerra devem ser integradas no planeamento geral da defesa urbana e da construção da cidade, com disposições coordenadas. Para aumentar a proteção, as estações de metro e os túneis devem ser enterrados o mais fundo possível e, de preferência, situados em rochas ou camadas de solo mais duras. Isto não só ajuda a atenuar as primeiras radiações nucleares de uma explosão nuclear, como também aumenta a capacidade de resistir a cargas dinâmicas de explosão e choque. No entanto, enterrar o metro demasiado fundo pode causar inconvenientes na utilização e aumentar os custos de construção. Por conseguinte, a conceção dos sistemas de metropolitano tem de equilibrar o enterramento profundo com a facilidade de utilização prática. Em tempo de paz, a principal função dos sistemas de metropolitano é satisfazer as necessidades de transporte urbano de passageiros, mas em tempo de guerra, têm também de permitir a evacuação, o abrigo e o salvamento de pessoas. Assim, os sistemas de metropolitano devem ser concebidos e construídos tendo em conta a conversão da funcionalidade em tempo de paz para tempo de guerra.

3. Conceção estrutural

O cálculo das cargas dinâmicas é um aspeto crítico do projeto estrutural do metro, envolvendo várias condições geológicas e estruturais. Para projectos de túneis de metropolitano em maciços rochosos, especialmente os classificados como projectos de defesa civil de Nível 4 ou Nível 3, adequados às classes de rocha I a IV, deve ser utilizado o conceito de descarga para calcular a espessura da camada protetora natural no topo que pode reduzir a zero a sobrepressão da onda de choque superficial em diferentes vãos da abertura em bruto. As normas relevantes devem ser consultadas para o cálculo e tratamento da carga.

Para projectos de túneis de metropolitano em solo, a espessura mínima segura da camada de proteção deve ser determinada com base no ângulo de atrito interno do solo. Esta espessura é a profundidade da camada de solo no topo da abertura rugosa que resulta numa carga dinâmica nula na estrutura sob o impacto de uma explosão nuclear. No caso de projectos de metropolitano a céu aberto no solo, os factores que afectam as cargas dinâmicas estruturais são numerosos e complexos. As normas utilizam o método dos três coeficientes de um sistema equivalente de um grau de liberdade, fornecendo fórmulas e gráficos para os coeficientes relacionados. A literatura relevante deve ser consultada durante o processo de projeto. Em projectos de estações de metro anexas em que são construídos edifícios de vários andares ou arranha-céus por cima da estação, a forma de onda de sobrepressão da onda de choque de ar à superfície da explosão nuclear pode ser simplificada como uma onda triangular sem tempo de subida de pressão no ponto de pico de pressão; a onda de compressão no solo pode ser simplificada como uma onda plana com um tempo de subida de pressão.

Os cálculos dinâmicos estruturais utilizam o método da carga estática equivalente e são efectuados em três etapas. Em primeiro lugar, o sistema estrutural é dividido em componentes como a laje superior, as paredes exteriores e a laje inferior, e cada uma é submetida a uma análise dinâmica de acordo com um sistema equivalente de um grau de liberdade. Os coeficientes dinâmicos são determinados com base na frequência natural de cada componente, na forma de onda da explosão nuclear e no tempo de subida da pressão, com referência aos rácios de ductilidade permitidos a partir de tabelas ou cálculos. Em segundo lugar, calcular a carga estática equivalente para cada componente. Em terceiro lugar, reunir os componentes separados numa estrutura completa, combinar a carga estática equivalente com outras cargas permanentes e variáveis para formar um novo modelo de cálculo estrutural e, em seguida, analisar os seus efeitos utilizando métodos de mecânica estrutural.

Depois de determinar as normas de carga estática equivalente e os valores das normas de carga permanente, a conceção do estado limite último para a engenharia de defesa civil utiliza diretamente as fórmulas de conceção de secções para estruturas de betão armado, estruturas de alvenaria e estruturas de madeira de aço para selecionar as secções e a armadura de conceção. Assegurar que a estrutura tem capacidade de suporte de carga e estabilidade suficientes nas condições finais.

Em tempo de guerra, os metropolitanos são geralmente utilizados para obras de defesa civil de baixa qualidade, normalmente sem considerar o impacto direto das armas convencionais, a destruição localizada de explosões ou o colapso estrutural global. No entanto, a engenharia de proteção de alto nível deve ser concebida para resistir a armas convencionais e à destruição geral, seguindo as normas nacionais de conceção de engenharia de defesa para garantir que a estrutura mantém a sua integridade e capacidade de proteção sob ataques de armas convencionais.

Questões para debate

Exercício 1:

Como devem os sistemas de metropolitano e de metropolitano ligeiro ser concebidos para enfrentar os desafios únicos colocados pelas catástrofes naturais e de origem humana?

Exercício 2:

Quais são os princípios fundamentais da conceção da prevenção de catástrofes nos sistemas ferroviários urbanos e como garantem a segurança e a resiliência da infraestrutura?

Exercício 3:

Discuta os requisitos técnicos para a proteção contra incêndios nos sistemas de metropolitano. Como é que estes requisitos influenciam a estratégia global de prevenção de catástrofes?

Exercício 4:

Quais são os requisitos técnicos essenciais em matéria de impermeabilização para os sistemas de metropolitano e de metropolitano ligeiro e por que razão são fundamentais para a resistência a catástrofes?

Exercício 5:

Como é que os requisitos técnicos de reforço sísmico protegem os sistemas ferroviários urbanos dos danos causados por sismos e quais são as principais considerações de conceção?

Exercício 6:

Que requisitos técnicos específicos devem ser implementados para proteger os sistemas de metropolitano e de metropolitano ligeiro contra catástrofes de guerra?

Exercício 7:

Descrever as caraterísticas e os perigos dos incêndios em sistemas de metropolitano, centrando-se nos desafios da ventilação do fumo e da dissipação do calor.

Exercício 8:

Que estratégias podem ser utilizadas para gerir a combustão instantânea a alta temperatura nos incêndios em metropolitanos e como é que essas estratégias protegem os passageiros e as infra-estruturas?

Exercício 9:

Como é que as dificuldades de evacuação segura durante um incêndio no metro podem ser atenuadas através de procedimentos de conceção e operacionais?

Exercício 10:

Discutir os desafios do combate a incêndios em sistemas de metropolitano e as medidas de conceção que podem ser tomadas para facilitar operações eficazes de combate a incêndios.

Exercício 11:

Como é que a utilização de betão armado na estrutura principal dos sistemas de metropolitano melhora a proteção contra incêndios e que outros materiais podem ser utilizados?

Exercício 12:

Explicar a importância da colocação racional de entradas e saídas nas estações de metro para a segurança contra incêndios. Qual é o impacto na evacuação e na resposta a emergências?

Exercício 13:

Que papel desempenham a ventilação mecânica e a exaustão de fumos na proteção contra incêndios dos sistemas de metropolitano e como devem ser concebidos estes sistemas?

Exercício 14:

Discuta os métodos de conceção sísmica e as medidas estruturais que podem ser implementadas para proteger os sistemas de metropolitano dos danos causados por sismos. Como é que estes métodos garantem a integridade do sistema?

Exercício 15:

Como é que as estratégias combinadas de prevenção de catástrofes, incluindo a proteção contra incêndios, a impermeabilização, a fortificação sísmica e a proteção contra catástrofes bélicas, criam um quadro de segurança abrangente para os sistemas de metropolitano e de metropolitano ligeiro?

Capítulo 8:
Benefícios económicos e sociais do metro e do metro ligeiro

8.1 Modalidades de investimento e de financiamento

8.1.1 Caraterísticas do sector e comparação dos modos internacionais

1. Caraterísticas do sector

(1) Caraterísticas técnicas e económicas

Os sistemas de metropolitano e de metropolitano ligeiro caracterizam-se por uma elevada capacidade de transporte, velocidade e pontualidade, o que os torna altamente eficientes na resposta às exigências de tráfego intenso nas cidades. Estes sistemas servem principalmente viagens de média e curta distância dentro e à volta das áreas urbanas, apresentando múltiplas paragens com um fluxo de passageiros que varia significativamente ao longo do tempo e entre regiões.

As diferentes formas de transporte ferroviário urbano (como o metropolitano e o metropolitano ligeiro) têm diferenças técnicas que determinam os respectivos cenários aplicáveis e caraterísticas operacionais.

As caraterísticas económicas do metropolitano e do metropolitano ligeiro reflectem principalmente a sua natureza de bens quase públicos, externalidades positivas, economias de escala, capacidade de preservação e valorização dos activos e uma substituibilidade significativa.

- Bens quase públicos: Os sistemas de metropolitano e de metropolitano ligeiro possuem caraterísticas de não-rivalidade e de algum grau de exclusividade, que determinam que os seus serviços possam ser prestados pelo Estado, por empresas ou através de parcerias público-privadas.
- Substituibilidade significativa: O metro e o metropolitano ligeiro são fortemente substituíveis por outros modos de transporte (como o autocarro) em termos de função.
- Economias de escala: A eficiência dos sistemas de metropolitano e de metropolitano ligeiro depende da escala da rede; quanto maior for a cobertura e maior for a densidade, melhor será a qualidade do serviço e a competitividade.

- Elevados custos irrecuperáveis, preservação de activos e valorização: A infraestrutura do transporte ferroviário tem uma longa vida útil e um potencial de valorização significativo. Embora o custo inicial de construção seja elevado, o retorno do investimento a longo prazo e a capacidade de preservação dos activos são fortes.
- Externalidades positivas: O metro e o metropolitano ligeiro têm efeitos positivos significativos no bem-estar socioeconómico urbano, melhorando consideravelmente a eficiência global da cidade e a qualidade de vida. No entanto, devido ao efeito de arrastamento do valor económico, grande parte dos benefícios reverte a favor de outras entidades, tornando necessários subsídios governamentais para o seu funcionamento sustentável.

(2) Caraterísticas operacionais

A exploração de projectos de metropolitano e de metropolitano ligeiro tem claras limitações temporais e espaciais, é influenciada pelo nível de desenvolvimento urbano e tem um elevado valor de desenvolvimento comercial ao longo das linhas. As entidades exploradoras podem adotar várias modalidades, mas as receitas são frequentemente desiguais.

Ⅰ. Limitações temporais e espaciais

O tempo de funcionamento do metropolitano e do metropolitano ligeiro é limitado e as receitas não podem ser aumentadas através de horas extraordinárias. O local de operação é restrito aos itinerários fixos, sem possibilidade de operação fora da linha principal. Estas limitações restringem de certa forma o espaço de exploração comercial dos projectos de metropolitano e de metropolitano ligeiro, exigindo que os recursos sejam afectados dentro de um intervalo espacial específico, limitando ainda mais as suas opções de financiamento.

Ⅱ. Influência do nível de desenvolvimento urbano

O nível de receitas dos projectos de metropolitano e metropolitano ligeiro está relacionado não só com o seu nível de gestão operacional, mas também com o planeamento urbano, o nível de desenvolvimento económico urbano e as políticas relevantes. À medida que a sociedade se desenvolve, o metro e o metropolitano ligeiro continuarão a atrair mais passageiros, formando receitas estáveis, o que permitirá ao projeto adotar métodos de financiamento baseados no mercado. No entanto, o progresso social exige a consideração de questões de equidade;

enquanto infraestrutura urbana, os aumentos das tarifas do metro e do metropolitano ligeiro devem ter em conta o nível médio de rendimento dos residentes urbanos, limitando o âmbito dos aumentos das tarifas.

Ⅲ. Alto valor de desenvolvimento comercial ao longo da linha

Maximizar as caraterísticas de rede do metropolitano e do metropolitano ligeiro através da realização de operações intensivas em grande escala e da obtenção de uma marca e de uma operação em cadeia para maximizar os seus benefícios económicos globais. Podem ser geradas receitas adicionais através da publicidade, do desenvolvimento imobiliário ao longo da linha e do desenvolvimento de serviços de cartões inteligentes. Utilizando as estações de metro e de metropolitano ligeiro para lojas de cadeia, lojas de marca e outros métodos modernos de marketing, a rede comercial subterrânea crescerá a par da rede de metro e de metropolitano ligeiro à medida que esta amadurece e melhora.

Ⅳ. Múltiplos modos de funcionamento

A atividade pública não tem como objetivo principal a obtenção de lucros; serve sobretudo o interesse público. A operação comercial, por outro lado, tem como objetivo principal a rentabilidade, privilegiando a melhoria da eficiência operacional e os benefícios económicos.

Ⅴ. Receitas desiguais

Os projectos de metropolitano e de metropolitano ligeiro exigem grandes investimentos iniciais e têm longos períodos de retorno, o que torna difícil equilibrar as receitas e as despesas nas fases iniciais, e a barreira à entrada é muito elevada. No entanto, a longo prazo, à medida que a urbanização progride e a rede operacional se torna cada vez mais completa, estes projectos gerarão um fluxo de caixa estável e continuamente crescente. Isto indica que o financiamento em grande escala baseado no mercado não é adequado nas fases iniciais e que o investimento deve basear-se principalmente em fundos fiscais. Quando a construção da rede atinge uma certa escala, as condições para a entrada de fundos comerciais tornam-se gradualmente disponíveis, permitindo a consideração de estratégias de financiamento baseadas no mercado.

(3) Caraterísticas da organização do sector

As caraterísticas organizacionais do sector do metropolitano e do metropolitano ligeiro reflectem-se principalmente nas estruturas horizontais e verticais.

Ⅰ. Estrutura horizontal

Complementaridade, monopólio e concorrência: A relação entre as diferentes linhas de metro e de metropolitano ligeiro é essencialmente uma relação de monopólio e de concorrência. Têm uma relação de concorrência e de complementaridade com outros modos de transporte (como os autocarros e os táxis). Ao elaborar os planos urbanos, o governo deve eliminar as barreiras departamentais e planear os vários modos de transporte de forma coordenada, tendo plenamente em conta a disponibilidade dos passageiros para pagar e os preços de custo marginal dos serviços de transporte. A construção de redes de metropolitano e de metropolitano ligeiro tem economias de escala cada vez menores e não é aconselhável que várias empresas desenvolvam várias redes de transporte ferroviário numa única cidade. Do ponto de vista da eficiência da afetação de recursos, deve ser implementada uma operação de monopólio moderado dentro da cidade, evitando uma concorrência excessiva tanto no traçado como na operação das linhas.

Ⅱ. Estrutura vertical

Separação e integração: A estrutura vertical do metropolitano e do metropolitano ligeiro, também conhecida como a relação carril-roda, envolve a questão de saber se a "rede" e a "operação" podem ser separadas. Do ponto de vista dos activos, a "rede" (incluindo a linha principal, as estações, as vias, a sinalização, etc.) e a "exploração" (incluindo os veículos, as operações, etc.) podem, sem dúvida, ser separadas, com diferentes entidades investidoras a investirem nelas e a serem suas proprietárias. Dependendo do facto de as diferentes partes dos activos de transporte ferroviário urbano serem investidas e detidas pela mesma entidade, a estrutura pode ser classificada como activos integrados ou separados. A estrutura comum é a dos activos integrados, mas também existem estruturas separadas, como no caso da Linha 4 do Metro de Pequim. Na estrutura de activos separados, nenhum dos activos pode prestar serviços de transporte de forma independente e todas as partes dos activos devem ser combinadas através de determinados acordos (como os contratos de locação) para permitir uma exploração eficaz.

2. Comparação dos modelos de investimento e de financiamento

(1) Modelo europeu

Nos países europeus, os modelos de investimento e financiamento do metropolitano e do metropolitano ligeiro adoptam principalmente uma abordagem de investimento "integrado". As agências governamentais de serviços públicos ou as empresas públicas detêm normalmente o monopólio, gerindo o investimento, a construção e as operações sob uma regulamentação transparente. A vantagem deste modelo é que todas as questões podem ser coordenadas dentro do sistema, evitando problemas como financiamento insuficiente ou equipamento inadequado.

Ⅰ. Modelo de Londres

Em Londres, o modelo de investimento e financiamento do metropolitano e do metropolitano ligeiro envolve o financiamento público da construção de novas linhas, da manutenção e da melhoria das linhas existentes, mas as despesas de exploração não são subsidiadas. As fontes de investimento são diversas, incluindo investimentos governamentais, investimentos de entidades públicas locais, empréstimos bancários, obrigações, sobretaxas de construção do metro e do metropolitano ligeiro e receitas de exploração. Desde a década de 1990, o sistema ferroviário urbano de Londres foi objeto de reformas institucionais, passando de propriedade e exploração estatal para exploração privada sob autorização governamental. O objetivo era aumentar a eficiência e reduzir os custos através da melhoria da gestão, aliviando assim o peso dos subsídios do Estado para as operações ferroviárias. O metropolitano de Londres adopta um modelo de PPP, externalizando os trabalhos de renovação e manutenção diária a três empresas privadas de manutenção de infra-estruturas, enquanto a gestão operacional é assegurada pela empresa pública London Underground Ltd.

Ⅱ. Modelos alemão e francês

Na Alemanha, 60% do financiamento da construção de metropolitanos e metropolitanos ligeiros provém do governo federal, sendo o restante assegurado pelos governos estaduais e municipais. O governo federal arrecada fundos a nível nacional através de um imposto sobre a gasolina, sendo 10% afectados à construção de metropolitanos e metropolitanos ligeiros. A Alemanha também tem leis e regulamentos para atrair investimentos em infra-estruturas de metropolitano e metropolitano ligeiro. Em França, o financiamento da construção do metropolitano e do metropolitano ligeiro de Paris é partilhado entre o governo central, os governos locais e a empresa de metropolitano, variando a distribuição específica consoante a linha. Geralmente, 40% provêm do governo central, 40% do governo regional e 20% da Companhia do Metro de Paris. Os modelos alemão e francês caracterizam-se pelo envolvimento direto do governo no planeamento, construção e gestão unificados dos transportes públicos urbanos. As infra-estruturas de metropolitano e de metropolitano ligeiro são maioritariamente financiadas pelo Estado, sendo as operações de transporte público asseguradas por várias empresas de autocarros. Estas carreiras de autocarros são leiloadas através de concursos públicos e os défices operacionais são cobertos por subsídios governamentais.

(2) Modelo do Sudeste Asiático

Os países do Sudeste Asiático utilizam vários modelos de investimento e financiamento de metropolitano e metropolitano ligeiro, combinando principalmente o financiamento público com operações comerciais.

Ⅰ. Modelo de Manila

As linhas 1 e 2 do Metro de Manila foram construídas com financiamento público, tendo o equipamento primário sido adquirido através de empréstimos do Governo belga (taxa de juro de 7%, reembolso a 20 anos) e da Fundação de Cooperação Japonesa (taxa de juro de 2,5%, reembolso a 30 anos). Este modelo baseia-se em empréstimos internacionais para a construção de projectos de metropolitano.

Ⅱ. Modelo de Singapura

O sistema de metro de Singapura, composto por três linhas, foi inteiramente financiado pelo Governo, com um custo total de 5 mil milhões de dólares de Singapura. Uma vez em funcionamento, a empresa de metropolitano responsável pela exploração do sistema não tem qualquer responsabilidade de reembolso; os custos de construção são cobertos pelas receitas públicas provenientes da urbanização. De acordo com este modelo, o Estado assume os principais riscos financeiros, garantindo uma conclusão harmoniosa do projeto.

Ⅲ. Modelos Bangkok e Kuala Lumpur

Em Banguecoque e Kuala Lumpur, a construção do metro utilizou o modelo BOT (Build-Operate-Transfer) e outros modelos de operação comercial. Esta abordagem permite que as empresas privadas invistam durante a fase inicial do projeto e operem o projeto durante um período específico antes de o transferirem para o governo, aliviando assim a pressão financeira do governo e atraindo capital social.

(3) Modelos japoneses e chineses

Ⅰ. Modelo Japonês

Os investimentos em projectos de metropolitano e metropolitano ligeiro do Japão provêm de subsídios governamentais a vários níveis, investimentos de entidades públicas locais, obrigações, empréstimos, taxas de utilização, contribuições dos beneficiários, reservas internas e incentivos fiscais. Do ponto de vista da construção, as entidades envolvidas podem ser classificadas em três grupos: capital social, empresas conjuntas dos sectores público e privado e apenas do sector público. As empresas de transporte ferroviário urbano formadas por investimentos conjuntos de diferentes níveis de governo e do sector privado são conhecidas como empresas do terceiro sector. Este modelo combina os pontos fortes dos sectores público e privado, aumentando os benefícios sociais e a eficiência empresarial.

Ⅱ. Modelo da China

Os modelos de investimento e financiamento dos metropolitanos e metropolitanos ligeiros da China evoluíram de uma abordagem de investimento público único para um modelo diversificado e orientado para o mercado.

Antes de 2003, o Metro de Pequim funcionava segundo um modelo "integrado", em que uma única empresa pública geria todas as operações. Depois de 2003, este modelo passou a ser "tripartido": A Beijing Infrastructure Investment Co., Ltd. (Jingo Company) gere o investimento, a Beijing Rail Transit Construction Management Co. (Jingo Construction) supervisiona a construção e a Beijing Subway Operation Co., Ltd. é responsável pelas operações. Este modelo melhorou a atratividade do investimento de capital social e resolveu os estrangulamentos de financiamento.

O Metro de Xangai passou de um modelo "integrado" para um sistema "dividido em quatro vias" e, eventualmente, para um modelo "de duas vias". Inicialmente apoiado pelo governo da cidade, as fases posteriores foram geridas pelo Shentong Group para investimento e construção, enquanto as operações foram geridas pela Shanghai Metro Operation Co., Ltd. Desde 2004, a Shanghai Metro Construction Co., Ltd. foi incorporada ao Shentong Group e, em 2005, a Shanghai Metro Operation Co., Ltd. também foi colocada sob a gestão do Shentong

Group.

Desde a sua criação, a Hong Kong MTR Corporation tem aderido a princípios comerciais prudentes, passando por uma reforma acionista e optimizando a sua estrutura de propriedade através de operações de capital. O governo concedeu à MTR Corporation terrenos perto das saídas das estações de metro para a promoção imobiliária, a fim de compensar as deficiências de exploração. Através de uma estrutura de governação empresarial abrangente e de mecanismos de financiamento diversificados, a Hong Kong MTR Corporation alcançou uma forte rentabilidade.

(4) Modelo americano

As caraterísticas de financiamento dos sistemas de metropolitano urbano e de metropolitano ligeiro nos Estados Unidos implicam uma combinação de tributação e de desenvolvimento comercial para assegurar o desenvolvimento sustentável do transporte ferroviário urbano.

Os EUA financiam a construção de infra-estruturas de transportes através da cobrança de taxas aos utilizadores que não são utilizadores das infra-estruturas de transportes, utilizando fundos provenientes de impostos sobre a propriedade, impostos sobre o rendimento, impostos sobre as vendas e impostos sobre os minerais. Além disso, o governo aumenta os impostos sobre os combustíveis e sobre as vendas especificamente para a construção e manutenção das infra-estruturas de transportes públicos. Estas medidas fiscais diversificadas garantem fontes de financiamento estáveis, apoiando o desenvolvimento a longo prazo dos projectos de metropolitano e metro ligeiro.

Os sectores do metropolitano urbano e dos metropolitanos ligeiros dos EUA colaboram com os promotores imobiliários arrendando terrenos à volta das áreas das estações, cobrando aos promotores a renda do terreno e a renda adicional. Também dão ênfase à utilização de princípios comerciais para recuperar os benefícios dos projectos de transporte, como a cobrança de taxas aos imóveis dentro da zona de receitas do metro. Esta colaboração não só aumenta as receitas como também estimula o desenvolvimento económico das áreas circundantes, criando uma situação vantajosa tanto para os transportes como para o comércio.

8.1.2 Fontes de financiamento e modelos de gestão

1. Fontes de financiamento

Os benefícios sociais dos sistemas de metropolitano e de metropolitano ligeiro excedem em muito os seus benefícios económicos diretos, pelo que é razoável que o Estado suporte uma parte dos custos de construção. No entanto, tal não implica que todo o financiamento da construção deva ser assegurado pelo Estado. O governo precisa de estabelecer sistemas e políticas que atraiam o capital privado, criando um ambiente de investimento favorável e seguro para os investidores sociais. É essencial encontrar um equilíbrio entre a proteção dos direitos dos investidores e a maximização do bem-estar social.

As fontes de financiamento do metropolitano e do metropolitano ligeiro podem ser as seguintes

- Investimento público: As administrações central e local investem na construção e manutenção de infra-estruturas não operacionais.
- Acções de emissão: Os projectos de infra-estruturas de tráfego têm rendimentos estáveis, caraterísticas quase administrativas e uma natureza quase monopolística.
- Atrair o investimento direto: Sob supervisão jurídica nacional, abrir determinados sectores de infra-estruturas aos investidores estrangeiros, permitindo-lhes participar em actividades operacionais.
- Fundos de Investimento: Captação de fundos através da emissão de certificados de rendimento, geridos por instituições especializadas em investimentos mobiliários e outros investimentos imobiliários.
- Emissão de obrigações: Emitir publicamente obrigações de construção semelhantes a empréstimos bancários que exigem o reembolso do capital e dos juros.
- Empréstimos diversos: Incluindo empréstimos de bancos de apólices, empréstimos de bancos comerciais e empréstimos estrangeiros.

2. Modelos de sistemas de investimento e de financiamento

(1) Monopólio estatal e modelo de gestão integrada do investimento

O governo é responsável por todos os investimentos de construção e subsídios operacionais, designando uma instituição para a execução específica do investimento, construção e operação, como a Guangzhou Metro Corporation e o Beijing Metro Group, antes da cisão.

(2) Modelo de gestão especializada liderado pelo governo

O governo gere todos os investimentos de construção e subsídios operacionais, atribuindo a diferentes instituições (empresas) a realização de tarefas específicas de investimento, construção e operação, como o Grupo do Metro de Pequim, após a cisão.

(3) Modelo Integrado de Monopólio sob Regulamentação Transparente

Embora os serviços de metropolitano e de metropolitano ligeiro sejam diretamente investidos e explorados pelo governo, existe frequentemente um sistema regulamentar claro. A segurança, a qualidade do serviço e os custos são estritamente controlados e, nalguns casos, é exigida uma adesão rigorosa aos princípios comerciais, como se verifica no Metro de Singapura e no MTR de Hong Kong.

(4) Coexistência de concorrência e de subvenções públicas

No modelo PPP (Parceria Público-Privada), a concorrência é introduzida, por um lado, enquanto o governo continua a conceder subsídios para a construção de metropolitanos e metropolitanos ligeiros, por outro. Isto inclui modelos de pré-compensação (como a Linha 4 do Metro de Pequim) e modelos de pós-compensação.

(5) Concorrência efectiva moderada num novo modelo integrado

O mercado é constituído por um número adequado de investidores qualificados com capacidade para investir, construir e explorar. Quando são construídas ou renovadas novas linhas, recorre-se à seleção competitiva para conceder os direitos de exploração ao investidor mais adequado. São estabelecidos mecanismos científicos e razoáveis de subvenção e incentivo, em que o governo fornece apoio adequado com base nesses mecanismos.

3. Tendências de desenvolvimento dos modelos de gestão do financiamento

Para estabelecer um sistema de investimento e financiamento saudável para o metropolitano e metropolitano ligeiro, é crucial definir claramente as responsabilidades de cada entidade de investimento, reforçar os direitos dos investidores, criar mecanismos para proteger os interesses do metropolitano e metropolitano ligeiro e simplificar as relações entre as entidades financiadoras e os operadores. Estas medidas visam criar um ambiente de financiamento transparente, eficiente e sustentável que atraia mais capital privado para participar em projectos de metropolitano e metropolitano ligeiro.

O desenvolvimento dos sistemas de metropolitano e de metropolitano ligeiro passa geralmente por três fases: a fase inicial, a fase de desenvolvimento rápido e a fase de maturidade.

Fase inicial: Nesta fase, a construção de metropolitanos e metropolitanos ligeiros está apenas no início, caracterizando-se principalmente por um financiamento liderado pelo governo com abordagens orientadas para o mercado e financiamento de projectos como veículo principal. O principal desafio é colmatar o défice de financiamento para o desenvolvimento do metro e do metropolitano ligeiro, aprendendo e experimentando métodos orientados para o mercado sob a liderança do governo.

Fase de Desenvolvimento Rápido: Esta fase caracteriza-se por um crescimento impulsionado pelo capital, em que a tónica é colocada na diversificação dos canais de financiamento do sector do metropolitano e do metropolitano ligeiro e na expansão e reforço do sector. Durante este período, são utilizados principalmente modelos de financiamento da dívida pública. O governo continua a desempenhar um papel fundamental, mas os métodos de financiamento orientados para o mercado entram gradualmente em ação.

Fase de maturidade: Na fase de maturidade, o financiamento dos sistemas de metropolitano e metropolitano ligeiro é apoiado principalmente por leis e regulamentos bem estabelecidos, sendo a inovação nos modelos de financiamento um objetivo fundamental para promover o desenvolvimento orientado para o mercado. As estratégias de investimento nesta fase incluem:

- Introdução de mecanismos de concorrência: Incentivar a diversificação das entidades financiadoras através da concorrência, alcançando um equilíbrio dinâmico entre os benefícios económicos e sociais.
- Alargar e otimizar os canais de financiamento: Ao alargar e otimizar os sistemas de financiamento inovadores, promover a diversificação dos canais de financiamento, conseguindo uma

interação coordenada entre a oferta de financiamento e a otimização da estrutura de capital.

- Integrar e inovar os instrumentos de financiamento: Através da integração e inovação dos instrumentos de financiamento, promover a diversificação dos métodos de financiamento, conseguindo uma interação eficiente entre a afetação de capital e a eficiência operacional.

Na fase de maturidade, os investimentos centram-se principalmente na renovação e manutenção, representando 50% a 60% do total dos investimentos em metropolitano e metropolitano ligeiro, enquanto os investimentos em expansão e novas construções representam 40% a 50%. Durante esta fase, o financiamento público desempenha um papel secundário, representando 20% a 40% do financiamento total. O financiamento de projectos, o financiamento do mercado de valores mobiliários e o financiamento do crédito bancário tornam-se as principais fontes de financiamento, contribuindo com 40% a 80% do financiamento total.

Neste momento, um ambiente jurídico e regulamentar sólido, juntamente com políticas fiscais e financeiras, está relativamente bem estabelecido, permitindo a seleção de modelos de financiamento adequados com base em diferentes condições. Estas medidas garantem que os projectos de metropolitano e metropolitano ligeiro satisfazem as necessidades de financiamento em diferentes fases de desenvolvimento, apoiando o crescimento sustentável do sector.

8.1.3 Modo PPP e outros modos

1. Modelo PPP

O capital privado caracteriza-se pela sua procura de lucro, vulnerabilidade, escala de investimento relativamente pequena e ênfase na oportunidade do investimento. O objetivo final do capital privado é maximizar os lucros. Devido ao seu historial relativamente curto e à falta de experiência, o capital privado tem geralmente entidades de investimento de menor qualidade. Além disso, os investimentos de capital privado são muitas vezes de menor escala, envolvendo principalmente investimentos individuais e familiares com uma tónica no autofinanciamento, o que leva a um investimento produtivo insuficiente. O capital privado também coloca uma grande ênfase na oportunidade do investimento, favorecendo a rápida recuperação dos custos para facilitar o crescimento e o reinvestimento.

Na construção de infra-estruturas de metropolitano e de metropolitano ligeiro, o papel do capital privado não pode ser ignorado. Embora o capital privado desempenhe atualmente um papel limitado nos investimentos em projectos de infra-estruturas urbanas, existe uma procura significativa de capital privado na construção de infra-estruturas. A obtenção de capital privado através de mecanismos de mercado para o desenvolvimento de infra-estruturas é um requisito necessário para o desenvolvimento socioeconómico. Nas regiões e sectores economicamente desenvolvidos que estão abertos a reformas há mais tempo, o capital privado já começou a desempenhar um papel crucial, impulsionando o desenvolvimento das infra-estruturas urbanas.

O principal objetivo de atrair o investimento de capital privado na construção de infra-estruturas através do modelo PPP é aproveitar as vantagens do capital privado, quebrar o monopólio do governo no investimento e construção de infra-estruturas e mobilizar vários tipos de capital social para inovar os modelos de financiamento, acelerando assim o desenvolvimento das infra-estruturas. A expressão "capital privado" inclui não só as empresas públicas e privadas, mas também o capital estrangeiro.

As PPP (Parcerias Público-Privadas) são um modelo em que o sector público se associa ao capital privado para fornecer bens ou serviços quase públicos. Este modelo optimizado de financiamento e execução de projectos, desenvolvido no domínio da construção de infra-estruturas públicas, baseia-se na filosofia de cooperação "win-win" ou "multi-win" para todas as partes envolvidas. O modelo PPP permite a participação de mais capital privado nos projectos, reduzindo os riscos de financiamento, ao mesmo tempo que alivia os encargos financeiros e os riscos para o governo na construção de infra-estruturas.

Os principais participantes nos projectos de PPP incluem o governo, o capital privado, a empresa do projeto de PPP e as instituições financeiras. O governo é normalmente o principal iniciador dos projectos de PPP, que legalmente não possui nem opera os projectos, mas atrai capitais privados substanciais através da concessão de certos direitos de franquia ou de medidas de apoio político para promover o êxito do projeto. O capital privado, como um dos iniciadores do projeto de PPP, colabora com instituições de investimento em acções que representam o Estado para formar uma empresa de projectos de PPP, constituindo o capital próprio da empresa o capital contribuído pelo capital privado. O governo seleciona normalmente o capital privado adequado através de concurso público. A sociedade de projeto PPP, criada conjuntamente pelo Estado e pelo capital privado, é responsável por todo o processo de financiamento, conceção, construção, exploração e, por último, transferência do projeto. As instituições financeiras desempenham um papel crucial no fornecimento da maioria dos fundos para os projectos de PPP, oferecendo apoio financeiro e de crédito para garantir a boa execução dos projectos de PPP.

O modelo PPP tem as seguintes caraterísticas:

- Centrado no projeto: Os projectos de PPP obtêm financiamento principalmente com base nos rendimentos esperados do projeto, nos activos e nas medidas de apoio do governo.
- Empréstimos de recurso limitado: Os mutuantes exercem o direito de regresso contra os mutuários do projeto numa fase específica do empréstimo ou dentro de um âmbito definido.
- Atribuição razoável dos riscos: Os riscos podem ser razoavelmente atribuídos na fase inicial do projeto, e estes riscos tornam-se claros através da fixação de preços durante a avaliação do projeto.
- Financiamento extrapatrimonial: Com base no princípio do recurso limitado, os investidores do projeto assumem uma responsabilidade limitada.
- Estrutura de crédito flexível: O apoio de crédito do empréstimo é distribuído por vários aspectos relacionados com o projeto, aumentando a capacidade de endividamento do projeto e reduzindo a dependência dos mutuantes da solvabilidade dos investidores e de outros activos.

Existem dois tipos principais de modelos de financiamento de PPP.

(1) Modelo de pré-compensação

Este modelo divide os projectos de infra-estruturas em duas partes: A Parte A, que envolve o investimento em infra-estruturas e a construção durante a fase de construção, financiada pelo governo, e a Parte B, que inclui o investimento em equipamento, a operação e a manutenção, realizada por uma empresa de projectos PPP formada por capital privado. O departamento governamental assina um acordo de franquia com a empresa PPP. Nas fases iniciais de funcionamento do projeto, o governo aluga os activos formados a partir do seu investimento na Parte A à empresa do projeto PPP, gratuitamente ou a um preço nominal, assegurando que a empresa pode obter retornos razoáveis do investimento. Durante a fase de maturidade do projeto, o Estado recupera parte do seu investimento através do ajustamento da renda dos activos da Parte A, evitando simultaneamente lucros excessivos para a empresa PPP. Após o termo do período de franquia do projeto, a empresa PPP transfere gratuitamente todos os activos do projeto de infra-estruturas para o governo ou renova o contrato de exploração. Um exemplo deste modelo é a linha 4 do metro de Pequim.

(2) Modelo pós-compensação

Neste modelo, o departamento governamental e o capital privado formam conjuntamente uma empresa de projeto responsável pelo investimento, construção e operação do projeto. O Estado aprova previamente os custos e receitas de exploração da empresa do projeto, compensando eventuais perdas de exploração em conformidade. Após o termo do período de franquia, a empresa transfere gratuitamente todos os activos do projeto para o Estado. Este modelo garante o bom funcionamento do projeto através de mecanismos de compensação e incentivo cientificamente razoáveis, alcançando um equilíbrio entre o bem-estar público e a rentabilidade.

2. Outros modelos de financiamento

(1) Modelo BT

O modelo BT (Build-Transfer) refere-se ao governo ou à sua unidade autorizada que actua como iniciador de um projeto BT. Através de procedimentos legais, o iniciador seleciona o promotor do projeto de BT para o projeto de infra-estruturas ou de serviços públicos proposto. O promotor do projeto de BT constitui uma empresa de projectos de BT durante o período de construção para gerir o investimento, o financiamento e a construção. Após a conclusão do projeto, o promotor transfere o projeto para o governo ou para a sua unidade autorizada, conforme estipulado no contrato, recuperando o investimento.

Principais caraterísticas do modelo BT:

- Aplicabilidade: O modelo BT é principalmente adequado para projectos de infra-estruturas não operacionais e de serviços públicos.
- Relações jurídicas complexas: Envolve múltiplas entidades e relações jurídicas, mas carece de disposições legais uniformes.

- Transferência e pagamento obrigatórios: A transferência do projeto e a recompra pelo governo são obrigatórias, semelhantes à "compra e venda forçada".
- Responsabilidade regulamentar: O iniciador do projeto deve supervisionar rigorosamente o processo de construção.
- Capacidade de financiamento do Estado: O modelo de BT permite que o governo obtenha "hipotecas do governo", demonstrando uma forte capacidade de financiamento.

(2) Modelo integrado de desenvolvimento ferroviário e fundiário

O modelo de desenvolvimento integrado consiste em tirar partido das vantagens de localização proporcionadas pela construção do sistema de transporte ferroviário urbano para desenvolver em alta densidade os terrenos em redor das estações e ao longo da linha de transporte, incluindo a construção de imóveis, escritórios comerciais e instalações de entretenimento, gerando uma valorização dos terrenos através de leilões públicos ou da auto-desenvolvimento. Esta abordagem não só maximiza o valor potencial dos recursos fundiários ao longo da linha de trânsito, como também equilibra os custos de construção do trânsito ferroviário, compensa as perdas operacionais e internaliza as suas externalidades positivas, resolvendo eficazmente as questões de financiamento.

Requisitos de planeamento:

- Planeamento unificado das estações de trânsito ferroviário urbano e dos edifícios suspensos: Assegurar a coordenação entre as estações de trânsito e os edifícios suspensos em termos de função e conceção para aumentar os benefícios globais do desenvolvimento.
- Planeamento unificado da utilização do solo num raio de 2 quilómetros das estações de transporte ferroviário urbano: Assegurar a utilização eficiente do solo em torno das estações, criando um espaço urbano bem planeado.

(3) Modelo de financiamento ABS

A titularização garantida por activos (ABS) é um método de financiamento baseado em activos geradores de rendimento. Envolve o agrupamento de uma série de activos com utilizações, qualidade e condições de reembolso semelhantes, capazes de gerar fluxos de caixa estáveis. Através de acordos estruturados, são emitidos títulos com base nestes activos para angariar fundos. Em termos simples, o ABS é um processo de utilização de activos geradores de rendimento como garantia para criar títulos transferíveis para financiamento.

Vantagens:

- Separação da propriedade e da operação: Através da securitização de activos, separa efetivamente os direitos de propriedade e de operação, melhorando a eficiência operacional.
- Redução de riscos: Diversifica e transfere os riscos, reduzindo o impacto dos riscos de activos individuais no financiamento global.
- Redução de custos: Utiliza a melhoria do crédito dos activos e a liquidez do mercado para reduzir os custos de financiamento.
- Melhoria das condições financeiras: Ao descarregar activos, melhora o balanço da empresa, reforçando a flexibilidade e a estabilidade financeiras.

(4) Modelo de financiamento das obrigações municipais

Os bens e serviços públicos requerem frequentemente investimentos substanciais num curto espaço de tempo, enquanto os ciclos orçamentais do Estado são geralmente curtos, normalmente de um ano. Os impostos são rígidos, o que torna difícil aumentar rapidamente as receitas fiscais para satisfazer as necessidades de despesas num ano orçamental, o que leva a dificuldades em equilibrar as receitas fiscais no ciclo orçamental. Por conseguinte, a emissão de obrigações municipais torna-se uma opção razoável para o fornecimento efetivo de bens e serviços públicos.

As obrigações municipais são instrumentos de financiamento da dívida a longo prazo emitidos pelas autarquias ou pelas suas agências autorizadas, com base em créditos do Estado, com o objetivo de angariar fundos para o fornecimento de bens e serviços públicos. Este método de financiamento responde ao dilema da incapacidade do governo para satisfazer as necessidades de investimento público em grande escala num curto ciclo orçamental e tem uma certa inevitabilidade e racionalidade objectivas.

(5) Modelo de financiamento da dívida das empresas

O modelo de financiamento da dívida das empresas refere-se ao método através do qual as empresas de transporte ferroviário urbano obtêm fundos no exterior com base na sua capacidade de reembolso da dívida através de vários canais, incluindo principalmente empréstimos bancários e emissão de obrigações. Este modelo é um dos canais importantes para os projectos de transporte ferroviário urbano angariarem fundos, exigindo o pagamento de juros num determinado período e o reembolso do capital no vencimento da dívida.

Principais métodos de financiamento:

- Empréstimos de governos estrangeiros e empréstimos de organizações financeiras internacionais: Utilizar empréstimos a longo prazo concedidos por governos estrangeiros e organizações financeiras internacionais para expandir as fontes de financiamento e apoiar o desenvolvimento de projectos de trânsito ferroviário.
- Empréstimos a médio e longo prazo de bancos nacionais: As empresas de transporte ferroviário urbano podem obter empréstimos a médio e longo prazo de bancos nacionais para satisfazer as necessidades de financiamento da construção e exploração do projeto.

Ao efetuar o financiamento da dívida, as empresas devem seguir o princípio da moderação dos empréstimos, assegurando que o rácio entre os fundos próprios e os fundos emprestados se mantém dentro de um intervalo razoável. A contração moderada de empréstimos pode ajudar a potenciar os efeitos positivos do financiamento da dívida, incluindo

- Aumento da responsabilidade dos gestores: Um nível de endividamento razoável pode estimular um sentido de responsabilidade entre os gestores da empresa, melhorando a eficiência operacional.
- Promover o desenvolvimento da produção: Ao contrair empréstimos de forma moderada, as empresas podem obter o apoio financeiro necessário, impulsionando a produção e o progresso dos projectos.
- Otimização da gestão interna: O financiamento da dívida exige que as empresas melhorem as práticas de gestão, assegurando uma utilização eficaz dos fundos e uma boa execução dos projectos.

(6) Modelo de financiamento do fundo industrial

Um fundo de investimento industrial é um sistema de investimento coletivo que investe principalmente em empresas não cotadas através de investimentos em acções e presta serviços de gestão empresarial. Angaria fundos através da emissão de acções do fundo a vários investidores, criando uma sociedade de fundos. A sociedade de gestão de fundos, quer autogerida quer através de um gestor de fundos, gere os activos do fundo e nomeia um depositário para salvaguardar os activos do fundo. Dedica-se ao capital de risco, a investimentos de reestruturação de empresas e a investimentos em infra-estruturas.

Principais vantagens:

- Promover o desenvolvimento de infra-estruturas: Os fundos de investimento industrial ajudam a acelerar o desenvolvimento de indústrias de infra-estruturas, como o transporte ferroviário urbano, proporcionando um amplo apoio financeiro à construção urbana.
- Mitigar os riscos de liquidez macro: Através de uma afetação e gestão razoáveis dos fundos, os fundos de investimento industrial podem prevenir e resolver eficazmente os riscos de liquidez macro, mantendo a estabilidade financeira.
- Reduzir os desequilíbrios estruturais de financiamento: Os fundos de investimento industrial podem ajustar a relação entre a oferta e a procura de fundos, aliviando a escassez de financiamento estrutural e apoiando um desenvolvimento económico saudável.
- Promover o desenvolvimento do mercado de capitais: O funcionamento dos fundos contribui para o desenvolvimento estável e positivo do mercado de capitais, reforçando a vitalidade do mercado e a confiança dos investidores.
- Melhorar a gestão dos activos do Estado: Através de operações orientadas para o mercado e de uma gestão profissional, os fundos de investimento industrial podem melhorar a eficiência e os rendimentos da gestão dos activos do Estado.
- Promoção de reformas orientadas para o mercado: O modelo do fundo ajuda a promover reformas orientadas para o mercado no sector da construção de transportes ferroviários urbanos, promovendo a otimização da afetação de recursos e a melhoria da eficiência.

8.2 Análise dos benefícios económicos

8.2.1 Custos e receitas

1. Resumo dos custos

(1) Custos actuais e custos de oportunidade

Os custos correntes, também conhecidos como custos contabilísticos, baseiam-se nas despesas efetivamente incorridas e registadas nas contas. Reflectem várias despesas pagas durante a construção e exploração dos sistemas de metropolitano e metropolitano ligeiro, incluindo custos de construção, custos de aquisição de equipamento e custos de manutenção operacional.

Os custos de oportunidade referem-se à potencial perda de rendimento resultante da escolha de uma opção em detrimento de outras. Nos projectos de metropolitano e metropolitano ligeiro, embora os custos de oportunidade não se reflictam diretamente nas demonstrações financeiras, são cruciais para a tomada de decisões. Se uma decisão resultar em custos de oportunidade que excedam os ganhos reais, a decisão é economicamente insensata.

(2) Custos fixos e custos variáveis

Os custos fixos referem-se a despesas que não se alteram com o volume de produção dentro de um determinado intervalo, como a depreciação do equipamento, os salários dos gestores e os juros de empréstimos. Estes custos permanecem estáveis dentro de um intervalo de produção específico, mas podem mudar se esse intervalo for ultrapassado.

Os custos variáveis variam com o volume de produção e incluem o consumo de energia, os custos dos materiais e os salários do pessoal operacional. Estes custos estão diretamente ligados ao volume de produção - quanto maior for a produção, maiores serão os custos variáveis.

(3) Custos a curto prazo e custos a longo prazo

Os custos a curto prazo referem-se às despesas incorridas por uma empresa durante a produção num curto período. No curto prazo, as empresas podem ajustar factores variáveis como a mão de obra, mas não podem ajustar factores fixos como o capital. Os custos a curto prazo incluem custos variáveis (por exemplo, despesas com energia e materiais) e custos fixos (por exemplo, depreciação de equipamento e salários de gestão).

Os custos a longo prazo referem-se a todas as despesas incorridas por uma empresa durante um longo período. A longo prazo, as empresas podem ajustar todos os factores de produção, pelo que todos os custos são variáveis.

(4) Custos médios e custos marginais

O custo médio (custo unitário) refere-se ao custo médio por unidade de produção, como o custo por quilómetro ou o custo por passageiro-quilómetro. Os custos médios a curto prazo incluem os custos fixos médios e os custos variáveis médios.

O custo marginal é o custo adicional incorrido pela produção de mais uma unidade de produto. O custo marginal é um conceito essencial na análise da relação entre volume e custo. Quando um comboio tem uma taxa de ocupação baixa, o custo marginal de adicionar mais um passageiro é frequentemente inferior à receita marginal, pelo que o aumento da taxa de ocupação pode aumentar significativamente os benefícios económicos.

(5) Custos internos e custos externos

Os custos internos centram-se nas despesas de uma empresa numa perspetiva microeconómica. Os custos externos, no entanto, consideram os custos mais amplos da sociedade e dos utilizadores numa perspetiva macroeconómica.

Os custos sociais são os custos que a sociedade paga pelas actividades de uma empresa. Embora a maximização dos lucros seja um objetivo razoável para as empresas, pode entrar em conflito com os interesses sociais. Por exemplo, as medidas de redução de custos de uma empresa podem aumentar os custos de limpeza ambiental para a sociedade.

Os custos para o utilizador incluem os custos suportados pelos utilizadores, como o tempo de viagem, a conveniência do transbordo, o conforto, a pontualidade e a segurança. As poupanças de tempo de viagem e o seu valor são frequentemente analisados em profundidade, enquanto outros custos do utilizador são frequentemente ignorados devido à sua dificuldade de quantificação.

(6) Caraterísticas dos custos

Os custos das empresas que exploram o metropolitano e o metropolitano ligeiro apresentam as seguintes caraterísticas

- Os custos não incluem as despesas diretamente relacionadas com as matérias-primas do produto de transporte.
- Os custos de pessoal representam uma parte significativa dos custos de exploração, normalmente 35% a 40%, seguidos dos custos de eletricidade para a tração dos comboios.
- O fator de carga do comboio é um dos principais factores que afectam os custos unitários de exploração.

- Os custos totais incluem despesas de funcionamento, custos de amortização e juros de empréstimos, designados por custos de funcionamento e custos de amortização.
- Os custos de depreciação representam uma grande parte dos custos de transporte, normalmente 35% a 40%.

2. Custos de transporte

(1) Custos de exploração

Os custos operacionais referem-se às despesas incorridas durante a operação diária dos sistemas de metropolitano e metropolitano ligeiro, divididas em despesas operacionais e despesas não operacionais. As despesas de exploração são ainda divididas em despesas operacionais, despesas de gestão e despesas financeiras.

Ⅰ. Despesas operacionais

Incluir as despesas incorridas durante as operações diárias, tais como:

- Remuneração dos trabalhadores: Salários, bónus, subsídios, subvenções, benefícios aos empregados, pensões, seguro de desemprego e fundos de habitação para o pessoal de produção.
- Consumo operacional: Despesas com eletricidade, materiais, etc., durante o funcionamento diário.
- Manutenção: Despesas de manutenção diária do equipamento.
- Tratamento de acidentes: Custos relacionados com a perda de acidentes.
- Outras despesas: Despesas de escritório, despesas de deslocação, taxas de proteção do trabalho e prémios aos empregados.

Ⅱ. Despesas de gestão

Incluir várias despesas incorridas durante a gestão da empresa, tais como

- Salários de direção: Salários do pessoal administrativo.
- Despesas administrativas: Despesas de escritório e de deslocação, formação do pessoal, taxas de utilização de terrenos, taxas de desenvolvimento tecnológico, despesas de marketing, despesas de administração, entretenimento empresarial, taxas de consultoria e taxas de auditoria.
- Impostos: Impostos a pagar de acordo com os regulamentos.
- Despesas de amortização: Amortização de activos intangíveis e despesas de arranque.

- Perdas: Perdas por dívidas incobráveis, faltas de stock ou artigos sucateados.

Ⅲ. Despesas financeiras

Incluir despesas relacionadas com a angariação de fundos, tais como:

- Juros de empréstimos: Juros de empréstimos.
- Taxas: Taxas bancárias.
- Perdas cambiais: Perdas cambiais líquidas.

Ⅳ. Despesas não operacionais

Incluir despesas não diretamente relacionadas com as operações diárias, tais como:

- Salários não operacionais: Salários dos serviços não operacionais.
- Manuseamento de activos: Perdas por falta de activos, desmantelamento ou vendas.
- Perdas extraordinárias: Perdas resultantes de catástrofes naturais (após indemnização do seguro).
- Outras despesas: Multas, indemnizações, donativos, etc.

(2) Custos de amortização

Os custos de amortização referem-se à amortização anual dos custos de investimento em activos fixos e das grandes despesas de reparação, incluindo os investimentos na aquisição de construções, os investimentos adicionais e as grandes despesas de reparação.

Ⅰ. Construção Aquisição Investimentos

Incluem as despesas incorridas durante a construção de projectos de transporte ferroviário, tais como custos de engenharia, outros custos, fundos de contingência, juros de empréstimos e capital de exploração.

Ⅱ. Investimentos adicionais

Despesas com a adição de activos fixos e a aquisição de veículos durante o período de funcionamento para acomodar o crescimento do número de passageiros e aumentar a capacidade de transporte.

III. Grandes despesas de reparação

Despesas incorridas para manter os activos fixos em boas condições técnicas durante a sua vida útil. Trata-se, nomeadamente, de grandes reparações de veículos, vias, estações e equipamentos de alimentação eléctrica de tração.

A fórmula básica de cálculo do custo de depreciação é a seguinte:

Cálculo do custo básico de depreciação: Ao utilizar o método de depreciação linear, a fórmula para calcular o custo básico de depreciação dos activos fixos é a seguinte

$$D_{basic} = \frac{A_{original\ value} - A_{residual\ value}}{Y_d} \tag{8.1}$$

Onde D_{basic} é o custo de depreciação de base (USD), Aoriginal $_{value}$ é o valor original dos activos fixos (USD), Aresidual value é o valor residual dos activos fixos (USD), Y_d é o período de depreciação, ou seja, a vida útil económica dos activos fixos (anos).

O valor original dos activos fixos inclui o investimento inicial e quaisquer investimentos adicionais; o valor residual dos activos fixos refere-se ao valor no final da sua vida útil e não é depreciado. O período de depreciação é o tempo durante o qual o valor dos activos fixos é amortizado, normalmente alinhado com a vida útil económica dos activos. O recíproco do período de depreciação é conhecido como taxa de depreciação e, quando se utiliza o método de depreciação linear, o custo básico de depreciação também pode ser calculado utilizando a taxa de depreciação.

Cálculo dos custos de depreciação de grandes reparações: Ao utilizar o método de depreciação linear, a fórmula para calcular os custos de depreciação de grandes reparações de activos fixos é a seguinte

$$D_{overhaul} = \frac{\sum C_{overhaul}}{Y_d} \tag{8.2}$$

em que D $_{overhaul}$ é o custo de depreciação das grandes reparações (USD), Y_d é o total dos custos das grandes reparações dos activos fixos durante a sua vida económica (USD).

3. Receitas de exploração

(1) Composição das receitas operacionais

As receitas de exploração do metropolitano e do metropolitano ligeiro podem ser divididas em receitas tarifárias e não tarifárias, bem como em receitas recorrentes e não recorrentes. As receitas tarifárias são a principal fonte de rendimento da maioria dos operadores de transporte ferroviário.

Por exemplo, as receitas recorrentes da Hong Kong MTR Corporation incluem tanto as receitas tarifárias como as não tarifárias. As receitas não tarifárias dividem-se ainda em actividades comerciais das estações, outras actividades e receitas de locação e gestão de propriedades. As receitas comerciais das estações podem ainda ser divididas em publicidade e receitas de aluguer a retalho.

(2) Receitas tarifárias

As receitas tarifárias são o produto do preço dos bilhetes e do volume de passageiros, ou seja

$$R_{fare} = F \times P \tag{8.3}$$

Em que R_{fare} é a receita tarifária (USD), F é o preço médio do bilhete (USD/pessoa) e P é o volume de passageiros (número de passageiros).

Os factores que influenciam diretamente as receitas tarifárias são o preço dos bilhetes e o volume de passageiros. O preço dos bilhetes é afetado por factores como as condições de custo, os objectivos de lucro, os níveis de rendimento dos consumidores e a regulamentação governamental. O volume de passageiros é influenciado pela utilização do solo, pela dimensão da população, pela tarifa e pelo nível de serviço do transporte ferroviário e pelo preço dos serviços de autocarro convencionais. O nível de serviço inclui factores como a frequência do serviço, a velocidade e a conveniência do transbordo, todos eles com impacto na capacidade de atrair passageiros. Por conseguinte, os factores indirectos que influenciam as receitas tarifárias são numerosos e complexos.

Além disso, o impacto do preço dos bilhetes no volume de passageiros afecta, em última análise, as receitas tarifárias. De acordo com a lei da procura, o preço dos bilhetes e o volume de passageiros estão inversamente relacionados. Partindo do princípio de que os outros factores se mantêm constantes, a relação funcional entre o preço dos bilhetes e o volume de passageiros pode ser estabelecida da seguinte forma

$$P = f(F) = a - bF \tag{8.4}$$

em que a e b são coeficientes a determinar.

Assim, podemos obter:

$$R_{fare} = F(a - bF) = aF - bF^2 \tag{8.5}$$

Encontrando o extremo desta fórmula e determinando os coeficientes, é possível calcular o nível ótimo da tarifa para obter receitas máximas. O impacto das alterações tarifárias nas receitas tarifárias pode também ser explicado com base na teoria da elasticidade da procura.

Para uma procura com elasticidade relativamente baixa, como as deslocações pendulares durante as horas de ponta, em que as opções de viagem são limitadas, um aumento da tarifa conduz a uma diminuição do número de passageiros, mas a diminuição do número de passageiros é proporcionalmente inferior ao aumento da tarifa, aumentando assim as receitas da tarifa; inversamente, quando as tarifas diminuem, o número de passageiros aumenta, mas o aumento do número de passageiros é proporcionalmente inferior à diminuição da tarifa, reduzindo assim as receitas da tarifa.

Para uma procura com elasticidade relativamente elevada, como as viagens de compras fora das horas de ponta, em que existem mais opções de viagem, o impacto das alterações tarifárias nas receitas tarifárias é oposto; quando as tarifas aumentam, as receitas tarifárias diminuem e quando as tarifas diminuem, as receitas tarifárias aumentam.

Por conseguinte, a adoção de estratégias de diferenciação de preços e a redução adequada das tarifas durante os períodos de vazio podem atrair mais passageiros e aumentar as receitas tarifárias dos sistemas de metropolitano e metropolitano ligeiro.

8.2.2 Análise de custos e lucros

O custo é um importante indicador global para medir a qualidade das operações de uma empresa. Ao melhorar a produtividade do trabalho e a utilização do equipamento, ao reduzir o consumo de energia e de materiais, ao cortar outras despesas e ao melhorar a gestão, a eficiência operacional de uma empresa acaba por se refletir nos seus custos. A análise de custos fornece a base para a redução de custos, revelando os factores que afectam as alterações de custos, principalmente através da análise dos componentes de custos e das variações nos custos unitários dos produtos.

1. Análise de custos

As componentes de custo do metro e do metropolitano ligeiro incluem salários, eletricidade, materiais, amortizações e outras despesas. A análise destes componentes de custo pode revelar a proporção de cada despesa, as razões para as alterações do custo total e as deficiências no controlo dos custos.

O custo unitário do produto é um fator chave que afecta a eficiência económica e a análise da sua variação é um aspeto importante da análise de custos. Os factores que têm um impacto significativo nos custos unitários dos produtos incluem o número de passageiros, a utilização de veículos, a produtividade do trabalho, o consumo de energia e de materiais e os investimentos em construção e aquisição.

(1) O impacto do número de passageiros nos custos

medida que o número de passageiros aumenta, os custos de exploração também aumentam, mas a taxa de aumento difere entre os dois. Quando o coeficiente de ocupação dos veículos é melhorado, a taxa de aumento dos custos de exploração é inferior à taxa de aumento do número de passageiros, o que significa que o custo marginal de exploração é inferior à receita tarifária marginal.

A receita tarifária marginal é a receita tarifária adicional obtida com a adição de mais um passageiro. Os custos de exploração a curto prazo dividem-se em custos fixos e custos variáveis. Quando o número de passageiros aumenta, os custos variáveis aumentam, enquanto os custos fixos permanecem inalterados ou aumentam apenas ligeiramente. Do ponto de vista do custo médio, uma vez que o custo marginal de exploração é inferior à receita tarifária marginal, o custo variável médio diminui; ao mesmo tempo, uma vez que os custos fixos não aumentam ou aumentam apenas ligeiramente, o custo fixo médio também diminui. Por conseguinte, um aumento do número de utentes pode reduzir o custo médio.

(2) O impacto da utilização do veículo nos custos

O impacto da utilização do veículo nos custos pode ser classificado em três cenários: utilização reduzida do veículo, utilização inalterada do veículo e aumento da utilização do veículo.

Com um número constante de passageiros, podem ser utilizados horários especiais de comboios ou esquemas de paragem baseados na distribuição temporal e espacial do fluxo de passageiros para reduzir a utilização de veículos, diminuindo assim os custos associados à depreciação dos veículos, à potência de tração e à manutenção.

Quando o número de passageiros aumenta significativamente, exigindo uma maior utilização dos veículos, tanto os custos fixos como os custos variáveis aumentam. Além disso, nos casos em que a frequência dos comboios é aumentada, as despesas como os salários da tripulação também aumentam. Na fase inicial, o aumento dos custos de exploração ultrapassa frequentemente o aumento do número de passageiros.

(3) O impacto da melhoria da produtividade do trabalho nos custos

A produtividade do trabalho refere-se à quantidade de produção por trabalhador por unidade de tempo, tal como a rotação média de passageiros por trabalhador. A melhoria da produtividade do trabalho pode reduzir os custos de pessoal afectados a cada unidade de produção, diminuindo assim os custos operacionais.

Se os custos de pessoal aumentam a par de melhorias na produtividade do trabalho, é essencial garantir que a taxa de crescimento da produtividade excede a taxa de aumento dos custos. Neste caso, a redução percentual dos custos operacionais pode ser calculada através da seguinte fórmula:

$$D_{TCO} = \frac{P_{person} \times (I_{labour} - I_{person})}{100 + I_{labour}} \tag{8.6}$$

Em que D_{TCO} é a percentagem de redução dos custos de exploração, P_{pessoa} é a percentagem dos custos de pessoal nos custos de exploração, $I_{ltrabalho}$ é a percentagem de aumento da produtividade do trabalho, I_{pessoa} é a percentagem de aumento dos custos de pessoal.

(4) O impacto da redução do consumo nos custos

Os principais consumos das empresas que exploram o metropolitano e o metropolitano ligeiro são a eletricidade e os materiais. A redução destes consumos é fundamental para a diminuição dos custos de exploração. Por exemplo, no caso da redução dos custos de eletricidade, a percentagem de redução dos custos de exploração pode ser calculada através da seguinte fórmula:

$$D_{TCO} = \frac{P_{cost} \times D_{cost}}{100} \tag{8.7}$$

Em que P_{cost} é a percentagem dos custos de eletricidade nos custos de exploração, D_{cost} é a percentagem de redução dos custos de eletricidade.

2. Análise de lucros

(1) Composição dos lucros

A análise dos lucros é uma parte essencial da análise dos benefícios económicos, reflectindo os resultados financeiros da produção e das operações de uma empresa durante um período específico. A fórmula de cálculo do lucro é a seguinte:

$$R = R_{fare} + R_{non\ fare} - TC - T + S \tag{8.8}$$

$$R = R_{fare} + R_{non\ fare} - RC - T \tag{8.9}$$

Em que R é o lucro (dólares), R_{fare} é a receita tarifária (dólares), Rnon $_{fare}$ é a receita não tarifária (dólares), TC são os custos de transporte (dólares), RC são os custos de exploração (dólares), T são os impostos (dólares) e S são os subsídios do Estado (dólares). A fórmula (8.8) aplica-se a situações em que as empresas operadoras de metropolitano e metropolitano ligeiro suportam todos os custos de transporte; a fórmula (8.9) aplica-se a situações em que as empresas operadoras são auto-suficientes nas operações mas não suportam os custos de amortização.

Utilizando como exemplo a declaração de rendimentos consolidada de 2005 da Hong Kong MTR Corporation (quadro 8.1), os dados mostram que as fontes de lucro da Hong Kong MTR incluem receitas tarifárias, receitas não tarifárias e receitas não recorrentes (como os lucros da promoção imobiliária) no âmbito das receitas recorrentes, sendo os lucros da promoção imobiliária os que mais contribuem. O MTR de Hong Kong é autossuficiente em termos de operações, suportando os custos de transporte sem subsídios governamentais. Embora os custos de transporte excedam as receitas tarifárias, o MTR de Hong Kong tem mantido uma boa rendibilidade através das receitas não tarifárias.

Quadro 8.1 Declaração de rendimentos consolidados de 2005 da Hong Kong MTR Corporation

Artigo	Milhões de HKD
Receitas tarifárias	+6,282
Receitas não tarifárias	+2,871
Rendimento recorrente	+9,153
Menos: Custos operacionais	-4,052
Menos: Custos de Depreciação	-2,682
Lucro operacional	+2,419
Lucro da promoção imobiliária	+6,145
Lucro total	+8,564
Menos: Juros e despesas financeiras	-1,361
Variação do justo valor das propriedades de investimento	+2,800
Outros resultados líquidos	+9
Lucro antes de impostos	+10,012
Menos: Imposto sobre o rendimento	-1,549
outros	0
Lucro líquido	+8,463

(2) Análise do ponto de equilíbrio

Partindo do princípio que a tarifa se mantém constante e que as receitas não tarifárias e os impostos não são considerados, o método de análise custo-volume-lucro (CVP) pode ser utilizado para estudar a relação entre o número de passageiros, o custo e o lucro.

Ⅰ. Modelo de análise CVP

A expressão é:

$$R = F \times P - (FC + AVC \times P) \quad (8.10)$$

em que CF é o custo fixo (USD) e AVC é o custo variável médio (USD).

Ⅱ. Análise do ponto de equilíbrio

O ponto de equilíbrio refere-se ao nível de passageiros a partir do qual as receitas tarifárias igualam os custos de exploração, calculado pela seguinte fórmula

$$P_E = \frac{FC}{F - AVC} \quad (8.11)$$

em que P_E é o número de passageiros no ponto de equilíbrio (pessoas) e VS é o custo variável (USD).

Na Figura 8.1, o ponto E representa o ponto de equilíbrio; quando o número de passageiros excede o ponto E, é gerado lucro, enquanto que o número de passageiros abaixo do ponto E resulta em prejuízo.

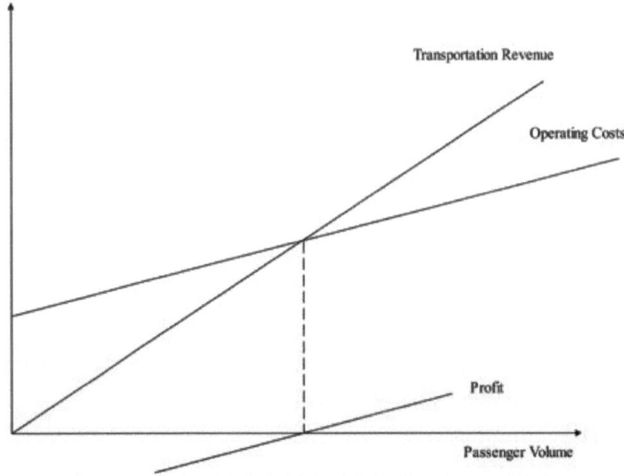

Figura 8.1 Ponto de equilíbrio

A análise do ponto de equilíbrio revela que os principais factores que afectam os benefícios económicos são os custos e as receitas, estando as receitas relacionadas com o número de passageiros e os preços das tarifas. Quando o número de passageiros e os preços das tarifas são constantes, quanto menor for o custo, maior será o lucro; quando os custos e os preços das tarifas são constantes, quanto maior for o número de passageiros, maior será o lucro.

8.2.3 Definição da tarifa

A fixação das tarifas não só tem um impacto direto nas receitas e na eficiência económica das empresas que exploram o metropolitano e o metropolitano ligeiro, como também está intimamente relacionada com os interesses dos passageiros. Numa economia de mercado, os níveis tarifários influenciam significativamente tanto a procura como a oferta de serviços de transporte. Por conseguinte, uma análise aprofundada da fixação das tarifas é uma parte crucial da análise custo-benefício.

1. Sistemas tarifários

Os sistemas tarifários são a base da fixação das tarifas e incluem principalmente quatro tipos: sistema tarifário fixo, sistema tarifário baseado na distância, sistema tarifário baseado em segmentos e sistema tarifário por zonas. A escolha do sistema tarifário deve ter em conta a racionalidade da cobrança, o ajustamento da estrutura da distância da viagem e os benefícios económicos da empresa. Está também intimamente relacionada com os métodos de emissão de bilhetes utilizados.

(1) Sistema de tarifa fixa

Um sistema de tarifa única cobra a mesma tarifa independentemente da distância percorrida em toda a linha.

Ⅰ. Vantagens

- Velocidade de emissão de bilhetes rápida, permitindo a emissão de bilhetes com um único controlo (controlo de entrada, sem controlo de saída).
- Gestão simples da bilhética, com menos equipamento de bilhética e menos pessoal nas estações.

Ⅱ. Desvantagens

- Tarifas mais elevadas para os viajantes de curta distância, o que pode desencorajar as viagens curtas.
- Tarifas mais baixas para os viajantes de longa distância, reduzindo potencialmente as receitas tarifárias.
- Impossibilidade de recolher dados sobre os passageiros que desembarcam, as distâncias percorridas e o fluxo de passageiros por secção, o que dificulta a gestão operacional.

(2) Sistema tarifário baseado na distância

O sistema tarifário baseado na distância calcula as tarifas em função da distância percorrida ou do número de estações percorridas. Este sistema aumenta a racionalidade da tarifação, evitando as deficiências do sistema de tarifa fixa, e ajuda a atrair mais passageiros, melhorando assim a eficiência económica da empresa.

As desvantagens do sistema tarifário à distância incluem múltiplos tipos de bilhetes, a necessidade de controlo dos bilhetes à entrada e à saída e uma gestão e operações de bilhética mais complexas. Por conseguinte, a implementação de um sistema AFC é um pré-requisito para a adoção de um sistema tarifário à distância. Uma vez implementado, pode também fornecer informações precisas e em tempo real sobre o fluxo de passageiros, o que é benéfico para melhorar a gestão operacional. Ao calcular as tarifas com base na distância percorrida, a tarifa é o produto da distância percorrida e da taxa de tarifa.

Se a tarifa diminui com o aumento da distância percorrida, a fórmula de cálculo da tarifa baseada na distância é a seguinte

$$F = F_0 + \sum_{i=1}^{n} D_i R_i \tag{8.12}$$

em que F é a tarifa calculada (em USD), F0 é a tarifa de base (em USD), Di é a distância percorrida (em km) e Ri é a taxa de tarifa.

(3) Sistema tarifário por segmentos

O sistema tarifário por segmentos divide a linha de transporte ferroviário em vários segmentos. Uma tarifa fixa é aplicada dentro do mesmo segmento, enquanto as tarifas baseadas na distância são aplicadas quando se viaja entre segmentos. Este sistema combina as caraterísticas dos sistemas de tarifa fixa e de tarifa baseada na distância.

(4) Sistema de tarifação por zonas

O sistema tarifário zonal divide a rede de transporte ferroviário em várias zonas. Dentro de uma zona, é aplicada uma tarifa fixa, enquanto as tarifas baseadas na distância em vários níveis são utilizadas para as viagens entre zonas. Algumas cidades europeias, como Paris, utilizam o sistema de tarifas por zonas para facilitar as transferências entre diferentes modos de transporte público e implementar políticas tarifárias integradas.

2. Determinação da tarifa

A determinação da tarifa é orientada por certas teorias de fixação de preços.

(1) Teorias da determinação das tarifas

A fixação das tarifas é efectuada sob a orientação de teorias específicas de fixação de preços.

I. Teoria do Preço de Equilíbrio

O preço dos bens (serviços) é determinado tanto pela procura como pela oferta. O preço de equilíbrio é o preço a que a procura iguala a oferta. A tarifa responderá às alterações da procura ou da oferta no mercado dos transportes e flutuará em torno do preço de equilíbrio.

II. Teoria do preço da empresa

Ao determinar a produção, as empresas também fixam os preços de forma razoável para obter o máximo lucro. De acordo com a teoria da empresa, em condições de mercado de concorrência monopolística, quando a tarifa torna a receita marginal igual ao custo marginal, a empresa pode maximizar os lucros a curto prazo. A longo prazo, quando a tarifa torna a receita marginal igual ao custo marginal e a receita média igual ao custo médio, a empresa pode atingir o lucro máximo.

(2) Princípios de determinação das tarifas

O equilíbrio entre os benefícios sociais e os benefícios empresariais é o ponto de partida básico para a fixação das tarifas nos sistemas de metropolitano e de metropolitano ligeiro. Mais concretamente, a fixação das tarifas deve obedecer aos seguintes princípios

Ⅰ. Consideração dos objectivos de bem-estar público

As tarifas devem ser fixadas a um nível relativamente baixo para atrair os passageiros para os modos de transporte público urbano que poupam energia, protegem o ambiente, aliviam o congestionamento rodoviário e reduzem os acidentes de viação. Isto ajuda a resolver os problemas cada vez mais graves dos transportes urbanos e a alcançar um desenvolvimento socioeconómico urbano sustentável.

No entanto, fixar as tarifas a um nível baixo não significa ignorar os custos. Se os custos não forem tidos em conta na fixação das tarifas do metropolitano e do metropolitano ligeiro, o resultado será inevitavelmente que a empresa sofrerá prejuízos ano após ano, perderá a sua capacidade de continuar a funcionar, dissuadirá novos investidores e dificultará a manutenção da construção das redes de metropolitano e de metropolitano ligeiro, conduzindo a um ciclo vicioso na construção e exploração do metropolitano e do metropolitano ligeiro.

Do mesmo modo, fixar tarifas baixas não significa alinhá-las com as tarifas dos autocarros convencionais. Para as empresas de construção e exploração, o custo do metro e do metropolitano ligeiro é muito mais elevado do que o dos autocarros convencionais. Para os passageiros, o metro e o metropolitano ligeiro oferecem vantagens como a rapidez, a pontualidade, o conforto e a segurança. Tendo em conta estes factores, é razoável que as tarifas do metro e do metropolitano ligeiro sejam mais elevadas do que as dos autocarros convencionais.

II. Com base nos custos de funcionamento

Tendo em conta a situação real do investimento na construção e das receitas tarifárias do metropolitano e do metropolitano ligeiro, a tarifa inicial pode ser fixada com base nos custos de exploração acrescidos de uma certa margem de lucro. Para refletir o princípio da fixação das tarifas a um nível relativamente baixo, a tarifa efectiva pode ser inferior à tarifa calculada.

Os ajustamentos tarifários devem ter em conta as alterações dos custos operacionais, os índices de preços e os níveis de rendimento dos residentes. Em geral, o intervalo de ajustamento das tarifas pode ser sincronizado com as alterações do índice de preços, mas não deve exceder o aumento do rendimento real dos residentes.

Uma vez que existe uma diferença significativa entre a tarifa real e a tarifa de custo, o desenvolvimento do metropolitano e do metropolitano ligeiro requer apoio governamental em termos financeiros, fiscais e de crédito, tais como subsídios financeiros, direitos de desenvolvimento para terrenos ao longo da linha, isenções do imposto profissional e dos direitos aduaneiros, ajustamentos dos métodos de amortização, etc.

As tarifas devem basear-se nos custos de exploração, tendo como referência o nível médio de lucro do mercado dos transportes, para atingir o objetivo de equilíbrio e de obtenção de lucro. As empresas devem reduzir os custos de exploração melhorando a produtividade do trabalho, aumentando os factores de carga dos veículos, reforçando a gestão e introduzindo mecanismos de mercado.

III. Conducente à regulação do fluxo de passageiros

De acordo com a divisão razoável do trabalho dentro do sistema de transportes públicos urbanos, o metro e o metro ligeiro devem atrair principalmente viagens de média e longa distância, enquanto os autocarros convencionais servem de complemento, atraindo viagens de curta distância.

Se as tarifas forem demasiado baixas, um grande número de passageiros de curta distância mudará para o metro e o metropolitano ligeiro, criando uma capacidade de transporte limitada e reduzindo o nível de serviço para os passageiros. Se as tarifas forem demasiado elevadas, perderão o interesse para os passageiros de longa distância, o que levará ao desperdício de capacidade de transporte e à redução da eficiência económica.

Na relação entre os níveis tarifários, o fluxo de passageiros e a capacidade de transporte, o nível tarifário é um fator-chave que influencia as alterações no fluxo de passageiros, e a dimensão do fluxo de passageiros determina o grau de correspondência entre a capacidade e o volume. Por conseguinte, a fixação das tarifas deve utilizar plenamente a sua capacidade de regular o fluxo de passageiros e garantir que o metro e o metropolitano ligeiro estejam em bom estado de funcionamento.

Teoricamente, existe um nível tarifário que faz corresponder o volume à capacidade. Quando a capacidade é reduzida durante as horas de ponta, pode ser adoptada uma tarifa mais elevada, como no caso do Metro de Washington, onde as tarifas para as horas de ponta são 1,5 vezes superiores às das horas não-pico. Quando a capacidade é ampla durante as horas de vazio, podem ser oferecidas tarifas com desconto. A utilização de tarifas com desconto fora das horas de ponta ajuda a suavizar os períodos de ponta, a aliviar a escassez de capacidade durante as horas de ponta, a aumentar a taxa de ocupação dos comboios fora das horas de ponta e a atrair potenciais passageiros, melhorando assim a eficiência económica.

(3) Estratégias de determinação das tarifas

Com base nos princípios de determinação das tarifas, os operadores de metropolitano e de metropolitano ligeiro podem adotar estratégias tarifárias adequadas em função da oferta e da procura no mercado, do nível dos serviços de transporte e da elasticidade dos preços da procura por parte dos passageiros.

Ⅰ. Estratégia de preços diferenciais

A estratégia de preços diferenciados é particularmente necessária quando existe um desequilíbrio entre a oferta de serviços de transporte e a procura por parte dos passageiros. O objetivo principal desta estratégia é atenuar o desequilíbrio, ajustando os preços quando a oferta e a procura não estão equilibradas.

- Tarifação de picos de carga: Quando a oferta de transporte é inferior à procura de passageiros, aumentar as tarifas durante as horas de ponta e baixar as tarifas durante as horas fora de ponta para distribuir o fluxo de passageiros nas horas de ponta e aliviar a pressão sobre o transporte.
- Atrair o fluxo de passageiros: Quando a oferta de transporte excede a procura de passageiros, adotar uma tarifa decrescente com o aumento da distância ou tarifas mais baixas para atrair mais passageiros e aumentar o fluxo de passageiros.

A aceitação das tarifas pelos passageiros não está apenas relacionada com os seus níveis de rendimento, mas também intimamente ligada à sua satisfação com a frequência do serviço, a velocidade da viagem, a segurança, a pontualidade e o conforto. Por conseguinte, pode ser adoptada uma estratégia de tarifas mais elevadas quando os níveis de serviço são elevados.

Ⅱ. Estratégia de preços com desconto

A estratégia de preços com desconto atrai mais passageiros através da oferta de descontos e pode ser dividida em descontos em dinheiro e descontos de quantidade.

- Descontos em dinheiro: Oferecer descontos na tarifa ou no montante quando os passageiros compram bilhetes com valor armazenado. Quanto maior for o valor do bilhete com valor armazenado e quanto maior for o período de utilização, maior será o desconto oferecido.
- Descontos por quantidade: Oferecer um determinado número de viagens gratuitas quando os passageiros atingem um determinado número de viagens pagas.

A utilização razoável de estratégias de preços com desconto pode atrair mais passageiros e acelerar o fluxo de caixa da empresa operadora, melhorando a liquidez financeira.

Ⅲ. Elasticidade dos preços e estratégia de preços

A elasticidade-preço da procura de passageiros refere-se à variação percentual do fluxo de passageiros provocada por uma variação percentual da tarifa, representada pelo coeficiente de elasticidade Ep.

$$E_p = \frac{Passenger\ flow}{Ticket\ price} \tag{8.13}$$

Elasticidade de preço elevada ($E_p \leq 1$): A variação percentual no fluxo de passageiros é maior do que a variação percentual na tarifa. Adequado para uma estratégia de preços de baixa margem e alto volume.

Baixa Elasticidade de Preço ($E_p \geq 1$): A variação percentual do fluxo de passageiros é menor do que a variação percentual da tarifa. Adequado para uma estratégia de preços de pico de carga.

A análise da elasticidade-preço da procura de serviços de transporte de passageiros por metropolitano e metropolitano ligeiro revela as seguintes conclusões:

- As deslocações pendulares e escolares durante as horas de ponta têm uma elasticidade de preços inferior.
- As viagens fora das horas de ponta, como as compras, têm uma elasticidade de preços mais elevada.
- As viagens de longa distância têm uma elasticidade de preços inferior, enquanto as viagens de curta distância têm uma elasticidade de preços superior.
- Níveis de rendimento mais elevados correspondem a uma elasticidade de preços mais baixa, enquanto níveis de rendimento mais baixos correspondem a uma elasticidade de preços mais elevada.
- Quando há menos opções de deslocação alternativas, a elasticidade dos preços é menor; quando há mais opções de deslocação alternativas, a elasticidade dos preços é maior.

8.2.4 Melhorar os benefícios económicos das empresas operacionais

A rentabilidade e a eficiência económica das empresas que exploram o metropolitano e o metropolitano ligeiro são cruciais não só para a sobrevivência destas empresas, mas também para o desenvolvimento sustentável do transporte ferroviário urbano. Tendo em conta os elevados custos de construção do transporte ferroviário, se não for assegurado um investimento diversificado, o ritmo de desenvolvimento do transporte ferroviário não conseguirá satisfazer as exigências socioeconómicas da cidade. No entanto, se o projeto não tiver perspectivas de rentabilidade, não será realista atrair investimentos de capital não governamentais.

Para aumentar os benefícios económicos das empresas em

funcionamento, são necessárias a geração de receitas e a redução de custos. A geração de receitas refere-se ao aumento das fontes de rendimento e de lucro, enquanto a redução de custos se refere ao controlo e à diminuição das despesas. Ambas devem ser prosseguidas em simultâneo; confiar apenas no aumento das receitas será compensado pelo aumento dos custos, e concentrar-se apenas na redução dos custos dificultará a recuperação das despesas de construção.

Dado o elevado custo total do transporte ferroviário, é difícil obter rentabilidade apenas através das receitas tarifárias. Por conseguinte, é essencial fornecer o apoio necessário através de políticas baseadas no mercado para permitir que as empresas operadoras atinjam a eficiência económica.

1. Redução de custos

(1) Melhorar a produtividade do trabalho

Os indicadores que reflectem a produtividade do trabalho no transporte ferroviário incluem principalmente o volume médio de passageiros por trabalhador, o rendimento médio de exploração por trabalhador e o número médio de trabalhadores por quilómetro.

As formas de melhorar a produtividade do trabalho incluem:

- Manter o mesmo número de empregados e aumentar a rotação de passageiros.
- Manter a rotação dos passageiros a um determinado nível, reduzindo simultaneamente o pessoal excedentário.
- Aumento do volume de negócios dos passageiros e redução do pessoal excedentário.

Dado que as despesas de pessoal representam 35% a 40% dos custos de funcionamento, a redução do pessoal excedentário contribui geralmente para diminuir os custos de funcionamento. As medidas práticas para reduzir o pessoal podem incluir

- Reformulação dos postos de trabalho: Efetuar uma análise detalhada das configurações tradicionais dos postos de trabalho, reformular os postos de trabalho ou fundir cientificamente alguns postos de trabalho para reduzir a afetação de pessoal.
- Adoção de equipamento automatizado: A implementação de sistemas AFC e de sistemas ATC pode reduzir a necessidade de pessoal de bilhética e de exploração das estações.
- Otimizar a organização do trabalho: Para o pessoal que trabalha por turnos, como os empregados dos comboios, é fundamental

assegurar um horário de trabalho adequado - não é aceitável trabalhar a mais, mas não atingir o horário de trabalho semanal exige pessoal adicional.

- Racionalização dos departamentos de gestão: Na conceção da estrutura organizacional, a configuração dos departamentos e o âmbito da gestão devem seguir o princípio da minimização dos níveis de gestão.
- Introdução de mecanismos de mercado: A externalização de certas tarefas, como a limpeza das estações e dos veículos ou a manutenção e revisão dos veículos, através da adjudicação a terceiros, é também uma medida viável.

(2) Aumentar a utilização do equipamento

O aumento da utilização dos equipamentos, em particular dos factores de carga dos comboios (veículos), pode reduzir eficazmente os custos. Ao otimizar as formações dos comboios e os padrões de serviço, a utilização dos veículos pode ser minimizada, reduzindo assim a sua depreciação, o consumo de eletricidade de tração e os custos de manutenção dos veículos. A distribuição racional do equipamento AFC das estações, a partilha de centros de controlo, depósitos de veículos e subestações principais também podem ajudar a reduzir os custos de transporte.

(3) Reduzir o consumo de energia

Estabelecer quotas de consumo e reduzir o consumo de eletricidade e de materiais para melhorar a eficiência económica. Ao otimizar a organização operacional e a seleção do equipamento, ao conceber os percursos de forma racional e ao instalar portas de ecrã nas plataformas, é possível reduzir eficazmente o consumo de eletricidade.

(4) Redução dos custos de construção

O controlo dos custos de construção tem um impacto direto nos custos de amortização e nos juros do empréstimo durante o período de exploração, constituindo a base para o controlo dos custos de transporte. Na fase de planeamento e conceção, é essencial determinar razoavelmente as normas técnicas e escolher um tipo de transporte ferroviário que se adeqúe à escala da cidade e aos níveis de fluxo de passageiros. O aumento da taxa de localização do equipamento também pode reduzir os custos de construção e acelerar o desenvolvimento do transporte ferroviário.

2. Aumentar as receitas

(1) Receitas tarifárias

As receitas tarifárias são a principal fonte de rendimento das empresas que exploram o metropolitano e o metropolitano ligeiro. As receitas tarifárias são influenciadas pelo nível das tarifas e pelo volume de passageiros.

De um modo geral, o aumento das tarifas, ligado ao nível de rendimento e ao índice de preços no consumidor, pode aumentar as receitas tarifárias. No entanto, a aplicação de uma estratégia de preços diferenciada, reduzindo as tarifas durante os períodos de vazio, também pode aumentar as receitas tarifárias. Esta abordagem flexível de ajustamento das tarifas pode otimizar a estrutura das receitas, assegurando que as empresas operadoras maximizem as receitas em condições variáveis de fluxo de passageiros.

O aumento do volume de passageiros é uma forma óbvia de aumentar as receitas tarifárias, especialmente quando a capacidade é subutilizada. O aumento do volume de passageiros é um método de alto rendimento e baixo investimento para melhorar a eficiência económica. Os factores que influenciam o volume de passageiros incluem o uso do solo na área de influência da estação, que tem um impacto significativo na geração de passageiros. A redução das rotas paralelas de autocarros convencionais também pode ajudar a aumentar o volume de passageiros nos sistemas de metro e metropolitano ligeiro.

A nível interno, a aceleração da construção da rede, o aumento da cobertura nas áreas urbanas centrais e a melhoria da conetividade com os principais centros de passageiros podem tornar os sistemas de metro e de metropolitano ligeiro mais convenientes e eficientes, aumentando assim a sua quota nos transportes públicos. Além disso, a compreensão das necessidades dos passageiros e a melhoria dos níveis de serviço são cruciais para atrair passageiros. Os principais indicadores dos níveis de serviço do metro e do metropolitano ligeiro incluem a frequência do serviço, a pontualidade dos comboios, a conveniência, o conforto e a segurança dos passageiros. Para aumentar a satisfação dos passageiros, atrair mais passageiros e aumentar as receitas, todos os funcionários do metro e do metropolitano ligeiro devem reconhecer a estreita ligação entre o serviço, as operações, as receitas e a rentabilidade.

(2) Receitas não tarifárias

As empresas operadoras podem diversificar as suas operações para alargar as fontes de rendimento e de lucro, e a experiência bem sucedida do MTR de Hong Kong merece ser estudada e imitada. As receitas não tarifárias do MTR de Hong Kong incluem receitas recorrentes e não recorrentes.

As receitas recorrentes incluem as receitas tarifárias, o negócio das estações e outras receitas operacionais, e o aluguer e gestão de propriedades. As receitas tarifárias são a principal fonte de rendimento, enquanto as receitas da exploração das estações e outras receitas operacionais são fontes secundárias, derivadas principalmente da publicidade, aluguer de lojas, serviços de telecomunicações e serviços de consultoria. Os dados mostram que o rendimento primário domina o rendimento recorrente, mas a proporção do rendimento secundário está a aumentar. Tanto os rendimentos primários como os secundários estão a aumentar constantemente, o que indica que se reforçam mutuamente: o crescimento do volume de passageiros do metro aumenta o valor comercial dos espaços publicitários das estações e das pequenas lojas, enquanto a conveniência dos vários serviços das estações atrai mais passageiros.

As receitas não recorrentes provêm essencialmente dos lucros da promoção imobiliária. Graças às políticas preferenciais do Governo da RAE de Hong Kong, no âmbito do acordo de construção dos caminhos-de-ferro, a MTR Corporation obteve direitos de promoção sobre os imóveis situados acima das estações. Os promotores imobiliários suportaram os custos e os riscos da construção de instalações residenciais, comerciais, de escritórios, de estacionamento e de hotelaria, enquanto a MTR Corporation colheu os lucros da promoção imobiliária. A promoção imobiliária não só trouxe um fluxo grande e estável de passageiros para o metro, como também teve alguma relação com a construção de novas linhas.

3. Apoio às políticas

(1) Base da política

De uma perspetiva microeconómica, as perdas de exploração são comuns nas operações de metropolitano e metropolitano ligeiro, principalmente porque as tarifas dos passageiros são muito inferiores aos custos de exploração. Sem um apoio político razoável, os investidores e operadores dos sistemas de metropolitano e metropolitano ligeiro terão dificuldade em manter as operações, acabando por asfixiar o desenvolvimento do transporte ferroviário.

Numa perspetiva macroeconómica, os sistemas de metropolitano e de metropolitano ligeiro têm benefícios públicos e sociais significativos. O desenvolvimento do transporte ferroviário contribui para o crescimento socioeconómico urbano e melhora a qualidade de vida dos cidadãos. Ao devolver os benefícios sociais gerados pelo transporte ferroviário aos investidores e operadores através de apoio político, é possível atrair mais investidores para o sector do transporte ferroviário, promovendo uma interação positiva entre o transporte ferroviário e o desenvolvimento socioeconómico.

(2) Seleção das políticas de apoio

Os tipos de políticas de apoio incidem principalmente na resolução de perdas não operacionais e operacionais nas operações de metropolitano e metropolitano ligeiro. O objetivo das políticas de apoio é resolver as perdas não operacionais, permitindo que as empresas operadoras atinjam uma balança de pagamentos com um ligeiro lucro.

Do ponto de vista da assunção dos custos, os modelos de investimento e de exploração dos sistemas de metropolitano e de metropolitano ligeiro dividem-se geralmente em duas categorias:

- Modelo de suporte dos custos de transporte: Este modelo é totalmente suportado por custos, onde o investimento e a operação dos sistemas de metro e metro ligeiro estão integrados. A empresa assume os custos de investimento na construção, os juros do empréstimo e as despesas operacionais. No caso de perdas operacionais, o Estado assegura que a empresa consegue equilibrar as suas receitas e despesas através de subsídios fiscais ou da concessão de direitos especiais de exploração.
- Modelo de suporte de custos operacionais: Neste modelo, apenas uma parte dos custos é suportada pela empresa. O investimento e a exploração dos sistemas de metropolitano e de metropolitano ligeiro são separados, sendo a empresa responsável apenas pelas despesas de exploração e pelos investimentos adicionais, como as grandes reparações, não suportando os custos de amortização e os juros dos empréstimos. Durante as fases iniciais de desenvolvimento e exploração do metropolitano e do metropolitano ligeiro, o Estado concede normalmente um certo número de subsídios fiscais.

Da análise anterior, resulta claro que o apoio fiscal do Estado inclui principalmente subsídios fiscais e a concessão de direitos especiais de exploração.

Os subsídios fiscais são um método de apoio político amplamente adotado, tanto a nível nacional como internacional. As medidas específicas incluem:

- Compensação total das perdas: O governo concede uma compensação total pelas perdas de exploração das empresas para assegurar o funcionamento normal.
- Benefícios ou isenções fiscais: São concedidos incentivos de política fiscal para reduzir os encargos financeiros das empresas.
- Depreciação reduzida ou isenta: A redução ou isenção das despesas de amortização aumenta a flexibilidade financeira.
- Reduções de juros de empréstimos: Reduzir ou renunciar a juros de empréstimos para diminuir os custos financeiros das empresas.
- Empréstimos com juros subsidiados: Concessão de empréstimos com juros baixos ou sem juros para apoiar o desenvolvimento da empresa.

O Estado pode também conceder direitos de exploração especiais às empresas de metropolitano e metropolitano ligeiro, permitindo-lhes obter lucros através desses direitos para compensar os custos ou perdas das suas operações principais. Por exemplo, o Governo concedeu à MTR de Hong Kong direitos para desenvolver propriedades por cima das estações, das quais recebe 50% dos lucros, proporcionando um apoio essencial à rentabilidade do metro e à expansão da rede.

8.3 Análise dos benefícios sociais

Os sistemas de transporte ferroviário urbano, como o metropolitano e o metropolitano ligeiro, não são apenas componentes essenciais dos transportes urbanos modernos, mas também motores essenciais do desenvolvimento urbano sustentável. Ao criarem oportunidades de emprego, melhorarem a qualidade de vida e promoverem o desenvolvimento urbano, o metro e o metropolitano ligeiro têm tido um impacto profundo nos benefícios sociais. Esta secção irá explorar em pormenor os benefícios sociais do metropolitano e do metropolitano ligeiro sob três aspectos: criação de emprego, melhoria da qualidade de vida e promoção do desenvolvimento urbano, com referência a experiências dos Estados Unidos e da China.

8.3.1 Criar oportunidades de emprego

A construção e a exploração de sistemas de metropolitano e de metropolitano ligeiro requerem uma mão de obra substancial, criando assim numerosas oportunidades de emprego. As oportunidades de emprego no metropolitano e no metropolitano ligeiro podem ser classificadas em diretas e indirectas.

1. Oportunidades de emprego direto

A construção de projectos de metropolitano e de metropolitano ligeiro envolve oportunidades de emprego direto em várias fases, incluindo a conceção, a construção, a exploração e a manutenção. Estas oportunidades de emprego direto não só proporcionam numerosos postos de trabalho para a cidade, como também impulsionam o desenvolvimento de indústrias relacionadas. Durante a fase de conceção do projeto, é necessário que um grande número de engenheiros, projectistas e gestores de projeto participem no trabalho de planeamento e conceção. No projeto de expansão do metro de Boston, nos Estados Unidos, foi contratado um grande número de profissionais para o planeamento e conceção do projeto. Do mesmo modo, nos projectos de construção de metropolitanos na China, como a expansão dos sistemas de metropolitano de Pequim e Xangai, foi contratado um número significativo de profissionais técnicos, o que impulsionou o rápido desenvolvimento das infra-estruturas urbanas.

A fase de construção é o período com a maior concentração de oportunidades de emprego direto. Um grande número de trabalhadores da construção civil, operadores de máquinas, soldadores, electricistas e outros estão envolvidos na construção de sistemas de metropolitano e de metropolitano ligeiro. No projeto do metro de Nova Iorque, a fase de construção proporcionou oportunidades de emprego a milhares de trabalhadores. O projeto do metro de Shenzhen, na China, também empregou um grande número de trabalhadores da construção civil durante a fase de construção, proporcionando um apoio significativo ao emprego na economia local.

A fase de operação e manutenção é fundamental para a criação contínua de oportunidades de emprego direto nos sistemas de metropolitano e metropolitano ligeiro. O funcionamento normal dos sistemas de metropolitano e de metropolitano ligeiro exige um grande número de pessoal operacional, técnicos de manutenção, pessoal de segurança e representantes do serviço de apoio ao cliente. O sistema de metro de São Francisco, nos Estados Unidos, emprega anualmente um grande número de pessoal operacional e de manutenção para assegurar o funcionamento eficiente do sistema de metro. Do mesmo modo, a Guangzhou Metro Operating Company, na China, emprega um número significativo de pessoal operacional e de manutenção para fornecer serviços de viagem seguros e fiáveis aos residentes da cidade.

2. Oportunidades de emprego indireto

A implementação de projectos de metropolitano e de metropolitano ligeiro também estimulou o desenvolvimento de indústrias relacionadas, criando indiretamente numerosas oportunidades de emprego. Estas indústrias conexas incluem a produção de materiais de construção, o fabrico de maquinaria, o fornecimento de equipamento eletrónico, os serviços de restauração e o comércio a retalho.

A produção de materiais de construção é uma fonte significativa de emprego indireto durante a construção de sistemas de metro e de metropolitano ligeiro. Os projectos de metropolitano e de metropolitano ligeiro requerem uma grande quantidade de aço, cimento, gravilha e outros materiais de construção. O projeto do metropolitano de Los Angeles, nos Estados Unidos, criou indiretamente numerosas oportunidades de emprego ao impulsionar o desenvolvimento da indústria de materiais de construção.

O fabrico de máquinas e o fornecimento de equipamento eletrónico são também fontes significativas de emprego indireto. Os sistemas de metropolitano e de metropolitano ligeiro requerem um grande número de máquinas e de equipamento eletrónico, incluindo comboios, vias, sistemas de sinalização, entre outros. O projeto do metro de Washington, D.C., nos Estados Unidos, criou indiretamente inúmeras oportunidades de emprego ao promover o desenvolvimento das indústrias de maquinaria e equipamento eletrónico. O projeto do metro de Chengdu, na China, aumentou as oportunidades de emprego indireto através da aquisição de máquinas e equipamentos electrónicos locais, promovendo assim o desenvolvimento das indústrias conexas.

Além disso, os projectos de metropolitano e de metropolitano ligeiro estimularam o crescimento dos sectores da restauração e do comércio a retalho. As zonas comerciais e de serviços em torno das estações de metro e de metro ligeiro atraem um grande número de consumidores, promovendo o desenvolvimento da restauração, do comércio a retalho e de outras indústrias de serviços. Por exemplo, as áreas comerciais em torno das estações de metro de Boston, nos Estados

Unidos, atraíram numerosas empresas através da implementação de projectos de metro, criando numerosas oportunidades de emprego. Do mesmo modo, as zonas comerciais em torno das estações de metro de Guangzhou, na China, atraíram muitos consumidores e empresas através da influência dos projectos de metro, aumentando as oportunidades de emprego no sector dos serviços.

8.3.2 Melhorar a qualidade de vida

Os sistemas de metropolitano e de metropolitano ligeiro desempenham um papel crucial na melhoria da qualidade de vida dos habitantes das cidades. Isto reflecte-se principalmente nos seguintes aspectos.

1. Aumentar a eficiência das deslocações

Os sistemas de metro e de metro ligeiro, conhecidos pela sua rapidez, pontualidade e segurança, reduzem significativamente os tempos de deslocação para os residentes da cidade e melhoram a eficiência das viagens. O sistema de metro de Nova Iorque, conhecido pela sua extensa cobertura e funcionamento eficiente, fornece serviços de deslocação convenientes a milhões de residentes diariamente. A pontualidade e a elevada frequência das operações do metro permitem que os residentes de Nova Iorque planeiem as suas deslocações diárias de forma mais eficaz, reduzindo o tempo perdido com o congestionamento do tráfego. Do mesmo modo, o sistema de metropolitano de Pequim, na China, oferece opções de deslocação convenientes a milhões de habitantes, tornando o tráfego urbano mais eficiente e mais fluido. O funcionamento eficiente do metro reduz significativamente os tempos de deslocação, aumentando a eficiência e a satisfação dos residentes.

2. Proteção do ambiente

Os sistemas de metro e de metro ligeiro, enquanto opções de transporte ecológicas, reduzem significativamente a utilização de automóveis nas cidades, diminuindo assim as emissões de gases de escape e a poluição atmosférica. Tomemos como exemplo o Metro de Los Angeles, nos Estados Unidos, onde a sua introdução reduziu efetivamente as emissões de carbono da cidade e melhorou a qualidade do ar. Los Angeles, conhecida pela sua cultura automóvel, assistiu a uma mudança gradual nos hábitos de deslocação dos residentes com a introdução e expansão do metro, reduzindo a utilização do automóvel e melhorando significativamente a qualidade do ar. Na China, sistemas de metro como o de Xangai contribuíram significativamente para a proteção do ambiente, reduzindo as emissões de gases de escape dos automóveis. A rede de alta densidade e a extensa cobertura do Metro de Xangai incentivam mais cidadãos a utilizar os transportes públicos, reduzindo a frequência da utilização do automóvel particular e aliviando a carga ambiental na cidade.

3. Criação de espaços públicos

As estações de metro e de metropolitano ligeiro e as suas áreas circundantes tornam-se frequentemente espaços públicos na cidade, proporcionando locais de lazer, entretenimento e interação social. Por exemplo, as áreas em redor das estações de metro em São Francisco, EUA, tornaram-se locais populares para encontros, compras e entretenimento. As estações de metro de São Francisco não são apenas centros de transporte; também integram instalações comerciais e culturais, oferecendo aos cidadãos uma experiência de vida rica. Do mesmo modo, as áreas em redor das estações de metro de Guangzhou, na China, desenvolveram numerosas instalações comerciais e culturais, oferecendo aos cidadãos uma experiência de vida diversificada. Os centros comerciais, os centros comerciais e os locais culturais perto das estações de metro de Guangzhou atraem um grande número de cidadãos, animando os espaços públicos e aumentando a vitalidade e a coesão da cidade.

4. Melhorar a comodidade de vida

A construção de sistemas de metropolitano e de metropolitano ligeiro aumentou consideravelmente a comodidade da vida urbana. A distribuição densa das estações de metro e de metropolitano ligeiro permite que os residentes cheguem aos seus destinos de forma mais conveniente. O sistema de metro de Washington, D.C., nos Estados Unidos, aumenta a comodidade dos residentes através da sua densa distribuição de estações e do seu funcionamento eficiente. Os residentes podem deslocar-se facilmente para os locais de trabalho, centros comerciais, escolas e hospitais, melhorando significativamente a sua qualidade de vida. O sistema de metro de Shenzhen na China, com a sua cobertura de estações de alta densidade e opções de transferência convenientes, oferece aos residentes opções de deslocação mais convenientes, melhorando a qualidade de vida dos residentes urbanos.

8.3.3 Promoção do desenvolvimento urbano

Os sistemas de metropolitano e de metropolitano ligeiro não só melhoram as condições de transporte, como também desempenham um papel significativo na promoção do desenvolvimento urbano.

1. Otimização da estrutura espacial urbana

Os sistemas de metro e de metropolitano ligeiro optimizam as estruturas espaciais urbanas, promovendo um desenvolvimento urbano equilibrado. A construção do sistema de Metro de Washington, D.C. permitiu ligar melhor várias áreas urbanas, promovendo um desenvolvimento espacial equilibrado. O sistema de Metro de Washington, D.C. liga o centro da cidade a várias comunidades e estende as linhas aos subúrbios e cidades satélite circundantes, optimizando a estrutura espacial urbana. O Metro de Xangai, na China, promove eficazmente a otimização da estrutura espacial urbana, ligando o centro da cidade às novas cidades circundantes. A construção do Metro de Xangai reforçou a ligação entre o centro da cidade e as novas cidades suburbanas, promovendo o desenvolvimento equilibrado e a otimização do zoneamento funcional.

2. Aumento do valor dos terrenos

O valor dos terrenos e dos imóveis em torno das estações de metro e de metropolitano ligeiro aumenta frequentemente de forma significativa com a construção do transporte ferroviário. Por exemplo, nos Estados Unidos, os valores imobiliários ao longo das linhas de metro de Nova Iorque aumentaram de forma constante com a expansão do sistema de metro, impulsionando o desenvolvimento económico regional. Os valores dos imóveis e dos terrenos ao longo das linhas de metro de Nova Iorque aumentaram significativamente com a construção e a expansão do sistema de metro, atraindo investimentos e projectos de desenvolvimento substanciais e impulsionando o crescimento económico regional. Do mesmo modo, na China, os valores dos terrenos e das propriedades ao longo das linhas de metro de Shenzhen também aumentaram significativamente com a construção do sistema de metro. A construção do metro de Shenzhen não só aumentou o valor dos terrenos e dos imóveis ao longo das suas linhas, como também estimulou o desenvolvimento económico e a renovação urbana nas áreas circundantes.

3. Promover o desenvolvimento comercial e económico

Os sistemas de metropolitano e de metropolitano ligeiro promovem o desenvolvimento comercial e económico através da melhoria das condições de transporte. A construção do sistema de metro de Chicago, nos Estados Unidos, permitiu uma melhor ligação entre as zonas comerciais e residenciais da cidade, promovendo a prosperidade comercial e económica. O sistema de metro de Chicago tornou mais conveniente o transporte entre a zona comercial do centro da cidade e as zonas residenciais circundantes, atraindo mais consumidores e investidores e impulsionando o crescimento comercial e económico. Na China, o metro de Pequim facilitou o desenvolvimento das zonas comerciais, melhorando os transportes urbanos.

Questões para debate

Exercício 1:

Como é que as caraterísticas técnicas e económicas do sector do metropolitano e do metropolitano ligeiro influenciam as decisões de investimento e a eficiência operacional?

Exercício 2:

Compare os modelos de investimento e financiamento dos sistemas de metro europeus, como o modelo de Londres, com os dos países do Sudeste Asiático. Quais são as principais diferenças?

Exercício 3:

Quais são as principais fontes de financiamento dos projectos de metropolitano e de metropolitano ligeiro e qual o impacto dessas fontes nos modelos globais de gestão do financiamento?

Exercício 4:

Discutir o modelo PPP (Parceria Público-Privada) no financiamento do metro. Como é que os modelos de pré-compensação e pós-compensação diferem na sua abordagem ao risco e à recompensa?

Exercício 5:

Quais são as vantagens e desvantagens da utilização do modelo BT (Build-Transfer) no financiamento de projectos ferroviários urbanos?

Exercício 6:

Explicar o modelo integrado de desenvolvimento ferroviário e fundiário. Como é que este modelo de financiamento alavanca o valor dos terrenos para apoiar o desenvolvimento do metro?

Exercício 7:

Quais são as principais componentes dos custos operacionais dos sistemas de metro e em que medida diferem dos custos de transporte de outros sistemas de transportes públicos?

Exercício 8:

Qual o impacto da composição das receitas tarifárias na sustentabilidade económica global dos sistemas de metropolitano e metropolitano ligeiro?

Exercício 9:

Que factores devem ser considerados na fixação das tarifas dos sistemas de metropolitano e de metropolitano ligeiro? Compare a eficácia dos sistemas de tarifa fixa e de tarifa baseada na distância.

Exercício 10:

Como é que a melhoria da produtividade do trabalho e o aumento da utilização do equipamento podem contribuir para reduzir os custos e melhorar os benefícios económicos das operações do metro?

Exercício 11:

Quais são as principais estratégias para aumentar as receitas não tarifárias nos sistemas de metropolitano e como é que essas estratégias complementam as receitas tarifárias?

Exercício 12:

Como é que o desenvolvimento de sistemas de metropolitano e de metropolitano ligeiro cria oportunidades de emprego direto e indireto nas zonas urbanas?

Exercício 13:

De que forma contribuem os sistemas de metropolitano e de metropolitano ligeiro para melhorar a qualidade de vida dos habitantes das cidades, nomeadamente em termos de proteção do ambiente e de eficácia das deslocações?

Exercício 14:

Discutir a forma como os sistemas de metropolitano e de metropolitano ligeiro podem promover o desenvolvimento urbano, aumentando o valor dos terrenos e estimulando as actividades comerciais e económicas.

Referências

[1] Pan Q. The impacts of an urban light rail system on residential property values: a case study of the Houston Metrorail transit line[J]. Planeamento e Tecnologia dos Transportes, 2013, 36(2): 145-169.

[2] Kittrell K. Impacto do valor dos terrenos vagos: Comparação de áreas de estações de metro ligeiro em Phoenix, Arizona[J]. Transportation Research Record, 2012, 2276(1): 138-145.

[3] Pan Q. Os impactos do metro ligeiro nos valores dos imóveis residenciais numa cidade sem zonamento[J]. Jornal de Transporte e Uso da Terra, 2019, 12(1): 241-264.

[4] Khalil R, Yang J. Avanços em Engenharia Urbana e Ciência da Gestão Volume 1: Actas da 3ª Conferência Internacional sobre Engenharia Urbana e Ciência da Gestão (ICUEMS 2022), Wuhan, China, 21-23 de janeiro de 2022[M]. CRC Press:2022-06-22.

[5] Law H T, Guo B. Investigação de fronteira: Engenharia Rodoviária e de Tráfego: Actas da 2ª Conferência Internacional sobre Engenharia Rodoviária e de Tráfego (CRTE 2021), Jiaozuo, China, 10-12 de dezembro de 2021[M]. CRC Press:2022-05-09.

[6] Liu R, Qi C, Law H T. Avanços em Transportes Rodoviários e Arquitetura Civil: Actas do 5.º Simpósio Internacional sobre Transportes Rodoviários e Arquitetura Civil (ISTTCA 2022), Suzhou, China, 18-20 de novembro de 2022[M]. CRC Press:2023-03-15.

[7] Yusof M J M, Zhang J. Advances in Civil Engineering: Resistência Sísmica Estrutural, Monitorização e Deteção: Actas da Conferência Internacional sobre Resistência Sísmica Estrutural, Monitorização e Deteção (SSRMD 2022), Harbin, China, 21-23 de janeiro de 2022[M]. CRC Press:2022-05-26.

[8] Lin D, Broere W, Cui J. Metro systems and urban development: Impactos e implicações[J]. Tecnologia de túneis e espaços subterrâneos, 2022, 125: 104509.

[9] Li Q, Song L, List G F, et al. Uma nova abordagem para entender a segurança da operação do metrô, explorando a rede de risco de operação do metrô (MOHN) [J]. Ciência da Segurança, 2017, 93: 50-61.

[10]Cervero R. Journal report: light rail transit and urban development[J]. Journal of the American Planning Association, 1984, 50(2): 133-147.

[11]De Bruijn H, Veeneman W. Decision-making for light rail[J]. Transportation Research Part A: Policy and Practice, 2009, 43(4): 349-359.

[12]MacDonald J M, Stokes R J, Cohen D A, et al. The effect of light rail transit on body mass index and physical activity [J]. Jornal americano de medicina preventiva, 2010, 39(2): 105-112.

[13]Song Z, Cao M, Han T, et al. Acessibilidade dos transportes públicos e aumento do valor da habitação: Evidências do metrô leve de Docklands em Londres [J]. Estudos de caso sobre política de transportes, 2019, 7(3): 607-616.

[14]Knowles R D. What future for light rail in the UK after Ten Year Transport Plan targets are scrapped[J]. Política de transportes, 2007, 14(1): 81-93.

[15]T. A, K. T, M. K. Ciência e tecnologia modernas de escavação de túneis: Volume 1[M]. CRC Press:2017-11-22.

[16]Xie L. Avanços em energia, meio ambiente e ciência dos materiais [M]. Taylor and Francis:2016-12-01.

[17]Knowles R D, Ferbrache F. Avaliação dos impactos económicos mais amplos do investimento em metropolitano ligeiro nas cidades[J]. Journal of Transport Geography, 2016, 54: 430-439.

[18]Vigrass J W, Smith A K. Light rail in Britain and France: Study in contrasts, with some similarities[J]. Transportation research record, 2005, 1930(1): 79-87.

[19]Papon F, Nguyen-Luong D, Boucq E. Uma nova linha de metro ligeiro deve ou não proporcionar mais-valias imobiliárias? O caso da linha T3 em Paris[J]. Investigação em Economia dos Transportes, 2015, 49: 43-54.

[20]Crampton G. Economic development impacts of urban rail transport[J]. 2003.

[21]Bottoms G D. Continuing developments in light rail transit in western Europe [C]//Proc., 9th National Light Rail Transit Conf. 2003: 713-728.

[22]LaConte P. Light rail: making urban transport more attractive[J]. Japan Railway & Transport Review, 2004, 38: 4-9.

[23]Abe R, Kato H. O que levou à criação de uma cidade orientada para os caminhos-de-ferro? Determinantes da oferta ferroviária urbana em Tóquio, Japão, 1950-2010[J]. Política de Transportes, 2017, 58: 72-79.

[24]S. P, Johnson D V. Túneis de transporte, segunda edição [M]. CRC Press:2017-12-21.

[25]Morgan J. Hurley, Daniel Gattu, John R. Hall, et al. SFPE Handbook of Fire Protection Engineering [M]. Springer, Nova Iorque.

[26]Nolan B. Túneis mecanizados em áreas urbanas Controle de construção e metodologia de projeto [M]. Tritech Digital Media:2018-08-21.

[27]Kato H. Avaliação do serviço ferroviário urbano: Experiências de Tóquio, Japão[J]. 2014.

[28]Bian M. Análise sobre o desenvolvimento do trânsito ferroviário de Tóquio e sua iluminação para Chengdu [J]. Jornal da biblioteca de acesso aberto, 2021, 8(7): 1-15.

[29]Chang Z, Phang S Y. PPP de trânsito ferroviário urbano: lições das cidades do Leste Asiático[J]. Investigação sobre transportes, parte A: política e prática, 2017, 105: 106-122.

[30]Chorus P, Bertolini L. Developing transit-oriented corridors: Insights from Tokyo[J]. Revista Internacional de Transportes Sustentáveis, 2016, 10(2): 86-95.

[31]Ito H, Kawazoe N. Promoção do transporte ferroviário ligeiro urbano num contexto de cidade compacta: o caso da cidade de Toyama, Japão[J]. Estudos Regionais, Ciência Regional, 2022, 9(1): 776-793.

[32]Hess D B, Almeida T M. Impact of proximity to light rail rapid transit on station-area property values in Buffalo, New York[J]. Estudos Urbanos, 2007, 44(5-6): 1041-1068.

[33]Kim K. O Legado do Car-Share e do Trânsito de Trilho Leve para Melhorias de Mobilidade e Acessibilidade em Bairros Economicamente Marginalizados na Área Metropolitana de Nova York [D]. Universidade da Cidade de Nova Iorque, 2021.

[34]Li Y, He Q, Luo X, et al. Cálculo das emissões de gases com efeito de estufa ao longo do ciclo de vida dos sistemas de transporte ferroviário urbano: Um estudo de caso do Metro de Xangai[J]. Recursos, Conservação e Reciclagem, 2018, 128: 451-457.

[35]Pan Q, Pan H, Zhang M, et al. Efeitos do trânsito ferroviário no valor dos imóveis residenciais: Estudo comparativo sobre as linhas de trânsito ferroviário em Houston, Texas, e Xangai, China[J]. Transportation Research Record, 2014, 2453(1): 118-127.

[36]Ma C X, Peng F L, Qiao Y K, et al. Avaliação do desempenho espacial do espaço público subterrâneo urbano liderado pelo metro: Um estudo de caso em Xangai[J]. Tecnologia de túneis e espaços subterrâneos, 2022, 124: 104484.
[37]Saidi S, Ji Y, Cheng C, et al. Planeamento de linhas de trânsito ferroviário em anel urbano: Estudo de caso de Xangai, China[J]. Registo de investigação sobre transportes, 2016, 2540(1): 56-65.
[38]Nielsen M D. Practical Handbook of Environmental Site Characterization and Ground-Water Monitoring [M]. CRC Press:2005-09-28.
[39]Burton E, Jenks M, Williams K. A cidade compacta [M]. Taylor and Francis:2003-02-09.
[40]Iacono T, Spong J, Bagley K, et al. Teste de fiabilidade da escala de avaliação de adaptações razoáveis para a educação inclusiva [J]. Jornal de Investigação em Educação de Infância, 2024, 38(1): 1-13.
[41]Luan X, Cheng L, Song Y, et al. Avaliação do desempenho e modelo de otimização alternativo de projectos de redes de metropolitano ligeiro: Uma perspetiva de caso real [J]. Canadian Journal of Civil Engineering, 2019, 46(9): 836-846.
[42]Li S, Liang Q, Han K, et al. Um modelo de cálculo de dois níveis para o planeamento do calendário de construção da rede de transportes ferroviários urbanos[J]. Ciências Aplicadas, 2022, 12(10): 5268.
[43]Chen H, Rufolo A, Dueker K J. Measuring the impact of light rail systems on single-family home values: Uma abordagem hedónica com aplicação do sistema de informação geográfica[J]. Transportation Research Record, 1998, 1617(1): 38-43.
[44]Wu L, Xia H, Cao X, et al. Investigação sobre a procura quantitativa de desenvolvimento de espaço subterrâneo para áreas de estações de trânsito ferroviário urbano: um estudo de caso da linha 1 do metro em Xuzhou, China[J]. Trânsito Ferroviário Urbano, 2018, 4: 257-273.
[45]Narayanaswami S. Transportes urbanos: inovações no planeamento e desenvolvimento de infraestruturas[J]. The International Journal of Logistics Management, 2017, 28(1): 150-171.
[46]Nicolaisen M S, Olesen M, Olesen K. Vision vs. Evaluation-Case studies of light rail planning in Denmark[J]. Jornal Europeu de Desenvolvimento Espacial, 2017, 65: 1-26.

[47]Liu X, Xia H. Trabalho em rede e desenvolvimento sustentável do planeamento espacial urbano: Influência do trânsito ferroviário[J]. Cidades e Sociedade Sustentáveis, 2023, 99: 104865.

[48]Kuby M, Barranda A, Upchurch C. Factores que influenciam o embarque nas estações de metro ligeiro nos Estados Unidos[J]. Transportation Research Part A: Policy and Practice, 2004, 38(3): 223-247.

[49]Mandal T, Rao K R, Tiwari G. Evacuação de estações de metro: A review[J]. Tunnelling and Underground Space Technology, 2023, 140: 105304.

[50]KrishnanR. Tunnels and Underground Structures: Proceedings Tunnels & Underground Structures, Singapore 2000[M]. CRC Press:2017-10-02.

[51]Zurkowski A. Caminho de ferro de alta velocidade na Polónia [M]. Taylor and Francis:2018-05-01.

[52]Tsung N, Zheng M, Najafi M, et al. Estudo comparativo da pressão do solo e da deformação de tubos instalados pelo método a céu aberto e pela tecnologia sem valas[M]//Pipelines 2016. 2016: 1420-1430.

[53]Rahimi B, Sharifzadeh M, Feng X T. Uma metodologia abrangente de projeto de escavação subterrânea (CUED) para o projeto de engenharia geotécnica de minas subterrâneas profundas e escavação de túneis [J]. Jornal Internacional de Mecânica das Rochas e Ciências Mineiras, 2021, 143: 104684.

[54]Askaripour M, Saeidi A, Rouleau A, et al. Rebentamento de rochas em escavações subterrâneas: Uma revisão do mecanismo, classificação e métodos de previsão[J]. Underground Space, 2022, 7(4): 577-607.

[55]Li X, Di H, Zhou S, et al. Método eficaz para ajustar a elevação do túnel da máquina blindada em estratos superiores macios e inferiores duros [J]. Tecnologia de túneis e espaços subterrâneos, 2021, 115: 104040.

[56]Sun S. Correspondência de parâmetros de tunelamento de escudo com base em máquina de vetor de suporte e otimização de enxame de partículas melhorada [J]. Programação Científica, 2022, 2022(1): 6782947.

[57]W. R H. AUA Guidelines for Backfilling and Contact Grouting of Tunnels and Shafts[M]. Sociedade Americana de Engenheiros

Civis:2003-5-1.
[58]Forrest Y J. Uma perspetiva sistémica dos sistemas financeiros [M]. Taylor and Francis; CRC Press:2014-03-03.
[59]Dhir R, Henderson N. O betão ao serviço da humanidade [M]. Taylor and Francis; CRC Press:2014-04-21.
[60]Pyrgidis N C. Sistemas de Transporte Ferroviário[M]. Taylor and Francis; CRC Press:2016-04-30.
[61]Daniele P, Viggiani G, Celestino T. Tunnels and Underground Cities. A engenharia e a inovação encontram-se com a arqueologia, a arquitetura e a arte: Actas do Congresso Mundial de Túneis WTC 2019 ITA-AITES (WTC 2019), 3-9 de maio de 2019, Nápoles, Itália[M]. CRC Press:2019-04-26.
[62]Sun J, Chen T, Cheng Z, et al. Um modo de financiamento do trânsito ferroviário urbano baseado na captura do valor do terreno: Um estudo de caso na cidade de Wuhan[J]. Política de Transportes, 2017, 57: 59-67.
[63]Daniele P, Viggiani G, Celestino T. Tunnels and Underground Cities. A engenharia e a inovação encontram-se com a arqueologia, a arquitetura e a arte: Actas do Congresso Mundial de Túneis WTC 2019 ITA-AITES (WTC 2019), 3-9 de maio de 2019, Nápoles, Itália[M]. CRC Press:2019-04-26.
[64]N. E E. Railtown: A Luta pelo Metro de Los Angeles e o Futuro da Cidade[M]. University of California Press:2014-01-24.
[65]Chen G, Wu W. The effect of subways on firm-level productivity [J]. Economics Letters,2024,235111536-.
[66]Jindong P, Shulin S. Será que os metropolitanos melhoram os resultados do mercado de trabalho para os trabalhadores pouco qualificados? [J]. Journal of Population Economics,2024,37(1):

Printed by Books on Demand GmbH, Norderstedt / Germany